延安大学2023年博士科学研究启动项目“不确定环境下建筑垃圾资源化方案的评价模型及应用”（项目编号：YDBK2023-04）

不确定环境下建筑垃圾资源化方案的评价模型及应用

张帆　著

中国社会科学出版社

图书在版编目（CIP）数据

不确定环境下建筑垃圾资源化方案的评价模型及应用 / 张帆著. -- 北京 ：中国社会科学出版社，2024. 8.

ISBN 978-7-5227-4110-9

Ⅰ. X799. 1

中国国家版本馆 CIP 数据核字第 20249BS529 号

出 版 人	赵剑英
责任编辑	车文娇
责任校对	周晓东
责任印制	郝美娜
出　　版	中国社会科学出版社
社　　址	北京鼓楼西大街甲 158 号
邮　　编	100720
网　　址	http://www.csspw.cn
发 行 部	010-84083685
门 市 部	010-84029450
经　　销	新华书店及其他书店
印　　刷	北京明恒达印务有限公司
装　　订	廊坊市广阳区广增装订厂
版　　次	2024 年 8 月第 1 版
印　　次	2024 年 8 月第 1 次印刷
开　　本	710×1000　1/16
印　　张	14. 25
字　　数	234 千字
定　　价	88. 00 元

前　言

建筑垃圾资源化能够有效解决建筑垃圾堆积如山的问题，是改善城市环境、推动生态文明建设的重要举措。为了促进建筑垃圾的循环再利用，需构建科学的建筑垃圾资源化方案评价指标体系，妥善解决建筑垃圾资源化方案的评价与最优选择问题。本书将不确定环境下的决策理论方法与建筑垃圾资源化方案评价相结合，从基于统一数据的单一阶段划分、基于统一数据的多阶段划分和基于混合数据的单一阶段划分的角度，逐层递进地解决不同决策条件下的建筑垃圾资源化方案评价问题。在理论层面上，本书提出了梯形毕达哥拉斯模糊 Z 二元语言集（TrPFZTLS）、概率语言 T 球面模糊集（PLt-SFS）和概率双层语言 T 球面模糊集（PDHLt-SFS）的概念，并在模型构建中考虑了属性之间相互独立与关联的关系及决策者的有限理性。主要研究内容包括：

（1）构建建筑垃圾资源化方案评价指标体系。首先，在文献查阅和实证分析的基础上确定初始评价指标。其次，利用基于有序梯形模糊数的决策试验与评价实验室法（DEMATEL）对初始指标进行排序和筛选。最后，构建包含环境、社会、经济和技术四个维度的三级建筑垃圾资源化方案评价指标体系，为方案实施前的投资决策和实施过程中综合效果的评价提供科学的衡量基准。

（2）提出基于 TrPFZTLS 的建筑垃圾资源化方案评价模型。首先，定义梯形毕达哥拉斯模糊 Z 二元语言变量（TrPFZTLVs）及其交互运算规则、距离测度和多粒度统一化方法。接着，在考虑属性相互独立时，提出基于梯形毕达哥拉斯模糊 Z 二元语言交互混合几何（TrPFZTLIHG）算子的评价模型；在考虑属性相互关联时，提出梯形毕达哥拉斯模糊 Z 二元语言交互幂加权几何（TrPFZTLIPWG）算子来集结信息，然后利用基于 TrPFZTLVs 可能度的可视化比较方法确定方案的排序；在权重信息不完全时，利用基于 TrPFZTLVs 的加权规范化投影建立非线性规划模型求得指标权重，然后利用组合距离评价法（CODAS）确定方案排序。

（3）提出基于PLt-SFS的建筑垃圾资源化方案多阶段评价模型。首先，定义概率语言T球面模糊数（PLt-SFNs）及其距离测度、标准化和多粒度统一化方法。然后，引入时间度和时间熵来构建非线性规划模型确定主观阶段权重，并在固定和非固定方案集与指标集的前提下，分别提出相应的建筑垃圾资源化方案多阶段评价模型。对于前者，提出基于PLt-SFNs的Shapley-Choquet概率超越算法来集结信息并确定方案排序；对于后者，考虑到群决策中各专家对方案集与指标集认可度和熟悉度的差异，提出方案集与指标集非固定时的异质多属性决策中专家权重的确定方法，然后提出基于概率语言T球面模糊交叉熵的方案排序法。

（4）提出基于混合数据类型的建筑垃圾资源化方案评价模型。本章分别在无样本方案与给定样本方案的决策情形下，重点研究含有TrPFZ-TLVs、PLt-SFNs、TFNs和实数四种混合数据的建筑垃圾资源化方案评价模型。对于前者，利用社会网络分析（SNA）通过信任的传播和集结确定专家权重，然后提出将四种混合型信息统一转化为粗数的方法，最后利用双参数—逼近于理想值的排序法（TOPSIS）获得方案排序；对于后者，提出基于毕达哥拉斯模糊语言数的最优最差法（PFLN-BWM）确定指标的主观权重，然后利用综合靶心距和信息熵求得指标的客观权重，从而得到指标的组合权重，最后利用基于项链排列的蛛网混合灰靶决策模型确定方案排序。

（5）提出行为理论视角下的建筑垃圾资源化方案评价模型。本章在考虑决策者有限理性的前提下，分别提出双层语义下基于加权规范化投影后悔理论的多阶段评价模型和非平衡语义下基于信任区间（BI）的交互式多准则决策法（TODIM）的混合多属性评价模型。对于前者，将PLt-SFS拓展至双层语义环境下定义PDHLt-SFS，然后利用有序聚类法确定客观阶段权重，最后利用基于PDHLt-SFS加权规范化投影的感知效用函数来确定方案排序；对于后者，将TrPFZTLVs、PLt-SFNs拓展至非平衡语言环境下，提出非一致的平衡或非平衡语言评价集下语言标度的统一化方法，然后将混合数据转化为信任区间，最后利用BI-TODIM法得到方案排序。

在以上模型的研究中，后两部分模型是在前两部分模型的基础上提出的，并且这四部分模型分别考虑了属性之间相互独立和关联的关系、方案集和指标集为固定和非固定的决策情形、无样本方案和给定样本方案的决策情形及决策者的后悔规避程度和对损失的态度。在决策模型应用方面，本书将以上模型分别应用于震后灾区重建、城中村改造、农村大规模建设及旧城改造背景下的建筑垃圾资源化方案评价问题，并通过对比分析和敏感度分析验证了模型的有效性和科学性。

最后，给出了本书的主要研究结论及未来的研究方向。

目　录

第一章　绪论

第一节　研究背景、目的及意义

一　研究背景

随着中国城镇化建设的不断推进，居民住宅、道路桥梁和市政建设不断更新换代，数以亿吨计的建筑垃圾随之产生，建筑垃圾围城问题越发凸显，成为制约城市有序发展的阻碍。据统计，截至 2020 年中国约有 300 亿平方米的住宅和非住宅建筑物建设完成，并且每一万平方米施工产生 500—600 吨建筑废弃物（崔素萍、刘晓，2017；陈起俊、张瑞瑞，2020）。当前，国内建筑垃圾主要采用露天堆放和地下填埋的处置方式，不仅占用了大量的土地资源，也造成了严重的环境污染。由于资金和技术等方面的制约及对建筑垃圾资源化重要性认识的不足，不断增加的建筑垃圾在大多情况下未能得到有效利用，成为影响绿色可持续发展的重要阻碍。相比巨大的建筑垃圾产生量，中国建筑垃圾资源化行业的潜力还远未发挥。2018 年 12 月，国务院办公厅印发《“无废城市”建设试点工作方案》，明确提出要开展建筑垃圾治理、实现源头减量及提高资源化利用水平。2019 年国务院政府工作报告明确提出，加强固体废弃物和城市垃圾分类处置。2020 年 4 月 29 日，十三届全国人大常委会第十七次会议审议通过了修订后的固体废弃物污染环境防治法，提出建立建筑垃圾分类处理制度和有效的建筑垃圾回收利用体系，制定包括分类处理、源头减量、消纳设施和场所布局等防治工作规划，鼓励采用先进技术、工艺、设备和管理措施，促进建筑垃圾源头减量目标的实现。

欧美等发达国家的建筑垃圾再利用管理过程，主要可概括为“四化”管理体系，即“减量化”“无害化”“资源化”“产业化”（张纯博等，

2019）。美国将绝大多数建筑垃圾分拣和再加工转换后实现循环利用，其余建筑垃圾处理后填埋在需要的地方。德国在对建筑垃圾分类后将有回收价值的物质进行循环再利用，如将建筑垃圾加工后用作道路填充物或制造再生砖瓦，并将可燃物质运往垃圾发电厂发电。日本将建筑垃圾看作“建筑副产品”，其再生材料用于建筑的原材料、道路路基和扩展陆地围海造田的填料等。相比之下，中国在建筑垃圾资源化利用方面起步较晚，资源化开始实行的近十几年来建筑垃圾循环利用率偏低，包括可直接利用的建筑废弃物在内的回收利用率仍低于 5%（陈起俊、张瑞瑞，2020）。这一方面是由于中国建筑业采用了较为粗放的施工和拆除方式，直接造成大量的建筑垃圾的产生，另一方面是由于大量的建筑垃圾未经分类回收和消纳管理，导致建筑垃圾被随意处置或任意简单填埋。

建筑垃圾资源化能够改善建筑垃圾堆积如山的社会问题，对实现建设资源节约型和环境友好型的社会目标具有重要意义。要想提高建筑垃圾资源化率，实现建筑垃圾再生制品的产业化，需妥善解决建筑垃圾资源化方案的评价和最优选择的问题。目前，国内建筑垃圾资源化处置方式主要以集中制砖、集中破碎、填埋堆积、路基回填、分厂制砖等为主，主要再生产品为再生砂石、再生骨料、再生砖等。面对多种建筑垃圾资源化方案以及这些方案的多样化组合，需要一套科学的评价体系和方法进行科学决策和管理。建筑垃圾资源化方案评价与选择的研究可以帮助企业投资者实现科学决策，辅助政府部门制定高效治理建筑垃圾的相关政策，从而推进建筑垃圾资源化处理进程和建筑垃圾资源化事业的发展。

二 研究目的及意义

为了在不确定环境下从多个建筑垃圾资源化备选方案中获得最佳选择，本书基于模糊多属性决策理论，综合应用模糊数学、运筹学、计算机科学等相关知识，对建筑垃圾资源化方案评价理论和方法展开系统深入的研究，采用定量计算结合定性分析、理论研究结合算例分析的方法，从多个视角对建筑垃圾资源化方案的评价模型进行深入研究。本书主要的研究目的如下。

一是借鉴国内外建筑垃圾资源化方案评价指标体系的构建理论和实践经验，结合实际中对不同决策情形的考量，依据评价指标体系构建原则和步骤，利用科学的方法对评价指标进行筛选，从而建立较为系统和科学的评价指标体系，实现建筑垃圾资源化方案评价指标体系的完善和优化。

二是针对建筑垃圾资源化方案属性值表示形式的不足，提出新的模糊信息形式，研究新的模糊信息环境下的距离测度、熵测度、比较方法、粒度统一方法以及信息集成和权重的确定方法等。

三是针对实际情形提出了多种评价模型，以应对单一和多时间阶段、评价信息为统一和混合数据、方案集和指标集为固定和非固定及无样本方案和给定样本方案下的决策情形，并对传统行为决策理论进行改进，提出考虑决策者心理的建筑垃圾资源化方案评价模型。

四是针对所提出的建筑垃圾资源化方案评价模型结合具体算例进行分析，给出不同决策背景下备选方案评价的具体实施步骤，并通过对比分析和敏感度分析验证所提出模型的有效性和科学性。

本书在不确定环境下，拟对不同决策情形下的建筑垃圾资源化方案进行评价并提出相应决策模型，这具有重要的理论意义和现实意义。

（一）理论意义

一方面，本书针对不同决策情形，分别提出了相应的建筑垃圾资源化方案多属性评价模型，为不确定环境下建筑垃圾资源化方案的评价提供了一个新的视角，也为该问题的有效解决提供了参考。另一方面，本书进一步丰富和完善了不确定环境下多属性决策的相关理论和方法。为了体现指标的不确定性，建筑垃圾资源化方案决策模型中考虑了指标之间的独立以及关联的复杂关系；为了体现评价信息的不确定性，本书提出新的模糊信息形式以更好地反映主观评价的不确定性；为了体现评价群体的不确定性，本书考虑了决策者认知和偏好的差异及心理行为对决策结果的影响。

（二）现实意义

首先，本书将建筑垃圾资源化方案评价模型应用到震后灾区重建、城中村改造、大规模农村建设和旧城改造背景下的建筑垃圾资源化方案的评价问题中，有效地帮助决策者选择适当的模型进行投资决策，同时有利于对建筑垃圾资源化方案实施效果进行动态评价。其次，开展建筑垃圾资源化方案评价体系的研究，有利于支持建筑垃圾资源化评价及管理的相关工作。有关部门可依据建筑垃圾资源化评价指标体系对方案实施中的相关指标数据进行持续积累，有助于为后续项目的投资决策提供翔实、可靠的文字和数据资料，以便高效地获得科学的决策结果。最后，建筑垃圾资源化本质上遵循“资源—产品—废弃物—再生资源”的良性循环，对建筑垃圾资源化方案实施效果的评价和方案的比选，无疑推动了这一资源化进程，加速了建筑材料资源再生利用的产业链发展。

第二节　国内外研究综述

本节就建筑垃圾资源化方案评价的相关研究做简要概述，主要包括建筑垃圾资源化方案的相关概念、内容及国内外建筑垃圾资源化方案评价的研究综述。

一　建筑垃圾资源化方案评价的相关研究

根据国家建设部于 2005 年颁布的《城市建筑垃圾管理规定》，建筑垃圾是指建设与施工单位新建、扩建、改建和拆除各类构筑物、建筑物和管道等及居民装饰装修房屋过程中所产生的弃土、弃料及其他废弃物。建筑垃圾资源化是对由新建、拆除、装修等所产生的建筑垃圾进行人工或机械分类和分拣，并通过深层次加工生产得到再生产品和再生材料，然后将再生制品销往市场或用于新建房屋住宅及基础设施的工程项目建设，从而实现“材料—产品—垃圾—产品—市场”这一资源化过程。国内建筑废弃物资源化再利用过程如图 1.1 所示，主要分为三个环节（凤亚红、豆倩，2019）：（1）初步回收利用。在施工现场对易于分离而且可直接利用的建筑垃圾进行初步回收利用，这些物质包括石膏板、矿棉板、钢筋、木材、保温材料和各种材料包装件等。（2）深度回收利用。对建筑垃圾分离处理和分类收集后，根据各自的用途送往专业加工车间进行再加工，制成再生建筑材料和原料。例如，建筑废弃物中的渣土和碎砖石经处理厂加工后形成骨料，可以用来制成再生混凝土等材料。（3）无害填埋。建筑垃圾填埋处理是中国建筑垃圾再生利用最为简单和普遍使用的一种模式，包括营造人工林、路面回填、还原自然地貌等。建筑垃圾中包含少量的有害成分，因此需要将建筑垃圾无害化处理后再用于简易回填。

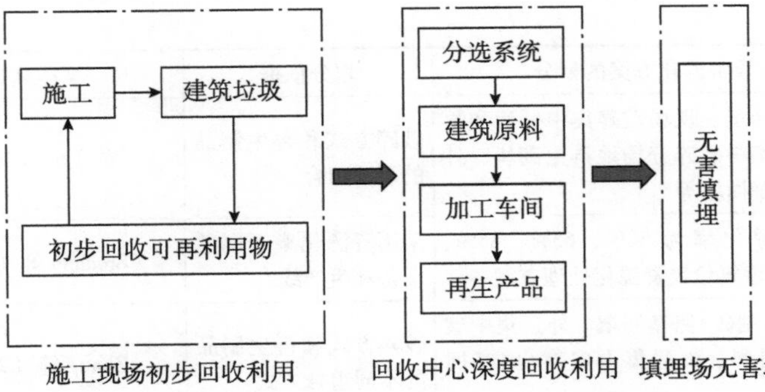

图 1.1 建筑废弃物多级利用模式

按照建筑垃圾的处理过程，建筑垃圾资源化可以大致分为建筑垃圾集中资源化处理和建筑垃圾就地资源化处理两种：（1）建筑垃圾集中资源化处理。为减少对环境的影响，可将经多次筛选后的建筑废料无害化处理后运往指定的填埋场填埋，也可以用作基坑回填、填海造地等。（2）建筑垃圾就地资源化处理。其是指通过资源化再利用制成建筑再生原材料，从而实现建筑垃圾资源化的良性循环。这一过程通常使用先进的机械处理设备对建筑废弃物进行筛分破碎，然后根据筛分的类别和破碎的粗细分类筛选，将生产得到的再生骨料及其他再生产品直接运往工程项目或在市场上销售。例如，废弃的混凝土、砖石经过就地资源化处理可制成再生混凝土的骨料，而废弃的屋面沥青可回收用作沥青道路的铺筑材料等。除此以外，以往研究根据建筑垃圾的分拣方式、破碎方式和所生产再生制品的不同，资源化水平的高低及系统资源化率的不同，对建筑垃圾资源化方案进行了区分。我们将已有研究中相关建筑垃圾资源化方案的划分依据和结果进行总结，如表 1.1 所示。

表 1.1 已有研究对建筑垃圾资源化方案的划分

建筑垃圾资源化方案的划分	划分依据	文献来源
建筑垃圾资源化通用处理方案和建筑垃圾资源化模块化处理方案	建筑垃圾再生骨料制备系统是否模块化	陈冰等（2019）
低级就地资源化、就地与集中结合模式、就地与集中结合改进模式、高级集中资源化、分场地集中资源化等	破碎方式和再生制品的不同组合	杨祎等（2017）

续表

建筑垃圾资源化方案的划分	划分依据	文献来源
现场破碎路基回填、现场破碎集中外运和再生砌块、外运集中破碎分场地再生砌块、外运集中破碎路基回填等	破碎方式和再生制品的不同组合	苏永波（2019）
建筑垃圾资源化率为30%、65%、85%、100%所对应的建筑垃圾资源化处理方案	采用资源化率不同的设备和生产线	Coronado 等（2011）
就地破碎+就地制砖+路基回填、外运集中破碎+生产再生骨料、外运集中破碎+路基回填等	破碎方式和再生制品的不同组合方式	Zhang 等（2020）
建筑垃圾资源化低级利用、中级利用、高级利用	建筑垃圾资源化程度	王辉（2013）
建筑垃圾填埋、建筑垃圾回收、建筑垃圾再生利用等	建筑垃圾资源化目的	Khoshand 等（2020）
非法倾倒、有害物质分离+金属回收+再生混凝土砌块、有害物质分离+玻璃金属回收+路基填埋等	分拣、回收和再生利用等处理方式的组合	Roussat 等（2009）

近几十年来，各国大力提倡节约自然资源和发展循环经济，在这样的背景下，国内外学者对建筑垃圾资源化方案的评价开展了广泛的研究。目前，对建筑垃圾资源化方案的评价大多集中在建筑垃圾资源化方案的技术评价、经济效益评价、环境性分析及管理等特定方面的研究。（1）在建筑垃圾资源化方案的技术评价方面，Zhang 等（2019）评估了建筑垃圾用于建设公路路堤的技术可行性，分析并验证了建筑垃圾再生产品比路基黏土明显具有更高的结构承载力。Hyvarinen 等（2020）研究了一种商用机械分拣设备对建筑垃圾机械分拣效率的影响。Strieder 等（2022）通过室内实验研究了再生骨料置换天然骨料后制成的透水混凝土的性能，发现与传统透水混凝土相比其水力性能相对改善但是力学性能退化。（2）在建筑垃圾资源化方案的经济效益评价方面，唐妙涵等（2018）以建筑废弃物为研究对象，以问卷的形式调查了居民对建筑废弃物回收利用非市场价值的认知以及支付意愿，在此基础上采用条件价值法对建筑废弃物回收利用的非市场价值进行核算和评估，并分析影响居民支付意愿的因素。Ma 等（2022）通过大量的文献综述确定了影响再生混凝土定价的 15 个关键因素。（3）在建筑垃圾资源化方案的环境性分析方面，Ram 等（2020）利用生命周期评估方法，结合案例研究验证了建

筑垃圾回收的环境效益。Su 等（2021）利用建筑信息化模型（BIM）估算建筑垃圾的产量及其对环境的影响。Porras-Amores 等（2021）对建筑垃圾再生材料在施工中的能效潜力进行评估。通过与传统施工方案的能耗进行对比，证明再生材料的使用能够降低 8%—13%的能源消耗，同时减少了天然建筑原材料的消耗。（4）在建筑垃圾资源化方案的管理方面，Hoang 等（2020）调查了越南河内的 15 个建筑垃圾资源化厂，研究了建筑垃圾的组成、产生率和处理方法，为建筑垃圾资源化的可持续性商业模式的建立提供了参考。王海滋等（2021）选取了建筑废弃物资源化利用中的三方利益相关者，分别构建了“政府—建材厂商”“政府—建筑施工企业”的演化博弈模型，得出实现博弈均衡过程中的帕累托最优策略。

然而，若要对建筑垃圾资源化方案进行综合评价与科学选择，仅考虑上述某一方面或两方面是不够全面的。近年来，许多学者运用多属性决策的方法，以较为全面和系统的角度对建筑垃圾资源化方案的相关问题进行了评估。苏永波（2019）将层次分析法（AHP）和模糊层次分析法（FAHP）相结合并应用到直觉模糊环境中，提出了一种基于直觉模糊层次分析法的建筑垃圾资源化利用评估模型，从建筑垃圾总费用成本、处理效果、投资和社会效益、风险因素方面对五种典型建筑垃圾资源化方案进行评价。陈冰等（2019）从原料适用性、骨料性能、系统效率和经济性四个角度进行评价，从而确定最优建筑垃圾再生骨料的制备模式。杨祎等（2017）收集了包括实施费用、综合效益和风险管理在内的三个一级指标以及 15 个二级指标，并针对十种建筑资源化备选方案进行排序。Kim 等（2020）确定了 22 个关键指标，从利益相关者的角度评估建筑垃圾的管理。Zhang 等（2021）从社会、环境、经济和技术方面构建了建筑垃圾资源化方案评价的综合指标体系，提出了基于区间数、三角模糊数（TFNs）和梯形模糊数（TrFNs）的异构多准则评价框架，利用网络分析法（ANP）和多属性边界逼近面积比较法（MABAC）获得方案的排序结果。与此同时，也有不少的学者对其他类别的垃圾处理方案及处理厂的选址问题进行综合评价。例如，Torkayesh 等（2021）应用分层多准则决策技术从投资成本、运营成本、废弃物减少效率、能源回收和技术可行性等方面进行可持续废弃物处理技术的选择。下面对相关领域中评价对象、方法和数据类型进行总结，如表 1.2 所示。

表 1.2　　相关多属性决策问题中的评价对象、方法和数据类型

文献来源	评价方法	数据类型	评价对象
Zhang 等（2020）	ELECTRE、Choquet 积分	区间犹豫模糊数、实数	建筑垃圾资源化方案
Xia 等（2019）	FAHP	TFNs	绿色技术阻碍因素
Phonphoton and Pharino(2019)；Qazi 等（2018）	AHP	实数	农村废弃物利用方案
Zhang 等（2021）	距离算子	毕达哥拉斯模糊数	生活垃圾处理厂选址
Torkayesh 等（2021）	BWM、MARCOS	区间数	医疗废弃物填埋场选址
Biluca 等（2020）	AHP、ELECTRE 法	实数	建筑垃圾填埋场选择
Torkayesh 等（2021）	分层 BWM	实数	废弃物处理技术
Zhang 等（2020）	证据理论、FAHP	情景模糊数	废水处理技术
Akhtari 等（2021）	最小最大后悔值法	实数	废木材制造能源项目

二　不确定多属性决策的相关研究

决策是人类日常生产生活的一项基本活动，是从若干个备选方案中获得最优方案的过程。随着决策中因素的多样化和多元化，各个组织和企业所面临的决策问题也越来越复杂，因此，单纯靠直觉和个人判断进行的决策已经逐渐退出历史舞台。20 世纪 70 年代以后，多目标决策、群决策、模糊决策及决策支持系统逐渐成为人们研究的重点，并且关于多属性决策问题已经有了一些成熟的方法。例如，当方案数目太多时用于筛选方案的优选法（Calpine and Golding，1976）、用于确定属性权重的最小平方法（Chu et al.，1979）、逼近于理想解的排序方法（TOPSIS）（Opricovic and Tzeng，2004）和多维偏好分析的线性规划方法（LINMAP）（Srinivasan and Shocker，1973），此外还有 AHP 法（Saaty and Kearns，1985）、多准则妥协解排序法（VIKOR）（Opricovic and Tzeng，2007）、消去与选择转换法（ELECTRE）（Roy，1971）、线性分配法（Bernardo and Blin，1977）和基于行为决策理论（Simon，1947）的多种决策方法。同时，随着多属性决策研究理论的发展，关于模糊多属性决策的相关研究也在不断深入。在模糊信息的表达方面，多种模糊集及其拓展形式被相继提出，包括直觉模糊集（Atanassov，1986，1989）、影像模糊集（Cuong，2014）、犹豫模糊集（Torra，2010）等，还有一些基于语义信息的模糊变量集，如二元语义（Tai and Chen，2009）、犹豫模糊语言术语集（Rodriguez et al.，2012）、概率语言术语集（Pang et al.，2016；张永政等，2020）等。与此同时，许多研究将相关模糊理论与经典多属性决策方法相结合，广泛应用于项目评估、方案优选、投资决策、资源分配、工厂选址、效益评估等一系列问题（鞠彦兵，2013）。本部分从不确定信息的表示方法、不确定信息的集成方法、基于异质多属性决策方法和行为理论视角下属性决策方法四个方面对不确定多属性决策的相关理论和方法进行梳理。

（一）不确定信息的表示方法研究

由于人们考虑问题的复杂性和思维的模糊性，决策者主观判断的局限性以及对事物认识得不充分，人们对于事物往往无法做出精确认知和判断，因此评价信息往往表现为不确定、不完全或不一致。为此，Zadeh（1965）提出了模糊集（Fuzzy Sets）的概念，该理论改变了传统集合理论中“非此即彼”的概念，其核心思想是以闭区间［0，1］上任意值作为隶属度来表示元素属于某个集合的隶属程度。这类模糊信息常常表现为实数、区间数、三角模糊数和梯形模糊数等。进一步地，为了处理专家认知结果的不确定性并提高评价结果的准确性，需要一种同时能处理两类不确定性的工具。于是，Zadeh（2011）在经典模糊数的基础上提出了Z数理论，通过两级模糊数同时表达事物的模糊属性和描述的可靠性信息。与此同时，人们在评价客观对象时，考虑到客观事物本身的复杂性和决策者认知的局限性，更倾向于用类似自然语言的语言短语来刻画这种模糊性（鞠彦兵，2013）。对此，Zadeh（1975a，1975b，1975c）提出采用语言变量来表示语言决策信息，利用基于语言术语的语言标度表达模糊信息。然而，有时决策者难以用单个语言术语来表达自己的偏好，可能在多个语言术语间犹豫不决。考虑到这一点，Rodriguez等（2012）基于犹豫模糊集（Torra，2010）的思想，定义了犹豫模糊语言术语集（Hesitant Fuzzy Linguistic Term Sets），允许决策者给出多个语言术语进行评价。进一步地，为了反映决策者对犹豫模糊语言术语集中不同语言术语的偏好程度，Pang等（2016）在犹豫模糊语言术语集的基础上提出了概率语言术语集（Probabilistic Linguistic Term Sets），通过对语义术语集中各个语言变量赋予相应的概率以表示偏好在不同语言变量间的分布，从而增强不确定信息的表达。

此外，在模糊集理论的基础上，Atanassov（1986）提出了直觉模糊集（Intuitionistic Fuzzy Sets）的概念，同时考虑了隶属度和非隶属度两个方面的信息，并要求隶属度和非隶属度之和要小于等于1。Yager 和 Abbasov（2013）提出了毕达哥拉斯模糊集（Pythagorean Fuzzy Sets），放松了对隶属度和非隶属度约束条件的限制，要求隶属度和非隶属度的平方和小于等于1。在决策者的认知和评价过程中，当表达肯定和否定的程度时，往往存在不同程度的犹豫或表现出一定程度的认知缺乏，使评价结果表现为肯定、否定以及介于二者之间的犹豫三个方面。为此，Cuòng（2014）提出了影像模糊集（Picture Fuzzy Sets）的概念，其中包含了支持、反对、中立三个方面的隶属度。相比直觉模糊集和毕达哥拉斯模糊集，影像模糊集可以更为全面地刻画不确定性信息。然而，其隶属度、非隶属度和犹豫度三者之和不超过 1 的要求在一定程度上限制了其应用范围。为此，Mahmood 等（2019）提出了球面模糊集（Spherical Fuzzy Sets），要求隶属度、非隶属度和犹豫度的平方和不超过 1。为了进一步拓展其使用范围，Mahmood 等（2019）提出了 T 球面模糊集（T-Spherical Fuzzy Sets），要求其隶属度、非隶属度和犹豫度的 n 次方之和不超过 1。T 球面模糊集能够描述之前几种模糊集无法处理的决策信息，在处理不确定性信息时具有更强的表达能力，也使在事物属性评价的表示形式上有了更多的选择。

为了详细刻画评价信息并反映决策者的主观性，以往研究提出了各种拓展形式的模糊语言变量，并对相应模糊信息下的距离测度、熵测度、集成算子和偏好关系等进行研究。例如，Atanassov 和 Gargov（1989）将直觉模糊集中的隶属度、非隶属度和犹豫度扩展为区间数，提出区间直觉模糊集并对相关理论进行探究。Wang 等（2017）基于 Z 数和语言术语集，定义了语言 Z 数及其运算规则、基于得分和精度函数的比较方法以及距离测度，并提出基于 Choquet 积分的扩展 TODIM 法用于解决语言 Z 数的多准则决策问题。彭新东和杨勇（2016）基于毕达哥拉斯模糊集与语言集提出了毕达哥拉斯模糊语言集，并提出了毕达哥拉斯模糊语言加权平均（PFLWA）算子等集成算子。Xian 等（2019）结合直觉不确定语言集和 Z 数相关理论，提出了直觉 Z 语言集及其运算规则与距离测度。Liu 等（2020）基于 T 球面模糊集提出了语义 T 球面模糊集及其比较方法与集成算子，并将 MABAC 和交互式多准则决策法（TODIM）拓展到语义 T 球面模糊集环境中。Deli 和 Keles（2021）定义了基于截集的梯形模糊多数、模糊度和距离测度，并提出了一种利用梯形模糊多数求解多准则决策问题的方法。

（二）不确定信息的集成方法研究

在多属性决策中，可以利用信息集成方法集结多个指标评价信息，从而得到方案的综合评价信息。本部分从决策指标相互独立和相互关联的角度，着重对基于不确定信息的集成算子进行相关研究综述。

1. 基于指标相互独立的集成算子的相关研究

目前，许多学者已提出一些性能良好的信息集成算子，如加权算术平均（WAA）算子（Harsanyi，1976）、加权几何平均（WGA）算子（Aczél and Alsina，1987）、有序加权平均（OWA）算子（Yager，1988）、有序加权几何（OWG）算子（Chiclana et al.，2001）等。其中，WAA 算子和 WGA 算子根据数据的重要性进行加权集结，主要关注每个数据本身；而 OWA 算子和 OWG 算子则将所给数据按大小排序，并根据数据位置进行加权集结，更侧重于数据的位置信息。为了在信息集结中综合考虑信息自身和所处位置的重要性两个方面，徐泽水和达庆利（2002）提出了组合加权算子。进一步地，对于语言变量形式的指标值，Xu（2004，2006）分别提出了语言混合算术平均（LHAA）算子和语言混合几何平均（LHGA）算子；对于二元语义形式的指标值，魏峰等（2006）提出了二元语义混合加权平均（T-HWA）算子；对于犹豫区间毕达哥拉斯模糊数形式的指标值，Yang 和 Pang（2019）提出了犹豫区间毕达哥拉斯模糊混合平均（HIVPFHA）算子和广义犹豫区间毕达哥拉斯模糊混合平均（GHIVPFHA）算子。

2. 基于指标相互关联的集成算子的相关研究

在现实多属性决策中，无论是各专家之间还是各评价指标之间往往存在某种联系，即评价信息是非相互独立的。在考虑指标关联关系方面，相关集成算子包括 Bonferroni 算子（Bonferroni，1950）、Choquet 积分（Choquet，1953）、幂算子（Yager，2001）等。下面主要从与 Choquet 积分相关的集成方法研究和有关幂算子的研究两个方面进行综述：（1）与 Choquet 积分相关的集成方法研究。为了衡量决策属性之间组合的重要性程度，Sugeno（1974）提出了非可加测度的概念，该概念通过利用较弱的单调性替代了经典测度中的可加性。在多个指标存在交互关系的情况下，指标评价值的集成多采用 Choquet 积分。随着不确定性信息表示工具的不断发展，传统的 Choquet 积分方法已被扩展应用到对偶犹豫模糊集（Ju et al.，

2014）、二元语言集（Ju et al.，2016）、单值中智犹豫集（Li and Zhang，2018）等多种环境中。然而，由于Choquet积分在应用中需要对备选方案的指标值排序，当方案的评价值呈概率分布时，往往难以获得此类评价信息的排序并进行集成。为此，Yager和Alajlan（2018）提出了基于Choquet的概率超越算法，并将该方法视为Choquet积分的代理方法。在此基础上，Liu和Xiao（2019）基于黄金法则代表值和概率超越算法，提出了一种区间值超越算法对区间值满意度进行集结。Liu和Xiao（2020）考虑认知的不确定性，将概率超越算法拓展到直觉模糊数的环境。（2）有关幂算子的研究。为了在信息集成中对过小或过大的评价值赋予较低的权重，以消除过小或过大评价值的影响，Yager（2001）提出了幂平均算子，通过融合数据之间的支持度关系得到相关权重并考虑了属性之间的相互关系，能有效解决群决策信息集结中某些专家存在主观偏见和错误评分的情况。在此基础上，Xu和Yager（2010）提出了幂几何平均（PG）算子和幂有序几何平均（POG）算子等。进一步地，Wei和Lu（2018）将幂平均（PA）算子拓展到毕达哥拉斯模糊环境，提出了毕达哥拉斯模糊幂加权平均（PFPWA）算子、毕达哥拉斯模糊幂加权几何（PFPWG）算子等。

除了以上集成方法，一些学者还考虑到隶属度和非隶属度之间的交互作用，提出了一系列交互算子。例如，针对毕达格拉斯模糊数，Gao等（2018）提出了毕达哥拉斯模糊交互加权平均（PFIWA）算子、毕达哥拉斯模糊交互加权几何（PFIWG）算子等。Wei（2017）提出了毕达哥拉斯模糊交互混合平均（PFIHA）算子、毕达哥拉斯模糊交互混合几何（PFIHG）算子等。Wang和Li（2020）提出了毕达哥拉斯模糊交互幂Bonferroni平均（PFIPBM）算子和加权毕达哥拉斯模糊交互幂Bonferroni平均（WPFIPBM）算子。针对犹豫毕达哥拉斯模糊数，Yang等（2019）提出了犹豫毕达哥拉斯模糊交互加权平均（HPFIWA）算子、犹豫毕达哥拉斯模糊交互加权几何（HPFIWG）算子等。考虑到影像模糊数的集成中隶属度、非隶属度和犹豫度三者的交互作用，Ju等（2019）定义了影像模糊数的交互运算规则，并提出把影像模糊加权交互几何（PFWIG）算子用于属性值的集结。

（三）基于异质多属性决策方法的研究

在现实的多属性群决策情形中，不同专家之间往往存在异质性，有时难以对评价信息的表示以及方案集和指标集的确定达成一致。由于专家的知识水平和个人经验的差异，一方面对于评价信息的表示形式的选择有时不完全一致，另一方面对于各个指标和方案的评价是否必要的认知有时存在分歧，决策者可能仅对自身认为有必要且熟悉的方案集和指标集进行评价。此外，即使对于同一位专家，根据所需表达信息的详略程度，专家所选择的模糊信息的表示形式也会有所差别。若忽视了决策的异质性，所有决策专家均须采用相同的决策方案集和指标集以及统一的信息表示模型，往往会限制属性值的有效表达，导致专家所给予的决策信息不够充分或者不够准确，从而削弱群决策的实际效用（Ju et al.，2020）。因此，要想得到正确、合理的决策结果，就必须考虑决策专家间的异质性。为了准确表达每位专家的决策偏好，减少决策信息丢失或失真现象，有关异质多属性决策的理论和方法的研究就显得尤为重要。下面从基于混合数据类型的多属性决策方法和非固定方案集与指标集下的多属性决策方法两方面对异质多属性决策进行综述。

1. 基于混合数据的多属性决策方法的研究

针对属性值数据类型不一致多属性决策问题，一般有两种思路：（1）将不同的决策信息转化为同一数据类型。在异质信息的转化方面，齐春泽（2019）将不同类型的评价信息转化为梯形模糊数，然后分别运用离差最小化法和熵权法计算决策专家与指标的权重。潘亚虹和耿秀丽（2018）将多粒度语言术语统一为二元语义，利用熵权法和 VIKOR 法对备选方案进行排序。（2）借助参考点实现不同数据类型的转化。例如，张晓和樊治平（2012）利用前景理论分别计算不同决策属性值相对于参考点的收益值和损失值，从而建立风险收益型矩阵和风险损失型矩阵，并通过信息集结得到备选方案的综合前景值。Li 和 Wan（2014）使用实数、区间和梯形模糊数表示异构决策信息，提出了一种基于模糊正负理想解和相对贴近度的模糊线性规划方法。此外，混合灰靶决策将灰靶或标准模式作为参考点，采用基于向量或者距离的决策方法对备选方案排序（邓聚龙，2002）。采用向量的数据方法最初采用的是接近度的方法，后来又产生了以 Kullback-Leibler 距离为决策依据的方法（Ma，2018）。还有一些研究通过计算指标值与最优指标值之差的平方和来计算决策方案的靶心距，进而对方案的优劣进行评价（Li and Peng，2020）。然而，该方法中的乘方运算有时会造成某些次要指标极端值的放大效应或重要指标值的缩小效应，从而导致混合灰靶决策模型失效。为此，一些学者提出采用蛛网面积来求靶心距，该方法在一定程度上弱化了建模对象中极端指标值对靶心距计算结果的影响（陈勇明、吴敏，2020）。

2. 非固定方案集和指标集下多属性决策方法的研究

由于专家的知识背景和经验存在差异，以及决策问题的性质不同，每个专家都可能有自己的属性集。同时，对于一组预定义的方案集，各个专家可能仅选择自己熟悉的方案进行评价，于是便产生了各自单独的方案集。对于这一类非固定方案集和指标集下的多属性决策，也归于异质多属性决策的范畴。Lourenzuttia 和 Krohling（2016）在供应商评估的案例研究中说明了此类异构问题的使用场景，并提出一种广义 TOPSIS 法进行方案排序。Yu 等（2021）借助信任关系来处理异质评价信息，利用 SNA 计算个体意见之间的距离，并提出基于信任和行为的信息融合方法。此外，SNA 在多属性决策的其他一些问题的研究中，也起到了重要的作用，如专家权重分配（Wu et al.，2017；Wu et al.，2015）、基于信任的建议共享（Zhou et al.，2020；Liu et al.，2017）和专家分类（Du et al.，2020；Wu et al.，2019）等。

（四）行为理论视角下多属性决策方法研究

决策者的心理行为在决策分析中起到十分重要的作用，若不能充分考虑决策者的心理行为因素，所得到的结果往往难以准确反映决策者的意见与行为。随着心理行为对决策结果的影响逐渐受到重视，有关行为决策的研究也逐渐展开。Kahneman 和 Tversky（1979）利用价值函数和概率权重函数来描述决策者在风险环境下的行为特征，并由此提出了前景理论。此外，一些代表性的行为决策理论如后悔理论和 TODIM 法等也在多属性决策中得到了不断的推广。下面主要对后悔理论和 TODIM 法的相关研究成果进行综述。

1. 基于后悔理论的决策方法

在后悔理论中，决策者不仅关注自己选择方案的结果，还关注选择其他方案可能获得的结果，由此就会产生后悔或欣喜的心理（Bell，1982）。后悔理论最初应用于逐对选择的决策问题，Loomes 和 Sugden（2006）针对有限方案选择问题进行了研究，给出了基于有限方案选择问题的一般化后悔理论模型。进一步，Quiggin（1982）将后悔理论扩展至无限方案选择的情形，提出了一种广义后悔理论模型并对其性质进行分析。Zhou 等（2017）考虑到随机指标区间概率的问题，提出一种基于后悔理论和 TOPSIS 的灰色随机多属性决策方法。Wang 等（2020）在区间二型模糊集环境下提出了相应的投影模型，并与后悔理论结合提出了新的效用函数和后悔—欣喜函数。钱丽丽等（2020）针对属性值、属性权重以及状态概率均为区间灰数的风险型多属性群决策问题，提出了基于后悔理论和区间灰数信息的群体偏离靶心度决策方法。张发明和王伟明（2020）依据后悔理论定义了语言后悔—欣喜函数和感知效用值的计算公式，提出基于后悔理论和 DEMATEL 法的语言型多属性决策方法。

2. 基于 TODIM 法的决策方法

针对评价值为清晰数的多属性决策问题，Gomes 和 Lima（1991，1992）在前景理论的基础上提出了 TODIM 方法，该方法将方案两两比较通过构建方案的相对优势度函数对方案进行排序。在此基础上，Lourenzutti 和 Krohling（2013）将 TODIM 法扩展至直觉模糊环境下，利用贝叶斯思想得到备选方案的排序。Sang 和 Liu（2016）将 TODIM 法扩展至区间 2 型模糊环境下，并将其用于绿色供应商的评价与选择问题中。Liu 等（2021）提出了一种基于证据理论和 TODIM 的双层犹豫模糊语言术语集的多准则群决策方法。

三　研究现状评述

通过以上综述可以看出，以往文献针对建筑垃圾资源化方案评价和不确定多属性决策进行了大量的研究工作，对不确定环境下建筑垃圾资源化方案的评价具有重要的理论借鉴和现实意义，但仍存在以下不足。

（一）关于建筑垃圾资源化方案的评价对象和指标体系

目前，建筑垃圾资源化方案的相关评价大多集中在建筑垃圾资源化方案的技术、环境、经济效益和管理等特定方面，对建筑垃圾资源化方案综合评价的研究相对不足。在已有研究所构建的建筑垃圾资源化方案评价指标体系中，存在评价指标量过多或过少、分类交叉、普适性低等问题。此外，当前指标体系的构建多采用文献查阅和专家咨询法等主观方法，关键指标的筛选过程大多缺乏相对科学客观的依据。

（二）关于建筑垃圾资源化方案评价信息的表示

以往建筑垃圾资源化方案的评价研究对于信息的不确定性考虑尚不充分，大量研究仍以实数或模糊数作为属性值的表现形式，不确定环境下评价信息的形式仍有待拓展。目前研究对于评估数据的多样化考虑相对欠缺。在现实决策过程中，评价指标往往既包含定性指标又包含定量指标。例如，在建筑垃圾资源化方案评价过程中，对于容易量化的指标如投资成本等，多以实数形式作为评价值，而对于评价值难以量化的指标如技术难度等，则多以模糊数的形式作为评价值。此外，由于专家习惯、偏好和知识水平的差异，所选择的模糊信息形式也往往不完全相同，由此便会产生异构的决策信息。因此，异构决策信息的统一和集成也是建筑垃圾资源化方案多属性决策的必要研究内容。

（三）关于建筑垃圾资源化方案决策条件的设置

首先，以往研究多将评价对象的实施效果在整个时间段内进行评价，然而，考虑到政策变动、技术变革和物价波动的变化等因素对方案评价值的影响，一次性的评价往往无法反映方案在不同时期内较为明显的差异，致使评价过于笼统且难以精细；其次，以往建筑垃圾资源化方案评价多考虑方案集和指标集为一致或固定的情形，然而，当群决策中各专家对评价方案集和指标集的确定难以达成一致时，如何处理评价信息并获得决策结果有待进一步研究；最后，以往研究大多忽略了存在样本方案的情形，往往通过评价矩阵本身得到正理想解向量作为参考。在实际决策中，专家有时会根据以往经验给出样本方案的评价值向量以供参考，并希望通过衡量与样本方案数据的接近程度来确定方案排序。

（四）关于建筑垃圾资源化方案的评价方法和不确定多属性决策理论

当前建筑垃圾资源化方案评价方法多以传统决策方法为主，如 AHP、TOPSIS、VIKOR 和熵权法等，在评价方法和权重确定方法上比较单一，在决策理论的运用上相对缺乏创新。此外，相关研究很少考虑指标之间的复杂关系，并且大多数研究忽略了决策者的心理因素及参与者所在的社会网络对群决策结果的影响。虽然目前在不确定信息的表示方法和集成方法、异质多属性决策方法和行为理论视角下的多属性决策方法方面已取得了丰硕的研究成果，但仍有待进一步研究以克服以往的决策方法和应用中存在的缺陷。

第三节　研究内容、方法及框架

本节就建筑垃圾资源化方案的评价与选择的研究内容、方法和研究框架进行详细说明。

一 研究内容

建筑垃圾资源化方案的评价与选择往往面临着评价信息的不确定性、评价指标的不确定性和评价群体的复杂性等问题，主要体现在评价信息形式的模糊性与多样性、评价指标权重和影响关系的未知及评价群体的认知与偏好的差异等方面。本书在考虑评价指标、评价信息及评价群体不确定性的前提下，将不确定环境下的决策理论方法与建筑垃圾资源化方案评价相结合，针对单一和多时间阶段的决策情形、评价信息为统一和混合的决策情形、方案集与指标集为固定和非固定的决策情形及无样本方案和给定样本方案的决策情形，提出了全新、科学的建筑垃圾资源化方案多属性评价模型。在理论层面上，本书提出了梯形毕达哥拉斯模糊 Z 二元语言集（TrPFZTLS）、概率语言 T 球面模糊集（PLt-SFS）和概率双层语言 T 球面模糊集（PDHLt-SFS）等概念，并在评价模型构建中考虑了属性之间相互独立与相互关联的关系及决策者的有限理性。在已有研究的基础上，针对目前研究的不足，本书有如下研究内容。

（1）构建建筑垃圾资源化方案评价指标体系。首先，依据建筑垃圾资源化方案评价指标体系的构建原则，在文献查阅和实证分析的基础上确定初始评价指标。其次，借助有序梯形模糊数所特有的方向性细化评价值，并利用基于有序梯形模糊数的决策试验与评价实验室法（DEMATEL）对初始指标进行排序和筛选。最后，构建了包含环境、社会、经济和技术四个维度的三级建筑垃圾资源化方案评价指标体系，为方案实施前的投资决策和实施过程中综合效果的评价提供了科学的衡量基准。

（2）提出基于 TrPFZTLS 的建筑垃圾资源化方案评价模型。本书定义了梯形毕达哥拉斯模糊 Z 二元语言变量（TrPFZTLVs）及其交互运算规则、距离测度和多粒度统一化方法。在考虑属性相互独立时，提出基于梯形毕达哥拉斯模糊 Z 二元语言交互混合几何（TrPFZTLIHG）算子的评价模型；在考虑属性相互关联时，提出梯形毕达哥拉斯模糊 Z 二元语言交互幂加权几何（TrPFZTLIPWG）算子来集结信息，然后提出基于 TrPFZTLVs 可能度的可视化比较方法确定方案排序；在权重信息不完全时，提出基于 TrPFZTLVs 的加权规范化投影建立非线性规划模型求得指标权重，然后利用组合距离评价法（CODAS）确定方案排序。

（3）提出基于 PLt-SFS 的建筑垃圾资源化方案多阶段评价模型。本书定义了概率语言 T 球面模糊数（PLt-SFNs）及其距离测度、标准化和多粒度统一化方法。引入时间度和时间熵来构建非线性规划模型确定阶段权重，并且分别在固定和非固定的方案集与指标集下，提出了相应的建筑垃圾资源化方案多阶段评价模型。对于前者，提出了基于 PLt-SFNs 的 Shapley-Choquet 概率超越算法来集结信息并确定方案排序；对于后者，考虑到群决策中各专家对方案集与指标集的认可度和熟悉度的差异，提出了非固定方案集与指标集下专家权重的确定方法，然后提出了基于概率语言 T 球面模糊交叉熵的方案排序方法。

（4）提出基于混合数据类型的建筑垃圾资源化方案评价模型。本书分别在无样本方案与给定样本方案的决策情形下，重点研究含有 TrPFZTLVs、PLt-SFNs、TFNs 和实数四种混合数据的建筑垃圾资源化方案评价模型。对于前者，利用社会网络分析（SNA）通过信任的传播和集结来确定专家权重，然后提出将四种混合型信息统一转化为粗数的方法，最后利用双参数—逼近于理想值的排序方法（TOPSIS）获得方案排序；对于后者，基于毕达哥拉斯模糊语言数的最优最差法（PFLN-BWM）确定指标的主观权重，然后利用综合靶心距和信息熵确定指标的客观权重，从而求得指标的组合权重，最后利用基于项链排列的蛛网混合灰靶决策模型确定方案的排序。

（5）提出行为理论视角下的建筑垃圾资源化方案评价模型。本书在决策者有限理性的前提下，分别提出了双层语义下基于加权规范化投影后悔理论的多阶段评价模型和非平衡语义下基于信任区间（BI）的交互式多准则决策法（TODIM）的混合多属性评价模型。对于前者，本书将 PLt-SFS 拓展至双层语义并定义 PDHLt-SFS，然后利用有序聚类法确定阶段权重，最后利用基于 PDHLt-SFS 加权规范化投影的感知效用函数确定方案的排序；对于后者，本书将 TrPFZTLVs、PLt-SFNs 拓展至非平衡语言环境，提出了非一致平衡或非平衡语言评价集下语言标度的统一化方法，然后利用混合数据下的指标移除效应法（MEREC）求得指标权重，最后将混合数据转化为信任区间并利用 BI-TODIM 法得到方案排序。

以上研究从基于统一数据的单一阶段划分、基于统一数据的多阶段划分和基于混合数据的单一阶段划分的角度，逐层递进地解决不同决策条件下的建筑垃圾资源化方案评价问题。在决策模型应用方面，本书分别将其用于震后灾区重建、城中村改造、农村大规模建设及旧城改造背景下的建筑垃圾资源化方案评价问题中，并通过对比分析和敏感度分析验证了模型的有效性和科学性。

二 研究方法及框架

本书通过文献查阅，在充分了解国内外建筑垃圾资源化方案评价现状的基础上，运用决策理论、模糊数学、图论、SNA 等相关理论与方法，以计算机技术为工具，在基于不确定信息的多属性群决策问题框架下，对不确定环境下建筑垃圾资源化方案的评价理论及应用进行研究。具体研究方法如下：

（1）通过文献检索，分析国内外建筑垃圾资源化方案评价的发展趋势，并结合中国建筑垃圾资源化的现状和实际需求，提出本书的研究主题，确定研究目标和主要内容。在建筑垃圾资源化方案的评价指标体系的建立中，主要采用了文献研究法、频度统计法和专家咨询法。

（2）在权重确定方面，本书主要采用了文献研究法、SNA 和决策理论方法，并采用线性目标规划或非线性目标规划，对不确定信息下带有约束条件的建筑垃圾资源化方案评价问题建立权重求解模型。此外，本书还从主观权重和客观权重两个方面来研究指标的权重和多阶段评价中的阶段权重。

（3）在不确定评价信息表达和集成的研究中，本书主要采用了文献研究法、决策理论方法和行为决策等方法。针对现有属性值表示形式存在的不足，本书定义了新的模糊数据形式、运算规则、距离测度、熵测度、投影测度和比较方法，并在新的模糊集环境下提出了相应的决策方法和信息集成方法。

（4）在建筑垃圾资源化方案排序的研究中，本书主要采用了文献研究法、灰靶决策理论方法、图论和行为决策理论等。

基于以上研究方法，本书将多属性决策理论与建筑垃圾资源化方案评价相结合，形成了如图 1.2 所示的框架结构。在评价模型的构建方面，本书从基于统一数据的单一阶段划分、基于统一数据的多阶段划分和基于混合数据的单一阶段划分的角度出发，提出了基于 TrPFZTLS、PLt-SFS、混合数据和行为理论视角下的建筑垃圾资源化方案评价模型，这四个部分模型的关系如图 1.3 所示。在理论层面上，基于混合数据的评价模型以 TrPFZTLS 和 PLt-SFS 的研究为基础，解决了含有四种混合信息的建筑垃圾资源化方案多属性决策问题。进一步地，本书从行为理论的视角出发，一方面以基于混合数据的多属性评价为研究基础，将 TrPFZTLS 和

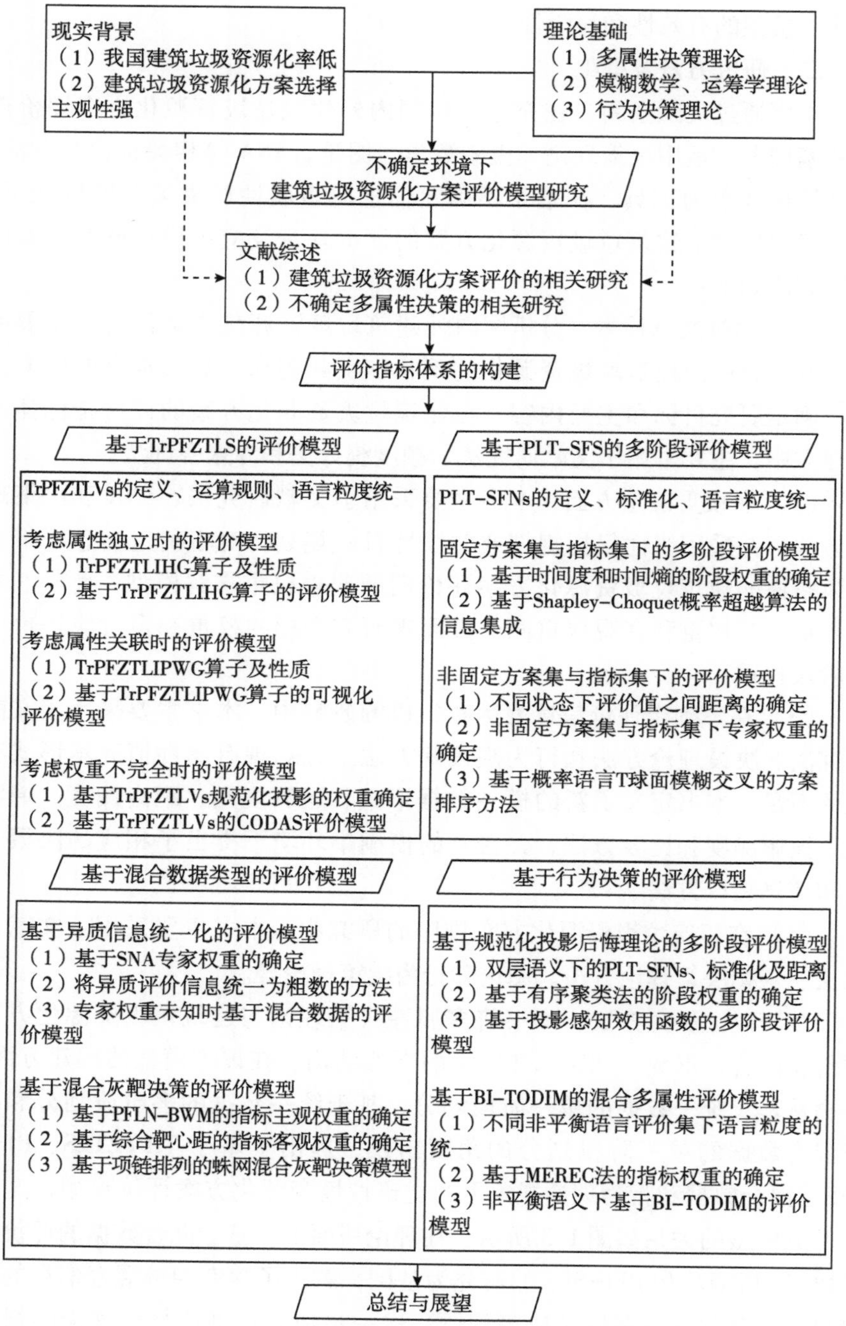

图 1.2　本书的框架结构示意

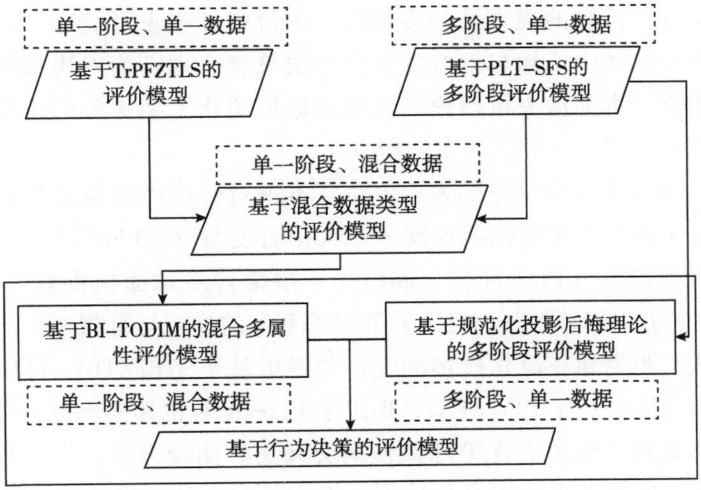

图 1.3　本书四部分模型研究之间的关系示意

PLt-SFS 拓展至非平衡语言环境下，提出了相应的混合多属性决策模型；另一方面，以 PLt-SFS 的相关研究为基础，提出了双层语言环境下基于 PDHLt-SFS 规范化投影后悔理论的多阶段决策模型。因此，这四个部分模型中前两部分相互并列，后两部分在前两部分研究的基础上逐层递进。此外，在以上模型中，我们分别考虑了属性之间相互独立和关联的关系、方案集与指标集是否固定、有无样本方案及决策者对于后悔和损失的规避程度。

第四节　本书的主要创新点

本书借鉴国内外建筑垃圾资源化方案的评价理论，利用基于有序梯形模糊数的决策试验与评价实验室法（DEMATEL）对初始评价指标进行排序和筛选，最终构建了包含环境、社会、经济和技术指标的三级建筑垃圾资源化方案评价指标体系，为方案实施前的投资决策和实施过程中综合效果的评价提供了科学的衡量基准。此外，本书将不确定环境下的决策理论方法与建筑垃圾资源化方案评价相结合，从多个角度提出了系统、科学的建筑垃圾资源化方案多属性评价模型。为了应对建筑垃圾资源化方案评价信息的模糊性与多样性、评价指标权重及关联关系的不确定性、评价群体中认知与偏好的差异和决策者心理行为对决策结果影响的不确定性，本书从决策理论和建筑垃圾资源化方案评价的角度设定方面进行创新，形成了如下四个创新点。

（1）关于不确定信息的表示方法。本书对传统模糊信息形式进行拓展，提出了梯形毕达哥拉斯模糊 Z 二元语言变量（TrPFZTLVs）、概率语言 T 球面模糊数（PLt-SFNs）和概率双层语言 T 球面模糊数（PDHLt-SFNs）。对于 TrPFZTLVs，定义了 TrPFZTLVs 的交互运算规则、多粒度统一化方法、距离和规范化投影测度，并提出基于 TrPFZTLVs 可能度的可视化比较方法；对于 PLt-SFNs，提出了 PLt-SFNs 的距离测度、多粒度统一化方法及基于概率语言 T 球面模糊交叉熵的比较方法。进一步地，本书将二者拓展至非平衡语义环境下，提出了非一致的平衡或非平衡语言评价集下 TrPFZTLVs 和 PLt-SFNs 中语言标度的统一化方法；此外，本书将 PLt-SFNs 拓展至双层语义环境下，定义了 PDHLt-SFNs 及其距离与规范化投影测度。

（2）关于 TrPFZTLVs 和 PLt-SFNs 环境下的信息融合方法。一方面，在 TrPFZTLVs 环境下，分别提出了考虑属性相互独立和相互关联时的信息集成算子。在考虑属性相互独立时，提出了梯形毕达哥拉斯模糊 Z 二元语言交互混合几何（TrPFZTLIHG）算子，并证明了该算子的幂等性、置换性、单调性和有界性；在考虑属性相互关联时，提出了梯形毕达哥拉斯模糊 Z 二元语言交互幂加权几何（TrPFZTLIPWG）算子，并证明了该算子的幂等性、置换性、单调性和有界性。另一方面，在 PLt-SFNs 环境下，利用 TOPSIS 法和 Shapley 值法建立最优化模型确定指标集的最优模糊测度，然后提出了基于 PLt-SFNs 的 Shapley-Choquet 概率超越算法进行评价信息的集结。

（3）关于不确定环境下的权重确定方法。在专家权重确定方面，本书在非固定的方案集与指标集下，借助群决策中专家之间多阶段信任评价的综合值，提出了 PLt-SFNs 环境下不同状态评价值之间距离的确定方法，并基于专家评价矩阵之间的相对距离求得专家权重。在阶段权重确定方面，本书提出了基于双层语言 T 球面模糊数（DHLt-SFNs）的有序聚类法确定客观阶段权重，并利用时间度和时间熵求得主观阶段权重从而得到组合阶段权重。在指标权重确定方面，当权重信息不完全时，通过建立基于 TrPFZTLVs 加权规范化投影的非线性规划模型得到指标权重；当权重信息完全未知时，提出基于毕达哥拉斯模糊语言数的最优最差法（PFLN-BWM）求得 PFLNs 形式的权重向量，并提出相应的一致性检验方法。

（4）关于不确定环境下决策模型角度的设定。本书从基于统一数据的单一阶段划分、基于统一数据的多阶段划分和基于混合数据的单一阶段划分的角度，逐层递进地解决了不同决策条件下的建筑垃圾资源化方案评价问题，并提出了基于 TrPFZTLVs、PLt-SFNs、混合数据和行为理论视角的建筑垃圾资源化方案多属性评价模型。在以上模型的研究中，后两部分模型的提出以前两部分为基础，并且四部分模型分别考虑了属性之间相互独立和相互关联的关系、方案集和指标集为固定和非固定的决策情形、无样本方案和给定样本方案的决策情形及决策者的后悔规避程度和对损失的态度。在模型的应用方面，本书将以上模型分别应用于震后灾区重建、城中村改造、农村大规模建设及旧城改造背景下的建筑垃圾资源化方案评价问题中，通过对比分析和敏感度分析验证了所提出模型的有效性和科学性。

第二章　理论基础

本章主要介绍不确定信息的表达与集成、多属性群决策和行为决策的基本概念和理论，为建筑垃圾资源化方案评价模型的研究提供理论支撑。

第一节　不确定信息表达

在有关建筑垃圾资源化方案评价的实践中，往往需要处理大量的不确定信息，包括随机不确定信息和模糊不确定信息。随机不确定性是由事件结果的不确定造成的，属于概率论与统计的范畴；而模糊不确定性是由事物本身的不确定造成的，属于模糊理论的范畴。模糊不确定信息是信息的不完全性、不可靠性和不精确性等因素造成的（王晓丹等，2018）。模糊的不确定信息主要以模糊变量或语言短语来刻画，以下介绍几种常见的模糊集和语言变量。

一　常见模糊集

本节介绍几种常见的模糊集，包括梯形模糊集、直觉模糊集、毕达哥拉斯模糊集、球面模糊集和 Z 数。

在经典集合理论中，论域中任何一个元素与该论域之间的关系只能是属于或者不属于，即特征函数的值域为 0 或 1。基于对集合中元素隶属关系不确定性的考量，Zadeh（1965）把特征函数的值域扩展到［0，1］区间上，并将所取的值称为元素对于集合的隶属度。元素隶属值的模糊化使模糊集具备了对不确定性概念描述的能力。

定义 2.1　设论域 X 上定义了一个映射 μ_A：$X \to [0, 1]$，则 μ_A 为 X 上一个模糊子集 A 的隶属函数。对于 $x \in X$，$\mu_A(x) \in [0, 1]$ 称为 x 对于 A 的隶属度。从集合的角度，模糊集 A 的定义为（王晓丹等，2018；Zadeh，

1965)：

$$A=\{<x,\ \mu_A(x)>\mid x\in X\} \tag{2.1}$$

其中，μ_A：$X\to[0,1]$ 为隶属度函数，表示 x 属于模糊集 A 的程度。隶属度 $\mu_A(x)$ 越接近1，表示 x 属于模糊集 A 的程度越高；$\mu_A(x)$ 越接近0，表示 x 属于模糊集 A 的程度越低。$v_A(x)=1-\mu_A(x)$ 为 x 对于模糊集 A 的非隶属度。

定义 2.2　设 R 为实数域，R 上的一个模糊集 $A\in\varphi(x)$ 为模糊数，若（王晓丹等，2018；Zadeh，1965）：

(1) A 是正规的，即存在 $x_0\in R$，使 $\mu_A(x_0)=1$；

(2) $\forall\alpha\in(0,1)$，A_α 是闭区间。

定义 2.3　设 R 为实数域，若 R 上的模糊数 N 具有如下隶属函数（王晓丹等，2018）：

$$\mu_N(x)=\begin{cases}\dfrac{x-a}{b-a}, & a\leqslant x\leqslant b\\ 1, & b\leqslant x\leqslant c\\ \dfrac{d-x}{d-c}, & c\leqslant x\leqslant d\\ 0, & \text{其他}\end{cases} \tag{2.2}$$

则称 N 为梯形模糊数，简记为 $N=(a,b,c,d)$。其中，$a\leqslant b\leqslant c\leqslant d$，$a$ 和 d 分别为 N 的下界值和上界值，闭区间 $[b,c]$ 为 N 的中值。特别地，当 $a\leqslant b=c\leqslant d$ 时，N 退化为三角模糊数；当 $a=b<c=d$ 时，N 退化为区间数；当 $a=b=c=d$ 时，N 退化为实数。

作为模糊集的推广，Atanassov（1986）提出了直觉模糊集（IFS），定义如下：

定义 2.4　设论域 X 上定义了两个映射 μ_I：$X\to[0,1]$ 和 v_I：$X\to[0,1]$，使 $x\in X\mapsto\mu_I(x)\in[0,1]$ 和 $x\in X\mapsto v_I(x)\in[0,1]$，且满足条件 $0\leqslant\mu_I(x)+v_I(x)\leqslant1$，则称 μ_I 和 v_I 确定了论域 X 上的一个直觉模糊集 I，记为：

$$I=\{<x,\ \mu_I(x),\ v_I(x)\mid x\in X\} \tag{2.3}$$

其中，μ_I 和 v_I 分别为 x 属于 I 的隶属函数和非隶属函数，$\mu_I(x)$ 和 $v_I(x)$ 分别为 x 属于 I 的隶属度和非隶属度。对于任意一个元素 $x\in X$，$\pi_I(x)=1-\mu_I(x)-v_I(x)$ 为 x 属于 I 的犹豫度，满足 $0\leqslant\pi_I(x)\leqslant1$。那么，$<\mu_I(x)$，

$v_I(x)$>为一个直觉模糊数(*IFN*)，简记为 $i=\langle\mu_I, v_I\rangle$。

然而，IFS 存在一些缺陷，在隶属与非隶属度之和大于 1 时不能有效描述。为此，Yager 和 Abbasov（2013）引入了毕达哥拉斯模糊集，定义如下：

定义 2.5 设论域 X 上定义了两个映射 μ_P：$X\to[0, 1]$ 和 v_P：$X\to[0, 1]$，使 $x\in X\mapsto\mu_P(x)\in[0, 1]$ 和 $x\in X\mapsto v_P(x)\in[0, 1]$，满足 $0\leqslant\mu_P^2(x)+v_P^2(x)\leqslant1$，则称 μ_P 和 v_P 确定了论域 X 上的一个毕达哥拉斯模糊集（PFS）：

$$P=\{\langle x, \mu_P(x), v_P(x) \mid x\in X\} \tag{2.4}$$

其中，μ_P 和 v_P 分别为 x 属于 P 的隶属函数和非隶属函数，$\mu_P(x)$ 和 $v_P(x)$ 分别为 x 属于 P 的隶属度和非隶属度。对于任意一个元素 $x\in X$，$\pi_P(x)=\sqrt{1-\mu_P^2(x)-v_P^2(x)}$ 为 x 属于 P 的犹豫度。$(\mu_P(x), v_P(x))$ 为一个毕达哥拉斯模糊数（PFN），记为 $p=(\mu_P, v_P)$。

为了在模糊集中同时包含支持、反对和中立的隶属度，Cuòng（2014）提出了影像模糊数，表示为三元组 (s, i, d)，其中，s，i 和 d 分别为支持隶属度、中立隶属度和反对隶属度，$r=1-s-i-d$ 为拒绝隶属度。进一步地，为了克服影像模糊数中 $0\leqslant s+i+d\leqslant1$ 的限制，Mahmood 等（2019）提出了 T 球面模糊数（T-SFNs），定义如下：

定义 2.6 对于论域 X 上的 T 球面模糊集（T-SFS），表示如下：

$$T=\{x, s(x), i(x), d(x), x\in X\} \tag{2.5}$$

其中，s，i，d：$X\to[0, 1]$ 分别为支持隶属度，中立隶属度和反对隶属度，满足 $0\leqslant s^n(x)+i^n(x)+d^n(x)\leqslant1$，且 n 为正整数。$r(x)=\sqrt[n]{1-(s^n(x)+i^n(x)+d^n(x))}$ 为拒绝隶属度。那么，三元组 (s, i, d) 称为一个 T 球面模糊数（T-SFN）。

为了处理专家认知结果的不确定性，进一步提高评价结果的准确性，需要一种能同时处理两类不确定性的工具。在经典模糊数的基础上，Zadeh（2011）提出的 Z 数理论可同时对事物的模糊属性和可靠性信息进行描述，定义如下：

定义 2.7 Z 数是由一对有序模糊数组成的，记为 $Z=(A, B)$。其中，模糊数 A 是不确定变量 X 的实值函数，是对 X 在值域上的约束；模糊数 B 是对 X 可靠性的测度。当 A 和 B 都是语言型术语时，$Z=(A, B)$

便是一个语言型 Z 数。

二　语言变量

在建筑垃圾资源化方案评价中，针对那些难以量化的指标，专家往往根据自己的知识和经验，给出诸如“很好”“一般”等定性语言进行表述。此外，当决策时间非常紧迫且精确数据难以获取时，也可采用定性语言短语进行描述（Herrera et al.，1996）。本节主要介绍定性评价中常用的基础语言变量和二元语义。

定义 2.8　设 $S=\{s_i \mid i=0, 1, \cdots, g\}$ 为一个粒度为 $(g+1)$ 的语言评价集，s_i 为语言术语且 $(g+1)$ 为奇数。那么，该语言评价集满足以下性质（Merigó and Gil-Lafuente，2013）：

（1）有序性：$s_i>s_j$，当且仅当 $i>j$；

（2）存在负算子：$Neg(s_i)=s_j$，其中，$j=g-i$；

（3）存在最小算子：如果 s_i 劣于 s_j，则 $\min\{s_i, s_j\}=s_i$；

（4）存在最大算子：如果 s_i 优于 s_j，则 $\max\{s_i, s_j\}=s_i$。

为了减少语言变量计算过程中信息的丢失或失真，离散型语言评价集 $S=\{s_i \mid i=0, 1, \cdots, g\}$ 被扩展为连续型语言评价集 $\bar{S}=\{s_\alpha \mid \alpha\in[0, g]\}$。如果 $s_\alpha\in S$，则 s_α 为原始语言变量；如果 $s_\alpha\in\bar{S}$ 但 $s_\alpha\notin S$，则 s_α 为虚拟语言变量。一般原始语言评价集 S 多用于方案评价，而 $\bar{S}$ 多出现在计算过程中。对于任意两个连续型语言变量 s_α，$s_\beta\in\bar{S}$，其运算规则如下（Xu，2004）：

（1）$s_\alpha \oplus s_\beta = s_{\alpha+\beta}$　(2.6)

（2）$s_\alpha \otimes s_\beta = s_{\alpha\times\beta}$　(2.7)

（3）$\lambda s_\alpha = s_{\lambda\alpha}$　(2.8)

（4）$(s_\alpha)^\lambda = s_{\alpha^\lambda}$　(2.9)

语言信息集结时得到的结果通常不匹配任何初始语言术语，因此，必须使用一个近似过程来表达。基于符号平移的概念，Herrera 和 Martinez（2000a）提出了二元语义，它是由一个语言变量和一个精确数组成的二元组（s_i，α_i），定义如下：

定义 2.9　设 $S=\{s_0, s_1, \cdots, s_g\}$ 为一个语言评价集，$\beta\in[0, g]$ 为语言评价集经集结得到的实数，则 $\beta\in[0, g]$ 可由如下函数 Δ 表示为二元语义：

Δ：$[0, g] \to S \times [-0.5, 0.5)$

$$\Delta(\beta)=(s_i, \alpha_i)=\begin{cases} s_i, & i=round(\beta) \\ \alpha_i=\beta-i, & \alpha_i \in [-0.5, 0.5) \end{cases} \tag{2.10}$$

其中，round（.）为四舍五入取整算子，$(g+1)$为语言评价集$S=\{s_0, s_1, \cdots, s_g\}$的粒度。

定义 2.10 设$S=\{s_0, s_1, \cdots, s_g\}$为一个语言评价集，$(s_i, \alpha_i)$为二元语义，其中，$s_i$为语言评价集$S$中的第$i$个元素，$\alpha_i \in [-0.5, 0.5)$，则存在逆函数$\Delta^{-1}$，使（Herrera and Martinez，2000a）：

Δ^{-1}：$S \times [-0.5, 0.5) \to [0, g]$

$$\Delta^{-1}(s_i, \alpha_i)=i+\alpha_i=\beta \tag{2.11}$$

由于该定义中$\beta \in [0, g]$与语言评价集S的粒度相关，为了克服这个缺点，Tai 和 Chen（2009）给出了如下定义：

定义 2.11 设$S=\{s_0, s_1, \cdots, s_g\}$为一个语言评价集，二元语义$(s_i, \alpha_i)$由一个语言变量$s_i \in S$和一个精确数$\alpha_i$组成，其中，$\alpha_i$表示语言变量与预先给定的语言评价集$S$中最贴近的语言变量$s_i$之间的偏差，满足$\alpha_i \in [-1/(2g), 1/(2g))$。通过以下函数$\Delta$可将$\beta \in [0, 1]$表示为对应的二元语义：

Δ：$[0, 1] \to S \times \left[-\frac{1}{2g}, \frac{1}{2g}\right)$

$$\Delta(\beta)=(s_i, \alpha_i)=\begin{cases} s_i, & i=round(\beta \times g) \\ \alpha_i=\beta-\dfrac{i}{g}, & \alpha_i \in \left[-\dfrac{1}{2g}, \dfrac{1}{2g}\right) \end{cases} \tag{2.12}$$

其中，$(g+1)$为语言评价集$S=\{s_0, s_1, \cdots, s_g\}$的粒度，round（.）为四舍五入取整算子。

定义 2.12 设$S=\{s_0, s_1, \cdots, s_g\}$为一个语言评价集，$(s_i, \alpha_i)$为二元语义，且$s_i \in S$，$\alpha_i \in [-1/(2g), 1/(2g))$。那么，存在一个逆函数$\Delta^{-1}$将二元语义$(s_i, \alpha_i)$转化为精确数$\beta \in [0, 1]$，如下所示（Tai and Chen，2009）：

Δ^{-1}：$S \times \left[-\frac{1}{2g}, \frac{1}{2g}\right) \to [0, 1]$

$$\Delta^{-1}(s_i, \alpha_i)=\frac{i}{g}+\alpha_i=\beta \tag{2.13}$$

其中，$(g+1)$为语言评价集$S=\{s_0, s_1, \cdots, s_g\}$的粒度。

定理 2.1　设(s_i, α_i)和(s_j, α_j)为两个二元语义，则比较规则为(Herrera and Martinez, 2000a)：

(1) 若$i<j$，则$(s_i, \alpha_i)<(s_j, \alpha_j)$；

(2) 若$i=j$且$\alpha_i=\alpha_j$，则$(s_i, \alpha_i)=(s_j, \alpha_j)$；

(3) 若$i=j$且$\alpha_i<\alpha_j$，则$(s_i, \alpha_i)<(s_j, \alpha_j)$；

(4) 若$i=j$且$\alpha_i>\alpha_j$，则$(s_i, \alpha_i)>(s_j, \alpha_j)$。

第二节　不确定信息集成

不确定信息集成是不确定环境下多属性决策信息融合的重要内容，本节围绕不确定信息集成介绍几种的常见集成算子、非可加测度和 Choquet 积分。

一　集成算子

在建筑垃圾资源化有关的预测和决策中，经常会通过集成算子来集结方案在不同属性下的评价值，并通过比较综合评价值的大小确定有限个方案的排序结果。一类常用的集成算子为考虑属性相互独立的算子，如加权算术平均（WAA）算子和加权几何平均（WGA）算子，以及同时考虑信息自身重要性及其位置重要性的组合加权算术平均（CWAA）算子、组合加权几何平均算子（CWGA）等。另一类算子则考虑属性之间相互关联关系、优先关系和支持关系等多种关系，如 Bonferroni 平均算子(Liu et al., 2017)、Heronian 平均算子（Liu et al., 2014)、幂平均（PA）算子（Yager, 2001）等。本节介绍常用的几种集成算子，包括 WAA 算子、WGA 算子和幂算子。

定义 2.13　设WAA_W：$\mathbb{R}^n\to\mathbb{R}$为$n$元函数，$(a_1, a_2, \cdots, a_n)$为任意一组数据，若（王玉兰、陈华友，2014）：

$$WAA_W(a_1, a_2, \cdots, a_n)=\sum_{i=1}^{n}\omega_i a_i$$

则称函数WAA_W是n维加权算术平均（WAA）算子，其中，$(\omega_1, \omega_2, \cdots, \omega_n)^T$是与$WAA_W$有关的权重向量，满足$\sum_{i=1}^{n}\omega_i=1$，$\omega_i\geqslant 0$，$i=1, 2, \cdots, n$。WAA 算子具有如下性质：

性质 2.1 设$(a_1, a_2, \cdots, a_n)$和$(a'_1, a'_2, \cdots, a'_n)$是任意两组数据，且对于$\forall i \in \{1, 2, \cdots, n\}$，满足$a_i \geqslant a'_i$，则$WAA_W(a_1, a_2, \cdots, a_n) \geqslant WAA_W(a'_1, a'_2, \cdots, a'_n)$。

性质 2.2 设$(a_1, a_2, \cdots, a_n)$是任意一组数据，若对于$\forall i \in \{1, 2, \cdots, n\}$，满足$a_i = a$，则$WAA_W(a_1, a_2, \cdots, a_n) = a$。

性质 2.3 设$(a_1, a_2, \cdots, a_n)$是任意一组数据，则$\min_i\{a_i\} \leqslant WAA_W(a_1, a_2, \cdots, a_n) \leqslant \max_i\{a_i\}$。

定义 2.14 设WGA_W：$(\mathbb{R}^+)^n \rightarrow \mathbb{R}^+$为$n$元函数，$(a_1, a_2, \cdots, a_n)$为任意一组数据，若（王玉兰、陈华友，2014）：

$WGA_W(a_1, a_2, \cdots, a_n) = \sum_{i=1}^{n} a_i^{\omega_i}$，

则称函数WAA_W是n维加权几何平均算子，简称 WGA 算子，其中，$(\omega_1, \omega_2, \cdots, \omega_n)^T$是与$WAA_W$有关的权重向量，满足$\sum_{i=1}^{n}\omega_i = 1$，$\omega_i \geqslant 0$，$i = 1, 2, \cdots, n$。WAA 算子具有如下性质：

性质 2.4 设$(a_1, a_2, \cdots, a_n)$和$(a'_1, a'_2, \cdots, a'_n)$是任意两组正实数，若对于$\forall i \in \{1, 2, \cdots, n\}$，$a_i \geqslant a'_i$，则$WGA_W(a_1, a_2, \cdots, a_n) \geqslant WGA_W(a'_1, a'_2, \cdots, a'_n)$。

性质 2.5 设$(a_1, a_2, \cdots, a_n)$是任意一组正实数，若对于$\forall i \in \{1, 2, \cdots, n\}$，$a_i = a$，则$WGA_W(a_1, a_2, \cdots, a_n) = a$。

性质 2.6 设$(a_1, a_2, \cdots, a_n)$是任意一组正实数，则$\min_i\{a_i\} \leqslant WGA_W(a_1, a_2, \cdots, a_n) \leqslant \max_i\{a_i\}$。

为了减少集结中方案评价值过大或过小等极值对决策结果的影响，Yager（2001）针对属性间存在支持关系提出了幂平均算子。通过属性之间的相互支持来体现属性之间的关联关系，并通过赋予极值较低权重来降低极值对决策结果的影响。

定义 2.15 设$(a_1, a_2, \cdots, a_n)$是一组非负实数，则幂平均（PA）算子为（Yager, 2001）：

$$PA(a_1, a_2, \cdots, a_n) = \frac{\sum_{j=1}^{n}(1 + T(a_j))a_j}{\sum_{j=1}^{n}(1 + T(a_j))} \tag{2.14}$$

其中，$T(a_j) = \sum_{i=1,\ i \neq j}^{n} Sup(a_j, a_i)$，$Sup(a_j, a_i)$表示$a_i$对$a_j$的支持程

度。$Sup(a_j, a_i)$具有以下性质：

(1) $Sup(a_j, a_i) \in [0, 1]$；

(2) $Sup(a_j, a_i) = Sup(a_i, a_j)$；

(3) 如果 $d(a_j, a_i) < d(a_l, a_k)$，则 $Sup(a_j, a_i) \geqslant Sup(a_l, a_k)$，其中，$d(a_j, a_i)$表示 a_i 与 a_j 之间的距离。

在 PA 算子的启发下，Xu 和 Yager（2010）提出了如下幂几何（PG）算子：

定义 2.16 设（a_1，a_2，…，a_n）是一组非负实数，则 PG 算子的定义为：

$$PG(a_1, a_2, \cdots, a_n) = \prod_{j=1}^{n} a_j^{\frac{1+T(a_j)}{\sum_{j=1}^{n}(1+T(a_j))}} \tag{2.15}$$

其中，$T(a_j) = \sum_{i=1, i \neq j}^{n} Sup(a_j, a_i)$，$Sup(a_j, a_i)$表示 a_i 对 a_j 的支持程度。

二 非可加测度与 Choquet 积分

经典测度一般只考虑决策属性自身的重要性程度，没有考虑决策属性之间组合的重要性程度。在建筑垃圾资源化方案评价中，关于评价属性重要性相互独立的假设有时是不成立的。例如，建筑垃圾资源化方案项目的决策者有时认为盈利性和环保性分别都比较重要，但是盈利性和环保性合起来的重要程度却高于或者低于二者重要程度之和，即两种因素之间存在协同或者拮抗作用。为了测度决策属性之间组合的重要性程度，Sugeno（1974）提出了非可加测度的概念，主要是利用了比较弱的单调性替代了经典测度中的可加性。

定义 2.17 设 X 是一个非空有限集合，$P(X)$是集合 X 上的幂集，则定义在 X 上的一个函数 μ：$P(X) \to [0, 1]$是非可加测度（或模糊测度），满足以下公理（Sugeno，1974）：

(1) $\mu(\emptyset) = 0$，$\mu(X) = 1$；

(2) 若 A，$B \in P(X)$且 $A \subseteq B$，$\mu(A) \leqslant \mu(B)$。

在建筑垃圾资源化方案评价中，属性之间经常存在关联关系，因此，不仅要考虑单个属性的重要性程度，也要考虑各种属性组合的重要性程度。非可加测度可以更为准确地描述多个属性之间的相互关系和表达决策者的实际偏好。对于集合 X 上的任意两个互相独立的属性集 A 和 B，μ

(A)和$\mu(B)$分别为属性集A和B的重要程度，那么：①如果A和B相互独立($A\cap B=\emptyset$)，即$\mu(A\cup B)=\mu(A)+\mu(B)$，则非可加测度$\mu$为具有可加性的经典测度；②如果属性集$A$和$B$互补，且组合在一起的重要性不小于二者单独使用时的重要性之和，即$\mu(A\cup B)\geqslant\mu(A)+\mu(B)$，则非可加测度$\mu$被称为超可加测度，不满足可加性；③如果属性集$A$和$B$之间存在着冗余，二者组合的重要性程度要小于等于二者单独使用时的重要性程度之和，即$\mu(A\cup B)\leqslant\mu(A)+\mu(B)$，则非可加测度$\mu$为次可加测度，不满足可加性。

基于多人合作博弈中的Shapley值（1953）的定义，Marichal（2000）提出了广义Shapley值的概念。

定义2.18 设$N=\{x_1, x_2, \cdots, x_n\}$是一个非空有限离散集合，$P(N)$是集合$N$上的幂集，$\mu$是$N$上的非可加测度，那么，对于$\forall S\in P(N)$，基于$\mu$的广义Shapley值定义为（Marichal，2000）：

$$\varphi_S^{Sh}(\mu, N)=\sum_{T\subseteq N\setminus S}\frac{(n-s-t)!\ t!}{(n-s+1)!}(\mu(S\cup T)-\mu(T)) \tag{2.16}$$

其中，n，t和s分别是N，T和S的基数。当S中只有一个元素时，式(2.16)退化为基于非可加测度μ的Shapley值，表示如下：

$$\varphi_{x_i}^{Sh}(\mu, N)=\sum_{T\subseteq N\setminus x_i}\frac{(n-1-t)!\ t!}{n!}(\mu(x_i\cup T)-\mu(T)) \tag{2.17}$$

其中，n和t分别是N和T的基数。$\varphi_{x_i}^{Sh}(\mu, N)$为元素$x_i$的边际贡献加权平均值，且$\sum_{i=1}^{n}\varphi_{x_i}^{Sh}(\mu, N)=\mu(X)=1$，即元素$x_i$的权重。

在利用模糊测度评价建筑垃圾资源化方案时，若考虑属性之间的交互作用，可采用Choquet积分集结得到备选方案的综合评价值。在多属性决策中，若$f(x_j)$表示归一化的决策属性值或效用函数，可利用如下定义进行集结（Choquet，1953）：

定义2.19 设$N=\{x_1, x_2, \cdots, x_n\}$是一个非空有限离散集合，$\mu$是$N$上的非可加测度，则非负实值函数$f$：$N\rightarrow R^+$关于$\mu$的离散Choquet积分定义如下：

$$C_\mu(f(x_1), f(x_2), \cdots, f(x_n))=\sum_{j=1}^{n}f(x_{\sigma(j)})(\mu(A_{\sigma(j)})-\mu(A_{\sigma(j+1)})) \tag{2.18}$$

其中，$\sigma(j)$是按照$0\leqslant f(x_{\sigma(1)})\leqslant f(x_{\sigma(2)})\leqslant\cdots\leqslant f(x_{\sigma(n)})$排序后得到的下

标，$A_{\sigma(j)}=\{x_{\sigma(j)}, x_{\sigma(j+1)}, \cdots, x_{\sigma(n)}\}$，$A_{\sigma(n+1)}=\emptyset$。

第三节　多属性群决策与行为决策

本节就多属性群决策、社会网络分析（SNA）和行为决策的相关理论与方法进行简要介绍。

一　多属性群决策与社会网络分析

多属性决策是现代决策理论的重要分支，通过对若干个备选方案在多个不同属性下的表现进行综合评价，从而完成方案的排序和选择。群决策是将各位专家给出的属性偏好值依照特定的规则进行集结，并得到决策群体对备选方案一致性妥协的群体偏好序的过程（鞠彦兵，2013）。相比个体决策，群体决策将多位专家的专业知识以及经验等诸多优势集结起来，大大地降低了决策风险并提高了决策的有效性。多属性群决策将多属性决策与群决策相结合，着重研究离散的、含有有限个备选方案的群决策问题，具体表现为：专家组中由多位专家依据个人的知识、经验与偏好针对多个角度的评价属性和有限个方案进行评价，通过集结专家给出的偏好信息形成该群体对方案集的综合优劣排序结果。在建筑垃圾资源化方案的多属性评价过程中，通常需要从多个指标角度对决策问题进行综合评价，其中指标权重的确定尤为关键。为了体现各指标在决策过程中的作用相对大小，在评价指标确定以后，无论采取什么样的决策方法，都需确定各指标的权重系数。在实际决策中，指标权重经常受到决策者主观偏好的影响，决策者在不同情形下所看重的方面不同，各指标的重要性也会不同。对于同样的一组评价值，若利用不同的权重系数进行信息处理，往往会导致截然不同甚至相反的评价结果。因此，合理确定指标的权重是多属性决策中非常关键的要素，对决策结果的确定具有重要意义。

在建筑垃圾资源化方案多属性群决策研究中，传统的权重平均分配方法无法体现群体中个体的重要性程度，因此如何集结群体中成员偏好是当前群决策方法中的一个研究难点。社会网络中专家的影响力和专家之间的信任关系可以有效评价专家的个体权重，为专家个体偏好的集结和多属性群决策结果的输出奠定基础。不同的社会网络关系意味着各专家所占的重要性不同，因此，个体在社会网络中的信任比重往往不是简单的平均分配。在建筑垃圾资源化方案评价中，可以通过分析专家之间构成的社会网络中节点间的关系模式，并将 SNA 相关理论运用到信任值的传播与集成及专家权重确定中。

社会网络的研究始于 19 世纪初期，是指由有联系的多个社会个体形成的关系网络。不同于传统的分析方法，SNA 建立在数学和图论的基础上，是对社会关系结构及其属性加以分析的一套规范和方法（吴江，2012）。SNA 是关系数据分析的重要工具，也是目前研究社会网络结构和网络个体关系的一种较为成熟的方法。SNA 的研究内容包括针对网络结构的分析和自我中心网络的分析。前者重点研究网络中个体间的关系，后者着重分析个体受网络的影响程度。在一个社会网络图中，主要包含节点、关系和网络中心等要素。其中，社会网络的节点为个体，包括个人、群体或者组织。关系指的个体间直接或间接的交互关系，通常表示为节点之间的连接。联系节点的有向边代表节点之间的信任关系，被箭头所指的点表示被信任的专家。社会网络关系有常见的三种表现形式：社会矩阵、图表和代数的形式，如表 2.1 所示。表 2.1 为五位专家基于信任关系构建的一个社会网络图，其中，五个节点分别代表五位专家 $E=\{e_1, e_2, \cdots, e_5\}$，箭头表示信任关系，且对应的信任值如信任矩阵 S 所示。例如，专家 e_1 所在节点分别指向专家 e_2 和专家 e_5 所在节点，表示专家 e_1 信任专家 e_2 和专家 e_5。

表 2.1　　社会网络关系的三种表示方法

社会矩阵	图表	代数
$S=\begin{pmatrix} 0&1&0&0&1\\ 0&0&1&0&0\\ 1&0&0&1&0\\ 1&0&0&0&1\\ 0&1&0&0&0 \end{pmatrix}$	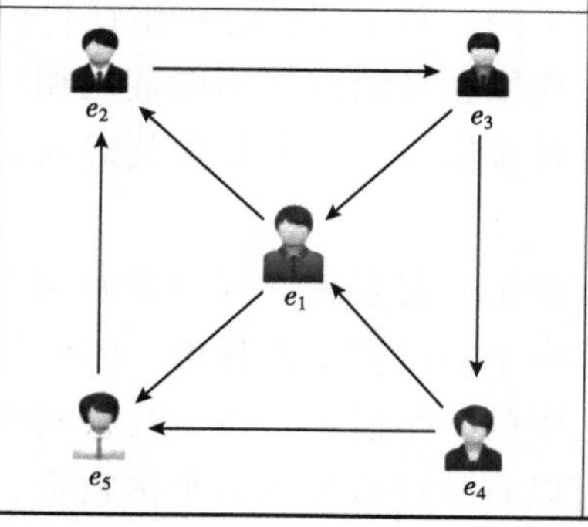	e_1Re_2　e_1Re_5 e_2Re_3　e_3Re_1 e_3Re_4　e_4Re_1 e_4Re_5　e_5Re_2

二 行为决策

在不确定环境下，常见的多属性决策方法通常基于期望效用理论，将决策者的认知建立在完全理性的基础上进行分析。然而，期望效用理论有时无法解释诸多现实现象，决策者也并不总是追求效用最大的方案，而是选择让自己最为满意的方案。此外，在实际决策过程中，决策者很难做到完全理性，因而在面对获利和损失时常常表现为有限理性的心理行为。本节简要介绍建立在有限理性基础上的前景理论和后悔理论。

（一）前景理论

在考虑决策者心理行为的基础上，Kahneman 和 Tversky（1979）于1979年提出了前景理论，研究基本单元前景表示各种风险结果，决策者对方案的选择实际上就是对“前景”的选择。与期望效用理论不同，前景理论利用价值函数代替了效用函数，同时利用概率权重函数代替了权重函数。价值函数能够充分描述决策者面对损失时的风险偏好和面对收益时的风险规避。该理论中的前景价值 V 由价值函数 $v(x)$ 和概率权重函数 $\pi(p)$ 共同决定，二者分别描述决策者可能出现的参照依赖和损失规避行为。前景价值 V 表示如下：

$$V=\sum_{i=1}^{n}\pi(p_i)v(x_i) \tag{2.19}$$

1. 价值函数

在不确定环境下，决策的效果并不完全由决策结果本身来决定，往往也受到参考点的影响。参考点的选择主要取决于决策者的主观判断，并且当决策者选择不同的参考点时，往往会采取不同的风险态度和决策行为。价值函数反映了相对于参考点的损失或收益。价值函数的图像呈现“S”形，以参考点为界分为收益和损失两个区域，并且在损失区域图像的斜率比收益区域更大。这意味着决策者面对损失是风险偏好的，而面对收益是风险规避的，并且面对损失时比收益更加敏感。前景理论中的价值函数的表达式如下：

$$v(x)=\begin{cases}x^{\alpha}, & \text{如果 } x\geqslant 0\\ -\lambda(-x)^{\beta}, & \text{如果 } x<0\end{cases} \tag{2.20}$$

其中，参数 x 表示决策结果相对于某一参考点的收益或损失。$x\geqslant 0$ 表示收益，$x<0$ 表示损失。参数 α 和 β 分别表示风险规避和风险偏好的程度，且 α，$\beta\in[0, 1]$。λ 为决策者损失规避系数，$\lambda>1$ 表示对损失比对收益更加敏感。

2. 概率权重函数

在前景理论中，前景价值往往会受到事件发生概率的影响，通常决策者根据历史资料、数据和决策对象的客观规律，对可能出现的结果和概率进行判断。在这一过程中，往往存在高估小概率事件和低估大概率事件的倾向，因此，概率权重函数是关于概率的单调递增函数，表示为：

$$\pi(p)=\begin{cases}\dfrac{p^{\gamma}}{(p^{\gamma}+(1-p^{\gamma}))^{1/\gamma}}, & \text{如果 } x\geqslant 0\\[2ex] \dfrac{p^{\delta}}{(p^{\delta}+(1-p^{\delta}))^{1/\delta}}, & \text{如果 } x<0\end{cases} \tag{2.21}$$

其中，$x\geqslant 0$ 表示收益，$x<0$ 表示损失，p 为事件发生的概率，$\pi(p)$ 表示概率 p 的权重。γ 和 δ 分别为风险收益态度系数和风险损失态度系数，通常情况下，$\gamma=0.61$，$\delta=0.69$。

（二）后悔理论

在前景理论基础上，Bell（1982）、Loomes 和 Sugden（1982）针对决策者做出方案选择后可能存在的后悔行为分别独立提出了后悔理论。决策者将方案产生的结果与假设选择了其他方案的结果进行比较，会尽可能避免选择使自己感到后悔的方案，同时决策者对后悔比欣喜更加敏感。决策者对所选方案的感知价值包括当前所选方案的效用值和选择该方案产生的后悔—欣喜值两部分。假设决策方案 A_1 和 A_2 的效用值分别为 v_1 和 v_2，则决策者选择 A_1 的感知效用函数为：

$$V=v_1+R(\Delta v), \tag{2.22}$$

其中，$R(\Delta v)$ 为衡量决策者后悔或欣喜程度的后悔—欣喜函数。若以方案 A_2 的效用值 v_2 为参考点，则后悔—欣喜函数 $R(\Delta v)$ 表示如下：

$$R(\Delta v)=1-e^{(-\delta\Delta v)}=1-e^{-\delta(v_1-v_2)} \tag{2.23}$$

其中，Δv 为效用值 v_1 与效用值 v_2 的偏差。后悔规避系数 δ 越大，决策者后悔规避程度越高。当 $R(\Delta v)>0$ 时，表示方案 A_1 相对于 A_2 的欣喜值；当 $R(\Delta v)<0$ 时，表示方案 A_1 相对于 A_2 的后悔值。后悔—欣喜函数通常是单调递增的凹函数，如图 2.1 所示。

（三）TODIM 法

针对前景理论中需事先给出参考点的问题，Gomes 和 Lima（1991）提出了将其他方案的评价值作为参照点的 TODIM 法。TODIM 法的基本思

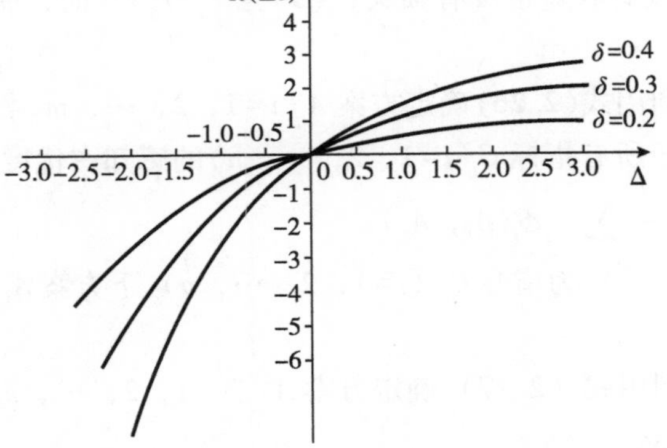

图 2.1　后悔—欣喜函数

想是考虑决策者面对收益和损失的心理行为，通过构建一个方案相对于另一方案的优势度函数来计算备选方案的感知优势度，并由方案的综合感知优势度获得备选方案的排序。该方法的决策步骤如下：

步骤 1　构建方案 $A_i(i=1,\ 2,\ \cdots,\ m)$ 针对指标 $C_j(j=1,\ 2,\ \cdots,\ n)$ 标准化的评价矩阵 $R=(r_{ij})_{m\times n}$。

步骤 2　利用式（2.24）确定指标 C_j（$j=1,\ 2,\ \cdots,\ n$）相对于参考指标 C_r 的相对权重：

$$w_{jr}=w_j/w_r,\ j=1,\ 2,\ \cdots,\ n \tag{2.24}$$

其中，w_j 为指标 C_j 的权重，$w_r=\max\{w_j\mid j=1,\ 2,\ \cdots,\ n\}$ 为参考指标 C_r 的权重。

步骤 3　利用式（2.25）确定指标 C_j 下方案 A_i 相对于方案 A_p 的感知占优度：

$$\phi_j(A_i,\ A_p)=\begin{cases}\sqrt{\dfrac{w_{jr}}{\sum_{j=1}^{n}w_{jr}}(r_{ij}-r_{pj})}, & 若\ r_{ij}-r_{pj}>0\\ 0, & 若\ r_{ij}-r_{pj}=0\\ -\dfrac{1}{\theta}\sqrt{\dfrac{\sum_{j=1}^{n}w_{jr}}{w_{jr}}(r_{pj}-r_{ij})}, & 若\ r_{ij}-r_{pj}<0\end{cases} \tag{2.25}$$

其中，参数 $\theta(\theta>0)$ 反映决策者面对损失的态度。在式(2.25)中，有下列三种情况：(1)当 $r_{ij}-r_{pj}>0$ 时，$\phi_j(A_i,\ A_p)$ 表示收益；(2)当 $r_{ij}=r_{pj}$ 时，ϕ_j

(A_i, A_p)表示没有收益也没有损失；(3) 当 $r_{ij}-r_{pj}<0$ 时，$\phi_j(A_i, A_p)$表示损失。

步骤4 利用式(2.26)确定方案 $A_i(i=1, 2, \cdots, m)$相对于 $A_p(p=1, 2, \cdots, m)$关于所有指标 $C_j(j=1, 2, \cdots, n)$的感知占优度：

$$\delta(A_i, A_p)=\sum_{j=1}^{n}\phi_j(A_i, A_p) \tag{2.26}$$

其中，$\phi_j(A_i, A_p)$ 为指标 C_j $(j=1, 2, \cdots, n)$ 下方案 A_i 相对于方案 A_p 的占优度。

步骤5 利用式（2.27）确定方案 A_i $(i=1, 2, \cdots, m)$ 正规化的综合感知占优度为：

$$\xi(A_i)=\frac{\delta(A_i)-\min\limits_{1\leqslant i\leqslant m}\delta(A_i)}{\max\limits_{1\leqslant i\leqslant m}\delta(A_i)-\min\limits_{1\leqslant i\leqslant m}\delta(A_i)},\ i=1, 2, \cdots, m \tag{2.27}$$

其中，$\delta(A_i)=\sum_{p=1}^{m}\delta(A_i, A_p)$为方案 $A_i(i=1, 2, \cdots, m)$的综合感知占优度。

步骤6 根据综合感知占优度 $\xi(A_i)(i=1, 2, \cdots, m)$对备选方案进行排序，$\xi(A_i)$越大，方案 $A_i(i=1, 2, \cdots, m)$越优。

第四节　本章小结

本章主要介绍了不确定信息的表达、不确定信息的集成、多属性群决策和行为决策的基本理论。在不确定信息的表达方面，本章介绍了几种常见的模糊集（包括梯形模糊集、直觉模糊集、毕达哥拉斯模糊集、球面模糊集和 Z 数）和语言变量（包括基础语言变量和二元语义）。在不确定信息的集成方面，主要介绍了 WAA 算子、WGA 算子、PA 算子、PG 算子及非可加测度和 Choquet 积分。此外，本章就多属性群决策和 SNA 的相关概念和理论进行阐述，并对行为决策中的前景理论、后悔理论和 TODIM 法的核心内容分别进行介绍。

第三章　建筑垃圾资源化方案评价指标体系

建筑垃圾资源化方案的评价往往面临着环境的不确定性和评价指标的多样性，使最优方案的确定成为一项复杂的任务。建筑垃圾资源化方案评价指标体系的建立既要全面考虑评价信息收集和使用的高效性，又要有利于建筑垃圾资源化方案综合评价的科学实施。本章给出建筑垃圾资源化方案评价指标体系的构建原则、初始指标的确定和精简方法，以及最终建筑垃圾资源化方案评价指标体系的构建结果。

第一节　建筑垃圾资源化方案评价指标体系的构建原则

建筑垃圾资源化方案评价体系的建立应以全面、科学为主要宗旨，将定量与定性分析结合，以可持续发展为核心思想。评价指标体系的建立原则主要包括以下几方面：

一　全面性与针对性相结合的原则

全面性是将建筑垃圾资源化作为一个整体分析，主要涉及建筑垃圾的来源、资源化处理过程及再生产品的去向，包含影响建筑垃圾处理过程及结果的各项重点指标。同时，应根据专家意见因地制宜地选择有效的评价指标，有针对性地反映具体决策情形。

二　科学性与实践性相结合的原则

建筑垃圾资源化方案的评价体系需要满足科学性和有效性，不能出现重叠及交叉等现象。此外，所建立的评价指标体系不能脱离实际，要能够对建筑垃圾资源化方案评价起到实际作用。在评价建筑垃圾资源化处理方案前，要对现场项目进行实地调查研究，在充分掌握现场实际情况进行实证分析后再确定评价指标。在评价过程中应将新的指标数据快速反映到评价结果中，从而保证评价结果的准确性。

三 定量与定性相结合的原则

主要体现在评价指标的选取、筛选以及专家评价环节上。在指标体系的构建中，对于难以量化且无参考数据的要素，应选择容易鉴定且对评价结果有影响的关键指标，并由专家进行相关指标的定性评价。同时，还应包含通过文献查阅、现场调研和问卷调查等得到的关键可量化的指标。

四 可持续发展原则

对建筑垃圾资源化方案的评价主要是为了促进建筑垃圾的再利用，因此整个评价过程都应体现可持续发展的原则，并将绿色可持续发展理念贯穿于评价指标体系的构建过程中。同时，应将经济、环境和社会方面的效益与成本、管理、市场和技术方面的优势及风险、不可预见性等因素综合考虑，才能对建筑垃圾资源化产业的可持续发展起到积极引导作用。

第二节 建筑垃圾资源化方案评价初始指标的选取

建筑垃圾资源化方案评价指标的选取是构建建筑垃圾资源化方案评价指标体系的基础，评价指标体系的合理与否直接影响着评价结果的准确性，对建筑垃圾资源化方案的评价具有十分重要的影响。为了顺应可持续发展的趋势，需要以全面的视角对建筑资源化备选方案进行评价和比较，才能因地制宜地选择出最适合的方案。本章综合考虑影响建筑垃圾资源化方案的各种因素，依据评价指标体系的构建原则和步骤，借鉴国内外建筑垃圾资源化方案评价指标体系构建理论及实践的相关研究，从环境、社会、经济、技术和市场指标五个方面逐层分解，直到每一个子指标都可以量化或可对比描述为止。下面对各个层次的指标和子指标进行介绍。

一 环境指标

环境指标主要从环境效益和环境成本两个方面来衡量，具体指标的细分和指标来源如表 3.1 所示。

表 3.1　环境指标下的二级和三级指标

二级指标	三级指标	指标来源
环境效益（C_{11}）	土地资源节约水平（C_{11-1}）	张纯博等（2019）
	空气质量改善水平（C_{11-2}）	Hong 等（2021）
	矿产资源节约水平（C_{11-3}）	He 等（2021）
	水体质量改善水平（C_{11-4}）	唐妙涵等（2018）
环境成本（C_{12}）	能源消耗水平（C_{12-1}）	Porras-Amores 等（2021）
	污染物排放（C_{12-2}）	Passos 等（2020）
	扬尘噪声影响（C_{12-3}）	Amarilla 等（2021）

建筑垃圾资源化方案实施的环境效益十分显著，主要从以下四个方面衡量。

（1）土地资源节约水平。传统的建筑垃圾处理方式会导致土壤污染，对土壤的物理结构和化学性质产生负面影响，同时也影响了土壤中微生物的活动。建筑垃圾资源化方案的实施可降低建筑垃圾堆放所造成的土地占用，对保护耕地十分重要。

（2）空气质量改善水平。建筑垃圾废弃物中含有大量硫酸根离子，在厌氧条件下会转化为有臭鸡蛋味的硫化氢，排放到空气中会污染大气。建筑垃圾资源化方案的实施能有效遏制这一过程并改善空气质量。

（3）矿产资源节约水平。建筑垃圾资源化的再生产品替代天然砂石作为基础建设的原料，可大大地减少天然砂石资源的开采，因此矿产资源的节约水平也是评估建筑垃圾资源化方案实施效果的一项指标。

（4）水体质量改善水平。建筑垃圾填埋与露天堆放所产生的渗滤水一般为强碱性并且含有大量的重金属离子、硫化氢以及有机物，未经处理后流入江河、湖泊或渗入地下往往会导致地表和地下水的污染（Zhang et al.，2021）。

在建筑垃圾资源化处理的同时，也会产生环境成本。根据《中国环境经济核算技术指南》《中国环境经济核算研究报告》等文件，环境成本按照其形成原因可划分为污染治理成本和环境退化成本。结合建筑垃圾资源化的特点，所产生的成本主要包括实际发生的建筑垃圾综合利用厂的环保实施费用、建筑垃圾填埋场的环保工程及绿化工程投资，以及因处置建筑垃圾或生产再生产品而产生的水污染、大气污染以及固废污染物的治理成本。在评价建筑垃圾资源化方案的环境成本时，以下几个指标是需要考虑的：①能源消耗水平。主要衡量建筑垃圾资源化过程中使用的电和燃油等造成的能源消耗水平。就建筑垃圾资源化的预处理和再生阶段而言，使用电气化的资源化设备往往涉及大量电能的消耗。在残渣填埋阶段，会因车辆运输和填埋机械的使用而产生柴油消耗。②污染物排放。建筑垃圾资源化过程中所产生的污染物，主要包括处置建筑垃圾或生产再产品等直接排放的粉尘、渗滤液和有害气体等。③扬尘噪声影响。主要包括建筑垃圾处置时设备运转所产生的扬尘和噪声。

二　社会指标

社会指标主要从社会效益和外部支持两个方面来衡量，具体指标的细分和指标来源如表 3.2 所示。

表 3.2　社会指标下的二级和三级指标

二级指标	三级指标	指标来源
社会效益（C_{21}）	就业增加水平（C_{21-1}）	杨祎等（2017）
	市容改善程度（C_{21-2}）	Tong and Tao（2016）
	市民环保意识提高程度（C_{21-3}）	Zhang 等（2020）
	相关产业推动水平（C_{21-4}）	陈起俊、张瑞瑞（2020）
外部支持（C_{22}）	政策支持水平（C_{22-1}）	郝玲丽（2021）
	企业参与意愿（C_{22-2}）	Wang 等（2021）

建筑垃圾资源化方案实施的社会效益主要从以下三个方面衡量。

（1）就业增加水平。建筑垃圾资源化对建筑全生命周期各个环节都提出了节能环保的要求，也提出了更多的技术提升和精细化管理的需求，因此会带来建筑垃圾分拣、破碎、运输和资源化等各个环节的劳务、技术研发、设备生产和产品销售等相关部门就业岗位的增加（Zhang et al.，2020）。

（2）市容改善程度。实施建筑垃圾资源化方案在不同程度上减少了建筑垃圾的随意堆放，改善了市容市貌和居住环境。

（3）市民环保意识提高程度。建筑垃圾资源化方案的实施和相关知识的普及可以提高居民环保意识，有助于全民可持续发展意识的提升。

（4）相关产业推动水平。建筑垃圾资源化贯穿于建设工程的立项许可、规划设计、施工建设、运营管理、拆除、运输及产品应用等全生命周期。建筑垃圾资源化方案的实施可以带动全产业链按照低碳、环保和节能的要求进行生产和建设。

同时，建筑垃圾资源化的实施和推进也有赖于外部支持，主要从以下两个方面来衡量。

（1）政策支持水平。主要衡量政府对发展建筑垃圾的循环经济、可持续发展产业的重视程度和对建筑垃圾资源化方案的认可度，还包含了建筑垃圾资源化相关法律法规的落实和有效执行程度（郝玲丽，2021）。

（2）企业参与意愿。主要衡量企业的支付意愿和风险承担意愿，包括企业是否认可建筑垃圾资源化这项事业，以及愿意投资某建筑垃圾资源化方案的程度。

三　经济指标

在经济指标方面，主要从建筑垃圾资源化方案的实施成本和经济效益两个方面进行衡量，其子指标的构成和来源如表 3.3 所示。

表 3.3　经济指标下的二级和三级指标

二级指标	三级指标	指标来源
实施成本（C_{31}）	分拣成本（C_{31-1}）	Hyvarinen 等（2020）
	清运成本（C_{31-2}）	Elshaboury 和 Marzouk（2021）
	消纳成本（C_{31-3}）	Hoang 等（2021）
	破碎成本（C_{31-4}）	Amato 等（2019）
	再生产品生产成本（C_{31-5}）	Gebremariam 等（2021）
经济效益（C_{32}）	再生产品销售收入（C_{32-1}）	Ma 等（2022）
	财政补贴水平（C_{32-2}）	Liu 等（2021）
	投资回收期（C_{32-3}）	Hoang 等（2021）
	投资收益率（C_{32-4}）	陈冰等（2019）

建筑垃圾资源化方案的实施成本主要包括以下五个方面。

（1）分拣成本。建筑垃圾需要先分拣以降低后期建筑垃圾的处理成本，主要涉及人工成本和分拣设备购买或租赁成本等。

（2）清运成本。建筑垃圾的清运分为自行清运、清运公司清运和建筑垃圾资源化厂上门收运三种方式。自行清运的成本主要为运输成本，另外两种方式除运输成本外还包括建筑垃圾清理费用。

（3）消纳成本。主要包括建筑垃圾消纳场的土地费用、建筑垃圾处理设备采购费用和其他不可预见费用等。

（4）破碎成本。不同的建筑垃圾处理方案的破碎成本往往不同，有的需要前期进行相应的破碎，有的无须破碎就可直接生产再生产品。此外，由于破碎方式的不同所产生的成本也存在差异。建筑垃圾的破碎目前有固定式破碎和移动式破碎两种方式，相关成本包括人工成本和使用燃料动力成本等（郭远臣、王雪，2015）。

（5）再生产品生产成本。包括再产品生产过程中人工费、材料费、机械费和管理成本等（崔素萍、刘晓，2017）。

建筑垃圾资源化方案的经济效益指标主要从以下四个方面衡量。

（1）再生产品销售收入。建筑垃圾资源化产品的直接收益即再产品的销售收入，受产品定价和产品销售量的影响（Ma et al.，2022）。在不同地区，即使实施同一种建筑垃圾资源化方案，所得到的再生产品的销售收入也是有差别的。例如，对于天然骨料紧缺的地区，再生骨料作为替代材料的市场价格和市场需求量往往偏高。因此，再生产品销售收入也是建筑垃圾资源化方案评价需要考量的一个方面。

（2）财政补贴水平。主要体现在对建筑垃圾资源化方案的实施和相关再生产品的财政和税收的扶持程度。

（3）投资回收期。投资回收期是建筑垃圾资源化方案投产后获得的收益总额达到投资总额所需要的时间（Hoang et al.，2021）。

（4）投资收益率。建筑垃圾资源化方案的投资收益率是指投资方案在达到设计生产能力后一个正常年份的年净收益总额与方案投资总额的比率。

四　技术指标

主要从系统效率、技术风险和技术水平三个方面进行衡量，该指标下的子指标及其来源如表 3.4 所示。

建筑垃圾资源化方案的系统效率主要从以下五个指标来考察。

（1）分拣破碎水平。主要衡量处置工艺流程的复杂化程度、分拣层次是否单一、分拣分级技术是否过关和建筑垃圾分级是否清楚等。

（2）资源化程度。主要衡量不同建筑垃圾资源化方案能够实现的废弃物转化为原料的能力。

表 3.4　技术指标下的二级和三级指标

二级指标	三级指标	指标来源
系统效率（C_{41}）	分拣破碎水平（C_{41-1}）	Hyvarinen 等（2020）
	资源化程度（C_{41-2}）	苏永波（2019）
	自动化程度（C_{41-3}）	陈冰等（2019）
	系统负荷（C_{41-4}）	Akhtari 等（2021）
	再生制品质量（C_{42-5}）	Strieder 等（2022）
技术风险（C_{42}）	设备运行风险（C_{42-1}）	杨祎等（2017）
	再生制品的实用性（C_{42-2}）	Ulsen 等（2021）
	技术可推广性（C_{42-3}）	Xiao 等（2020）
	技术难度（C_{42-4}）	Negash 等（2021）
技术水平（C_{43}）	技术人员水平（C_{43-1}）	凤亚红、豆倩（2019）
	技术创新水平（C_{43-2}）	Won and Cheng（2017）
	信息技术利用水平（C_{43-3}）	Su 等（2021）

（3）自动化程度。主要衡量不同建筑垃圾资源化方案的生产线中所使用设备的自动化程度。

（4）系统负荷。主要衡量建筑垃圾资源化方案所采用的生产线当日建筑垃圾的最大处理量。

（5）再生制品质量。建筑垃圾不同资源化方案中所采用的处置技术和流程的不同，往往会导致再生制品的质量的不同（杨祎等，2017）。例如，简单破碎生产的再生骨料颗粒棱角多，表面粗糙且附着有硬化水泥砂浆，性能不稳定并且质量离散性较大，因此不利于推广利用。建筑垃圾资源化再生产品的质量是建设方考虑是否采用该再产品的重要因素，也是衡量和选择建筑垃圾资源化方案的重要指标。

在建筑垃圾资源化相关技术方案实施中，不可避免地会存在一些潜在的风险，可能会影响整个方案运行的效果、稳定性和可推广性，主要由以下四方面来衡量。

（1）设备运行风险。衡量建筑垃圾资源化设备运行过程中出现故障的可能性以及设备运行的稳定性。

（2）再生制品的实用性。衡量所生产的建筑垃圾再生制品替代传统建筑材料的可行性，可从再生制品的放射性、耐久性和承重能力等方面综合考察。

（3）技术可推广性。衡量建筑垃圾资源化方案在技术方面的普遍适用性和易于推广性。

（4）技术难度。衡量建筑垃圾资源化方案在实施过程中技术上难以实施的程度。

同时，技术水平也是建筑垃圾资源化方案必须要考虑的一个因素，可从以下三个方面衡量。

（1）技术人员水平。衡量技术人员的专业技能水平、熟练程度、综合素质、经验以及学历等方面的综合能力和水平。

（2）技术创新水平。建筑垃圾资源化企业是否有充足的研发资金，是否有相关研发人员和设备的支持，以及当前采用的资源化技术的创新水平（Won and Cheng，2017）。

（3）信息技术利用水平。在建筑垃圾资源化的过程中，通过建立信息共享平台，使用建筑信息化模型（BIM）、地理信息系统（GIS）和地理定位系统（GPS）等以实现相关参与方的信息共享，以方便现场监督和管理从而提高建筑垃圾处理效率。例如，在建筑垃圾运输车辆安装弧形盖和 GPS 定位系统，以便于生产监管和优化资源调配。

五 市场指标

主要从市场前景和市场风险两个方面来考虑，其相应的子指标以及来源如表 3.5 所示。

表 3.5　市场指标下的二级和三级指标

二级指标	三级指标	指标来源
市场前景（C_{51}）	市场容量（C_{51-1}）	Yu 等（2021）
	市场需求与成长（C_{51-2}）	Ma 等（2022）
市场风险（C_{52}）	外部调节（C_{52-1}）	杨蒙（2020）
	市场波动性（C_{52-2}）	汪振双等（2020）

建筑垃圾再生制品的市场前景直接影响了建筑垃圾资源化方案的经济可行性，主要从以下两个方面衡量。

（1）市场容量。在不考虑产品价格或供应商的前提下，市场容量是指在一定时期内市场上能够吸纳某种建筑垃圾资源化方案所生产的再产品的数量水平。

（2）市场需求与成长。衡量建设方是否认可相关资源化方案所得到的再生产品，是否愿意为资源化产品付费，以及相关再生产品在市场上的需求程度和市场发展潜力。

建筑垃圾资源化产品的市场应用目前还处于推广阶段，其市场化经济效益还未完全体现，再生制品市场存在一些市场风险，主要包括：

（1）外部调节。作为传统建筑材料的替代品，不同建筑垃圾资源化方案所生产的再生制品的推广需要相应的市场手段和价格手段对其进行调节，在此过程中也会产生相应的风险（杨蒙，2020）。

（2）市场波动性。建筑垃圾资源化再产品的市场可能会由于政策变化、再生产品的需求量和大众对再生产品的认可度而产生波动。

第三节 基于有序梯形模糊数的建筑垃圾资源化方案评价指标的筛选

本节利用有序梯形模糊数的标度法，将 DEMATEL 法拓展到有序梯形模糊环境下对建筑垃圾资源化初始评价指标的重要性进行排序。基于指标排序结果对初始指标进行筛选，从而得到最终的建筑垃圾资源化方案综合评价指标体系。

一 有序梯形模糊数及其标度方法

定义 3.1 有序模糊数 A 是由两个连续函数 f_A 和 g_A 组成的一个有序对，即（Kosiński et al.，2002）：

$$A=(f_A,\ g_A) \tag{3.1}$$

其中，f_A 和 g_A 分别代表上升部分（UP_A）和下降部分（$DOWN_A$），且 $f_A,\ g_A\in[0,\ 1]\to R$，如图 3.1（a）所示。若 f_A 和 g_A 单调且可逆，则 $f_A^{-1},\ g_A^{-1}\in[0,\ 1]\to R$。若两个函数不连接，则用常数 1 连接就可获得一个经典模糊数，加上方向就得到了一个有序模糊数（Ordered Fuzzy Numbers），如图 3.1（b）所示。

假设 $UP_A=[f_A(0),\ f_A(1)]$，$DOWN_A=[g_A(1),\ g_A(0)]$，如果变量 x 的函数闭区间$[f_A(1),\ g_A(1)]$取常数值 1，且满足：（1）f_A 单调递增，且 g_A 单调递减；（2）逐点满足 $f_A\leqslant g_A$，则有序模糊数 A（假设其为凸模糊

数）的隶属函数定义为：

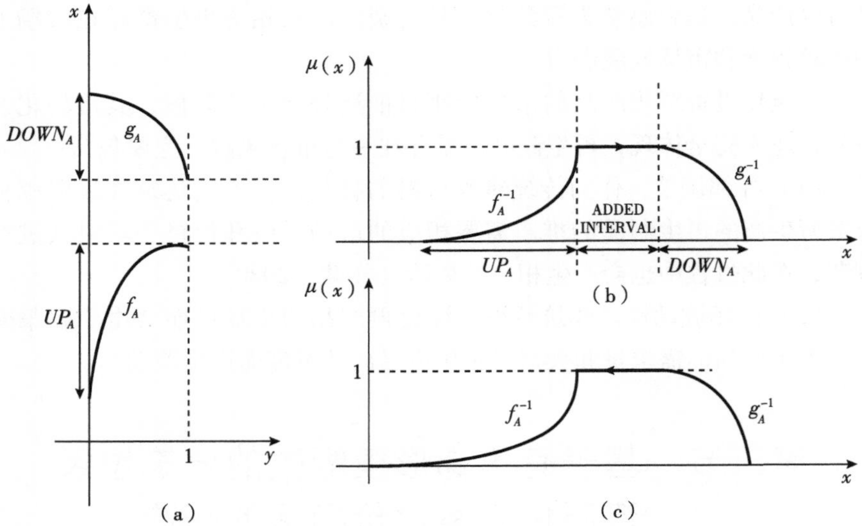

图 3.1　有序模糊数示意

$$\mu(x)=\begin{cases}f_A^{-1}(x), & 若\ x\in UP_A\\ 1, & 若\ x\in[f_A(1),\ g_A(1)]\\ g_A^{-1}(x), & 若\ x\in DOWN_A\end{cases} \tag{3.2}$$

如果函数f_A和g_A不可逆，或条件（2）不满足，那么，所得到的有序模糊数A是不正确的。

定义 3.2　如果有序模糊数A的隶属函数满足式(3.2)，且f_A和g_A为两个连续单调的线性函数，表示为$A=(f_A(0),\ f_A(1),\ g_A(1),\ g_A(0))$。若$f_A(1)<g_A(1)$，则有序模糊数$A$为有序梯形模糊数，若$f_A(1)=g_A(1)$，则有序模糊数$A$为有序三角模糊数（Roszkowska and Kacprzak，2016）。当有序梯形模糊数A与x轴的方向一致，称A为正向有序梯形模糊数，如图 3.1（b）所示；当有序梯形模糊数A与x轴的方向相反时，称 A 为负向有序梯形模糊数，如图 3.1（c）所示。

以下是几种特殊的有序梯形模糊数，可将其作为多属性决策中的评价标度（宝斯琴塔娜、齐二石，2018）：

（1）$A_1=(f_{A_1}(0), f_{A_1}(1), g_{A_1}(1), g_{A_1}(0))$，其中，$f_{A_1}(0)=f_{A_1}(1)=g_{A_1}(1)=g_{A_1}(0)=a$，$a\in R$。那么，有序梯形模糊数 $A_1=(a, a, a, a)$ 可描述为"实数 a"的语言变量，如图 3.2（a）所示；

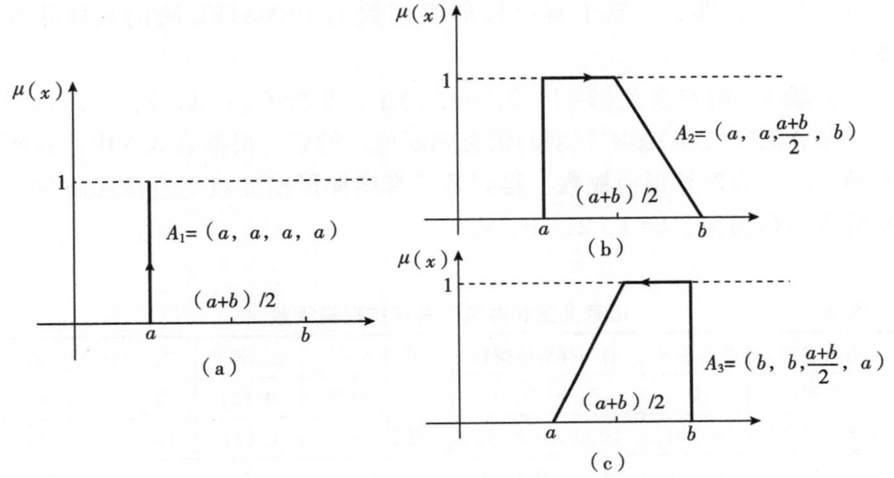

图 3.2　几种特殊的有序梯形模糊数

（2）$A_2=(f_{A_2}(0), f_{A_2}(1), g_{A_2}(1), g_{A_2}(0))$，其中，$f_{A_2}(0)=f_{A_2}(1)=a$，$g_{A_2}(1)=\frac{a+b}{2}$，$g_{A_2}(0)=b$，$a$，$b\in R$，$a<b$。那么，有序梯形模糊数 $A_2=\left(a, a, \frac{a+b}{2}, b\right)$ 可描述为"多于 a"的语言变量，如图 3.2（b）所示；

（3）$A_3=(f_{A_3}(0), f_{A_3}(1), g_{A_3}(1), g_{A_3}(0))$，其中，$f_{A_3}(0)=f_{A_3}(1)=b$，$g_{A_3}(1)=\frac{a+b}{2}$，$g_{A_3}(0)=a$，$a$，$b\in R$，$a<b$。那么，有序梯形模糊数 $A_3=\left(b, b, \frac{a+b}{2}, a\right)$ 可描述为"少于 b" 的语言变量，如图 3.2（c）所示。

二　基于有序梯形模糊数 DEMATEL 法的评价指标的筛选

决策试验与评价实验室法（DEMATEL）是 Geneva 研究中心提出的一种利用指标之间的逻辑关系建立直接影响矩阵，从而得到各指标的原因度和中心度的方法（Gabus and Fontela，1972，1973）。鉴于传统 DEMA-

TEL法只能处理以精确数表示的指标关系强度，本书对传统DEMATEL方法进行拓展，提出了基于有序梯形模糊数的DEMATEL方法，并用于建筑垃圾资源化方案的评价指标的筛选。假设有 s 位专家 $E=\{E_1, E_2, \cdots, E_s\}$ 参与评价，$C=\{C_1, C_2, \cdots, C_n\}$ 为 n 个待筛选的建筑垃圾资源化方案评价指标，那么，基于有序梯形模糊数的DEMATEL法的具体步骤如下：

步骤1 由专家 $E_k(k=1, 2, \cdots, s)$ 给出指标 $C_i(i=1, 2, \cdots, n)$ 对 $C_j(j=1, 2, \cdots, n)$ 影响程度的语言判断值，然后，根据表3.6中语言判断值对应的有序梯形模糊数，得到基于有序梯形模糊数的直接影响关系矩阵 $X^k=(x_{ij}^k)_{n\times n}$，$k=1, 2, \cdots, s$。

表3.6　语言变量和对应的有序梯形模糊数

语言变量	表示形式	有序梯形模糊数	语言变量	表示形式	有序梯形模糊数
很低	0	(0, 0, 0, 0)	强于"中等"	M (2)	(2, 2, 2.5, 3)
强于"很低"	M (0)	(0, 0, 0.5, 1)	弱于"高"	L (3)	(3, 3, 2.5, 2)
弱于"低"	L (1)	(1, 1, 0.5, 0)	高	3	(3, 3, 3, 3)
低	1	(1, 1, 1, 1)	强于"高"	M (3)	(3, 3, 3.5, 4)
强于"低"	M (1)	(1, 1, 1.5, 2)	弱于"很高"	L (4)	(4, 4, 3.5, 3)
弱于"中等"	L (2)	(2, 2, 1.5, 1)	很高	4	(4, 4, 4, 4)
中等	2	(2, 2, 2, 2)			

步骤2 基于表3.7中几种特殊有序梯形模糊数的去模糊化值（Chwastyk and Kosiński, 2013），将直接影响关系矩阵 $X^k=(x_{ij}^k)_{n\times n}$ 转化为基于实数的矩阵 $\overline{X}^k=(\overline{x}_{ij}^k)_{n\times n}$。

表3.7　几种特殊有序梯形模糊数的去模糊化值

几种特殊有序梯形模糊数	去模糊化值
$x_1=(a, a, a, a)$	a
$x_2=\left(a, a, \frac{a+b}{2}, b\right), (a<b)$	$(11a+7b)/18$
$x_3=\left(b, b, \frac{a+b}{2}, a\right), (a<b)$	$(11b+7a)/18$

步骤 3　利用式（3.3）求得群体直接影响关系矩阵 $\overline{X}=(\overline{x}_{ij})_{n\times n}$，其中，元素 $\overline{x}_{ij}$ 为：

$$\overline{x}_{ij}=\frac{1}{s}\sum_{k=1}^{s}\overline{x}_{ij}^{k} \tag{3.3}$$

其中，$\overline{x}_{ij}^{k}$ 为专家 E_k（$k=1, 2, \cdots, s$）给出指标 C_i 对 C_j 的影响程度判断值的去模糊化值。

步骤 4　利用式（3.4）求得标准化后的群体直接影响关系矩阵 $X'=(x'_{ij})_{n\times n}$，其中，元素 x'_{ij}为：

$$x'_{ij}=\frac{\overline{x}_{ij}}{\max\{\max\limits_{i}\sum_{j=1}^{n}\overline{x}_{ij}, \max\limits_{j}\sum_{i=1}^{n}\overline{x}_{ij}\}} \tag{3.4}$$

其中，$\overline{x}_{ij}$ 为群体直接影响关系矩阵 $\overline{X}$ 中的元素。

步骤 5　根据标准化后的群体直接影响关系矩阵 $X'=(x'_{ij})_{n\times n}$，利用式（3.5）计算群体综合影响关系矩阵 $P=(p_{ij})_{n\times n}$：

$$P=X'(I-X')^{-1} \tag{3.5}$$

其中，I 为 n 阶单位矩阵。

步骤 6　利用以下公式分别计算指标 $C_i(i=1, 2, \cdots, n)$ 的影响度 f_i、被影响度 e_i 和中心度 m_i：

$$f_i=\sum_{j=1}^{n}p_{ij}, \quad i=1, 2, \cdots, n \tag{3.6}$$

$$e_i=\sum_{j=1}^{n}p_{ji}, \quad i=1, 2, \cdots, n \tag{3.7}$$

$$m_i=f_i+e_i, \quad i=1, 2, \cdots, n \tag{3.8}$$

其中，f_i 为群体综合影响关系矩阵 $P=(p_{ij})_{n\times n}$ 中每行元素之和，即指标 C_i 对其他所有指标的综合影响值，称为指标 C_i 的影响度；e_i 为群体综合影响关系矩阵 $P=(p_{ij})_{n\times n}$ 中每列元素之和，即指标 C_i 受其他指标的综合影响值，称为指标 C_i 的被影响度；影响度 f_i 与被影响度 e_i 之和为指标 C_i 的中心度，表示指标 C_i 在系统中所起作用的大小。

步骤 7　根据中心度 $m_i(i=1, 2, \cdots, n)$ 对指标 $C_i(i=1, 2, \cdots, n)$ 排序，m_i 越大则指标 C_i 的重要性越高。

三　建筑垃圾资源化方案评价指标体系的构建

本节利用基于有序梯形模糊数的 DEMATEL 法对建筑垃圾资源化初始评价指标进行筛选。下面以待筛选的一级评价指标 $C=\{C_1, C_2, \cdots,$

$C_5\}$ = {环境指标，社会指标，经济指标，技术指标，市场指标} 为例，说明该方法的具体实施步骤：

步骤 1 邀请三位专家 $E_k(k=1, 2, 3)$ 分别给出指标 $C_i(i=1, 2, \cdots, 5)$ 之间影响程度的语言判断值，从而形成如表 A1 所示的直接影响关系矩阵。然后，利用表 3.6 可得基于有序梯形模糊数的直接影响关系矩阵，如表 A2 所示。

步骤 2—步骤 4 将表 A2 中的有序梯形模糊数去模糊化，然后利用式（3.3）和式（3.4）得到如下标准化后的群体直接影响关系矩阵：

$$X' = \begin{array}{c} \\ C_1 \\ C_2 \\ C_3 \\ C_4 \\ C_5 \end{array} \begin{array}{c} \begin{array}{ccccc} C_1 & C_2 & C_3 & C_4 & C_5 \end{array} \\ \begin{pmatrix} 0 & 0.2824 & 0.1852 & 0.2500 & 0.2176 \\ 0.1991 & 0 & 0.1852 & 0.2639 & 0.1667 \\ 0.1528 & 0.3472 & 0 & 0.2500 & 0.2824 \\ 0.2500 & 0.2500 & 0.2500 & 0 & 0.1528 \\ 0.1481 & 0.2176 & 0.2176 & 0.1157 & 0 \end{pmatrix} \end{array}$$

步骤 5—步骤 6 根据群体直接影响关系矩阵 X'，利用式(3.5)得到综合影响矩阵 P。然后，利用式(3.6)至式(3.8)分别计算各指标 $C_i(i=1, 2, \cdots, 5)$ 的影响度 f_i、被影响度 e_i 和中心度 m_i，结果如表 3.8 所示。

表 3.8　各指标的影响度，被影响度和中心度

	C_1	C_2	C_3	C_4	C_5
f_i	4.1383	3.7221	4.4618	4.0830	3.2496
e_i	3.4735	4.7299	3.7862	3.9818	3.6833
m_i	7.6118	8.4520	8.2480	8.0648	6.9328

步骤 7 根据中心度 $m_i(i=1, 2, \cdots, 5)$ 的大小，可得一级指标的重要性排序结果为 $C_2>C_3>C_4>C_1>C_5$。根据以上排序结果，选取重要性排序在前 80%的指标用于建立评价指标，即保留了环境指标（C_1）、社会指标（C_2）、经济指标（C_3）和技术指标（C_4），去除了市场指标（C_5）。采取同样的方法，可对评价指标体系的三级评价指标进行筛选，选取重要性排序在前 50%—80%的指标用于建立评价指标体系，最终得到建筑垃圾资源化方案的评价指标体系如图 3.3 所示。

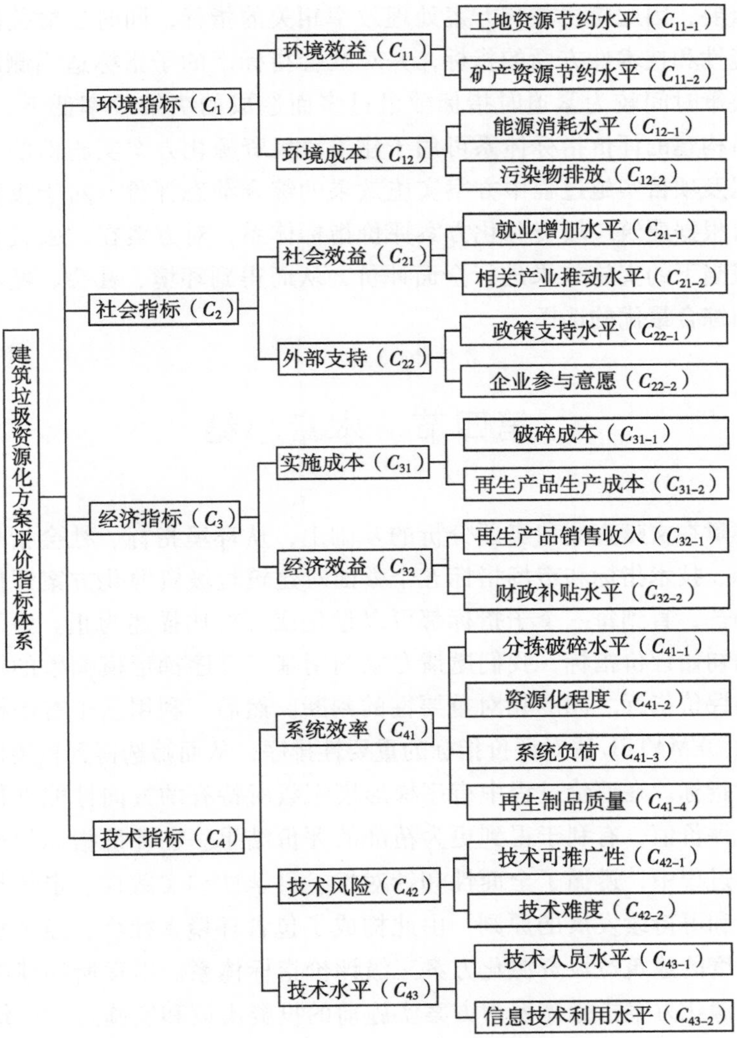

图 3.3　建筑垃圾资源化方案评价指标体系

本章构建的评价指标体系为建筑垃圾资源化方案的后续评价工作确立了科学的衡量标准。在实际运用中，应根据资源化方案的具体实施环境，适当调整指标体系，包括增加或减少特定指标，以更好地突显不同应用场景下资源化处理的特点。例如，在震后灾区重建背景下的建筑垃圾资源化方案评价中，能否在较短时间内大批量高效地处理建筑废弃物尤为重要，因此应注重与方案处理效率相关的指标，同时也要关注方案的环境性和技术性方面的指标，并对社会指标下的子指标适当删减，以避免决策时间较为紧迫时指标数量过多而造成的决策效率低下。此外，本章所构建的评价指标体系可用于建筑垃圾资源化方案实施前的投资决策，以及项目实施过程中方案实施效果的综合动态评价。对于投资方而言，可根据建筑垃圾资源化方案评价指标体系，对方案在过去较长的时间内或当下的实施效果进行全面评价，从而得到环境、社会、经济和技术方面综合最优的选择。

第四节　本章小结

本章在文献查阅和实证分析的基础上，从环境指标、社会指标、经济指标、技术指标和市场指标五个方面对建筑垃圾资源化方案评价指标进行初选，直到每一个子指标都可以量化或可对比描述为止。为了精简得到的初始评价指标，我们邀请专家利用基于有序梯形模糊数的标度方法给出评价指标之间的相对重要性的判断。然后，利用基于有序梯形模糊数的 DEMATEL 法对评价指标的重要性排序，从而筛选得到重要性相对靠前的指标。在评价过程中有序梯形模糊数所特有的方向性能够帮助专家细化评价值，有利于得到更为精准的评价结果。在评价指标的初选和筛选的过程中，遵循了全面性和针对性、科学性和实践性、定量与定性相结合和可持续发展的原则，由此构成了包含环境、社会、经济和技术四个维度的建筑垃圾资源化方案三级评价指标体系。本章所构建的建筑垃圾资源化方案指标体系为方案实施前的投资决策和实施过程中综合效果的评价提供了科学的衡量基准，也有利于指导方案实施过程中相关指标数据的积累，为今后的投资决策提供可靠的参考。

第四章　基于 TrPFZTLVs 的建筑垃圾资源化方案评价模型

本章中，我们提出一种新的模糊信息表达形式，即梯形毕达哥拉斯模糊 Z 二元语言变量（TrPFZTLVs），利用该种数据形式能够从专家和决策者两个角度更为科学地描述建筑垃圾资源化方案的实施效果。本章给出了 TrPFZTLVs 的定义、交互运算规则及多粒度的统一化方法。然后，在梯形毕达哥拉斯模糊 Z 二元语言集（TrPFZTLS）环境下，分别提出了考虑属性相互独立、属性相互关联及权重信息不完全时建筑垃圾资源化方案评价模型。考虑属性相互独立，提出了基于梯形毕达哥拉斯模糊 Z 二元语言交互混合几何（TrPFZTLIHG）算子的建筑垃圾资源化方案评价模型；考虑属性相互关联，提出了梯形毕达哥拉斯模糊 Z 二元语言交互幂加权几何（TrPFZTLIPWG）算子来集结信息，然后利用基于 TrPFZTLVs 可能度的可视化比较方法确定方案排序；对于权重信息不完全，提出基于 TrPFZTLVs 加权规范化投影和极大熵原理建立非线性最优化模型来确定指标权重，然后将组合距离评价法（CODAS）拓展到 TrPFZTLS 环境中获得方案排序。最后，本书以震后灾区重建背景下的建筑垃圾资源化方案评价与选择问题为例，分别运用以上三种评价模型对方案进行排序，通过对比分析说明各评价模型的有效性及现实指导意义。

第一节　梯形毕达哥拉斯模糊 Z 二元语言集及语言粒度的统一

本节提出了 TrPFZTLS 的定义、基于得分函数与精确函数的大小比较方法、交互运算规则和多粒度 TrPFZTLVs 的统一方法。

一 梯形毕达哥拉斯模糊 Z 二元语言集

本节中，我们提出一种新的模糊信息形式即 TrPFZTLVs 来表达建筑垃圾资源化方案的属性值。在运用 TrPFZTLVs 评价时，专家以梯形模糊语言变量作为评价值的主元，同时为了反映主观上的不确定性，专家利用毕达哥拉斯模糊数来衡量所给主元的隶属和非隶属程度。另外，决策者利用二元语义对专家所给出评价结果的可靠性进行度量。因此，使用 TrPFZTLVs 能够从专家和决策者两个角度更为科学和全面地表示建筑垃圾资源化方案的属性值。

定义 4.1 设 X 为非空集合，$S=\{s_0, s_1, \cdots, s_{g_\beta}\}$ 和 $\dot{S}=\{\dot{s}_0, \dot{s}_1, \cdots, \dot{s}_{g_\theta}\}$ 为两个语言评价集，那么，X 上的梯形毕达哥拉斯模糊 Z 二元语言集（TrPFZTLS）表示为：

$$\widetilde{A}=\{<\widetilde{x} \mid (s_{a(\widetilde{x})}, s_{b(\widetilde{x})}, s_{c(\widetilde{x})}, s_{d(\widetilde{x})}), (\mu_{\widetilde{A}}(\widetilde{x}), v_{\widetilde{A}}(\widetilde{x})); (\dot{s}_{\theta(\widetilde{x})}, \alpha_{\widetilde{x}})> \mid \widetilde{x} \in X\} \tag{4.1}$$

其中，$s_{a(\widetilde{x})}, s_{b(\widetilde{x})}, s_{c(\widetilde{x})}, s_{d(\widetilde{x})} \in S$，$\dot{s}_{\theta(\widetilde{x})} \in \dot{S}$ 且 $\alpha_{\theta(\widetilde{x})} \in [-1/(2g_\theta), 1/(2g_\theta))$。$\mu_{\widetilde{A}}(\widetilde{x})$ 和 $v_{\widetilde{A}}(\widetilde{x})$ 分别为 $\widetilde{x}$ 属于梯形模糊语言变量 $(s_{a(\widetilde{x})}, s_{b(\widetilde{x})}, s_{c(\widetilde{x})}, s_{d(\widetilde{x})})$ 的隶属度和非隶属度，满足 $\mu_{\widetilde{A}}: X \to [0, 1]$，$\widetilde{x} \in X \to \mu_{\widetilde{A}}(\widetilde{x}) \in [0, 1]$ 和 $v_{\widetilde{A}}: X \to [0, 1]$，$\widetilde{x} \in X \to v_{\widetilde{A}}(\widetilde{x}) \in [0, 1]$，且对于 $\forall \widetilde{x} \in X$，$(\mu_{\widetilde{A}}(\widetilde{x}))^2+(v_{\widetilde{A}}(\widetilde{x}))^2 \leqslant 1$。$\pi_{\widetilde{A}}(\widetilde{x})$ 为 $\widetilde{x}$ 属于梯形模糊语言变量 $(s_{a(\widetilde{x})}, s_{b(\widetilde{x})}, s_{c(\widetilde{x})}, s_{d(\widetilde{x})})$ 的犹豫度，$\pi_{\widetilde{A}}(\widetilde{x})=\sqrt{1-(\mu_{\widetilde{A}}(\widetilde{x}))^2-(v_{\widetilde{A}}(\widetilde{x}))^2}$，且 $\pi_{\widetilde{A}}(\widetilde{x}) \in [0, 1]$。二元语义 $(\dot{s}_{\theta(\widetilde{x})}, \alpha_{\theta(\widetilde{x})})$ 是对 $(s_{a(\widetilde{x})}, s_{b(\widetilde{x})}, s_{c(\widetilde{x})}, s_{d(\widetilde{x})})$，$(\mu_{\widetilde{A}}(\widetilde{x}), v_{\widetilde{A}}(\widetilde{x}))$ 部分可靠性的度量。$\widetilde{A}$ 中的元素 $\widetilde{x}$ 称作梯形毕达哥拉斯模糊 Z 二元语言变量（TrPFZTLVs），记为 $\widetilde{x}_i=<(s_{a_i}, s_{b_i}, s_{c_i}, s_{d_i}), (\mu_i, v_i); (\dot{s}_{\theta_i}, \alpha_i)>$，$i=1, 2, \cdots, n$。

定义 4.2 设 $\widetilde{x}=<(s_a, s_b, s_c, s_d), (\mu, v); (\dot{s}_\theta, \alpha)>$ 为任意一个 TrPFZTLV，满足 $s_a, s_b, s_c, s_d \in S$，$S=\{s_0, s_1, \cdots, s_{g_\beta}\}$，$\dot{s}_\theta \in \dot{S}$，$\dot{S}=\{\dot{s}_0, \dot{s}_1, \cdots, \dot{s}_{g_\theta}\}$。那么，$\widetilde{x}$ 的得分函数和精确函数分别为：

$$S(\widetilde{x})=\left(\frac{a+b+c+d}{4g_\beta}\left(\frac{\theta}{g_\theta}+\alpha\right)\mu\right)^2-\left(\frac{a+b+c+d}{4g_\beta}\left(\frac{\theta}{g_\theta}+\alpha\right)v\right)^2 \tag{4.2}$$

$$V(\widetilde{x})=\left(\frac{a+b+c+d}{4g_\beta}\left(\frac{\theta}{g_\theta}+\alpha\right)\mu\right)^2+\left(\frac{a+b+c+d}{4g_\beta}\left(\frac{\theta}{g_\theta}+\alpha\right)v\right)^2 \tag{4.3}$$

定义 4.3 设 $\tilde{x}_1=<(s_{a_1}, s_{b_1}, s_{c_1}, s_{d_1}), <\mu_1, v_1>; (\dot{s}_{\theta_1}, \alpha_1)>$和 $\tilde{x}_2=<(s_{a_2}, s_{b_2}, s_{c_2}, s_{d_2}), <\mu_2, v_2>; (\dot{s}_{\theta_2}, \alpha_2)>$为任意两个 TrPFZTLVs，那么，二者的比较关系定义为：

(1) 如果 $S(\tilde{x}_1)<S(\tilde{x}_2)$，那么 $\tilde{x}_1<\tilde{x}_2$。

(2) 如果 $S(\tilde{x}_1)>S(\tilde{x}_2)$，那么 $\tilde{x}_1>\tilde{x}_2$。

(3) 如果 $S(\tilde{x}_1)=S(\tilde{x}_2)$，那么，

①如果 $V(\tilde{x}_1)<V(\tilde{x}_2)$，那么 $\tilde{x}_1<\tilde{x}_2$；

②如果 $V(\tilde{x}_1)>V(\tilde{x}_2)$，那么 $\tilde{x}_1>\tilde{x}_2$；

③如果 $V(\tilde{x}_1)=V(\tilde{x}_2)$，那么 $\tilde{x}_1=\tilde{x}_2$。

定义 4.4 设 $\tilde{x}_1=<(s_{a_1}, s_{b_1}, s_{c_1}, s_{d_1}), (\mu_1, v_1); (\dot{s}_{\theta_1}, \alpha_1)>$, $\tilde{x}_2=<(s_{a_2}, s_{b_2}, s_{c_2}, s_{d_2}), (\mu_2, v_2); (\dot{s}_{\theta_2}, \alpha_2)>$和 $\tilde{x}=<(s_a, s_b, s_c, s_d), (\mu, v); (\dot{s}_\theta, \alpha)>$为任意三个 TrPFZTLVs，且 $\lambda>0$，那么，TrPFZTLVs 的交互运算规则如下：

(1) $$\tilde{x}_1\oplus\tilde{x}_2=<(s_{a_1+a_2}, s_{b_1+b_2}, s_{c_1+c_2}, s_{d_1+d_2}), \left(\sqrt{1-(1-\mu_1^2)(1-\mu_2^2)}, \sqrt{(1-\mu_1^2)(1-\mu_2^2)-(1-\mu_1^2-v_1^2)(1-\mu_2^2-v_2^2)}; \frac{(\Delta^{-1}(\dot{s}_{\theta_1}, \alpha_1))^2+(\Delta^{-1}(\dot{s}_{\theta_2}, \alpha_2))^2}{\Delta^{-1}(\dot{s}_{\theta_1}, \alpha_1)+\Delta^{-1}(\dot{s}_{\theta_2}, \alpha_2)}\right)> \tag{4.4}$$

(2) $$\tilde{x}_1\otimes\tilde{x}_2=<(s_{a_1\times a_2}, s_{b_1\times b_2}, s_{c_1\times c_2}, s_{d_1\times d_2}), (\sqrt{(1-v_1^2)(1-v_2^2)-(1-\mu_1^2-v_1^2)(1-\mu_2^2-v_2^2)}, \sqrt{1-(1-v_1^2)(1-v_2^2)}); \Delta(\Delta^{-1}(\dot{s}_{\theta_1}, \alpha_1)\times\Delta^{-1}(\dot{s}_{\theta_2}, \alpha_2))> \tag{4.5}$$

(3) $$\lambda\tilde{x}=<(s_{\lambda a}, s_{\lambda b}, s_{\lambda c}, s_{\lambda d}); (\sqrt{1-(1-\mu^2)^\lambda}, \sqrt{(1-\mu^2)^\lambda-(1-\mu^2-v^2)^\lambda}); (\dot{s}_\theta, \alpha)> \tag{4.6}$$

(4) $$\tilde{x}^\lambda=<(s_{a^\lambda}, s_{b^\lambda}, s_{c^\lambda}, s_{d^\lambda}); (\sqrt{(1-v^2)^\lambda-(1-\mu^2-v^2)^\lambda}, \sqrt{1-(1-v^2)^\lambda}); \Delta(\Delta^{-1}(\dot{s}_\theta, \alpha))^\lambda> \tag{4.7}$$

定理 4.1 设 $\tilde{x}_1=<(s_{a_1}, s_{b_1}, s_{c_1}, s_{d_1}), (\mu_1, v_1); (\dot{s}_{\theta_1}, \alpha_1)>$, $\tilde{x}_2=<(s_{a_2}, s_{b_2}, s_{c_2}, s_{d_2}), (\mu_2, v_2); (\dot{s}_{\theta_2}, \alpha_2)>$和 $\tilde{x}=<(s_a, s_b, s_c, s_d), (\mu, v); (\dot{s}_\theta, \alpha)>$为任意三个 TrPFZTLVs，$\lambda_1$，$\lambda_2$，$\lambda>0$，则有：

（1）$\tilde{x}_1 \oplus \tilde{x}_2 = \tilde{x}_2 \oplus \tilde{x}_1$ （4.8）

（2）$\tilde{x}_1 \otimes \tilde{x}_2 = \tilde{x}_2 \otimes \tilde{x}_1$ （4.9）

（3）$\lambda(\tilde{x}_1 \oplus \tilde{x}_2) = \lambda\tilde{x}_1 \oplus \lambda\tilde{x}_2$ （4.10）

（4）$\lambda_1\tilde{x} \oplus \lambda_2\tilde{x} = (\lambda_1+\lambda_2)\tilde{x}$ （4.11）

（5）$(\tilde{x}_1 \otimes \tilde{x}_2)^\lambda = \tilde{x}_1^\lambda \otimes \tilde{x}_2^\lambda$ （4.12）

（6）$\tilde{x}^{\lambda_1} \otimes \tilde{x}^{\lambda_2} = \tilde{x}^{\lambda_1+\lambda_2}$ （4.13）

证明：证明过程见附录 B。

二 TrPFZTLVs 中语言粒度的统一

当专家用 TrPFZTLVs 来表示方案属性值时，可能会基于不同粒度的语言评价集作出评价，导致属性值无法直接进行运算或者比较。在这种情况下，需对不同粒度的 TrPFZTLVs 进行统一。设 $\tilde{x}_i = <(s_{a_i}, s_{b_i}, s_{c_i}, s_{d_i}), (\mu_i, v_i); (\dot{s}_{\theta_i}, \alpha_i)>$，$i=1, 2, \cdots, n$ 为任意 n 个 TrPFZTLVs，满足 $s_{a_i}, s_{b_i}, s_{c_i}, s_{d_i} \in S_i$，$S_i = \{s_0, s_1, \cdots, s_{g_{\beta_i}}\}$，$\dot{s}_{\theta_i} \in \dot{S}_i$，$\dot{S}_i = \{\dot{s}_0, \dot{s}_1, \cdots, \dot{s}_{g_{\theta_i}}\}$。当 $g_{\beta_i}=g_\beta$ 且 $g_{\theta_i}=g_\theta$，$i=1, 2, \cdots, n$ 时，梯形模糊语言变量和二元语义部分达到了粒度的统一。若不满足，则按照以下情况进行统一。

（1）当 $g_{\beta_i}=g_\beta$，$i=1, 2, \cdots, n$ 不成立时，运用最小公倍数法对梯形模糊语言变量部分的语言术语进行统一。首先，求得 $g_{\beta_i}(i=1, 2, \cdots, n)$ 的最小公倍数为 $g'_\beta = LCM(g_{\beta_1}, g_{\beta_2}, \cdots, g_{\beta_n})$，则 $(s_{a_i}, s_{b_i}, s_{c_i}, s_{d_i})$ 可转化为粒度为 $(g'_\beta+1)$ 的梯形模糊语言变量 $(s_{a'_i}, s_{b'_i}, s_{c'_i}, s_{d'_i})$，其中，$a'_i=a_i g'_\beta/g_{\beta_i}$，$b'_i=b_i g'_\beta/g_{\beta_i}$，$c'_i=c_i g'_\beta/g_{\beta_i}$，$d'_i=d_i g'_\beta/g_{\beta_i}$，$i=1, 2, \cdots, n$。

（2）当 $g_{\theta_i}=g_\theta$，$i=1, 2, \cdots, n$ 不成立时，受 Liang 等（2019）的启发，利用函数 PTrFZLVTF 将语言粒度为 $(g_{\theta_i}+1)$ 的二元语义 $(\dot{s}_{\theta_i}, \alpha_i)$ 转化为目标粒度 $(g'_\theta+1)$ 下的对应值，且 $g'_\theta = \max\{g_{\theta_1}, g_{\theta_2}, \cdots, g_{\theta_n}\}$。

$$\text{PTrFZLVTF} = \begin{cases} \left(\dot{s}_{m_i}, n_i - \dfrac{m_i}{g'_\theta}\right), & \text{若 } n_i - \dfrac{m_i}{g'_\theta} < \dfrac{1}{2g'_\theta} \\ \left(\dot{s}_{m_i+1}, n_i - \dfrac{m_i+1}{g'_\theta}\right), & \text{若 } n_i - \dfrac{m_i}{g'_\theta} \geqslant \dfrac{1}{2g'_\theta} \end{cases} \quad (4.14)$$

其中，$m_i = \text{int}[g'_\theta \times (\theta_i/g_{\theta_i}+\alpha_i)]$，$n_i = \theta_i/g_{\theta_i}+\alpha_i$。

（3）当二者均不成立时，运用最小公倍数法和式（4.14）分别对梯形模糊语言变量部分和二元语义部分的粒度进行统一。

例 4.1　已知 $\tilde{x}_1=<(s_1, s_2, s_3, s_4), (0.7, 0.6); (\dot{s}_2, -0.1)>$，$\tilde{x}_2=<(s_2, s_3, s_4, s_5), (0.6, 0.4); (\dot{s}_1, 0.08)>$和 $\tilde{x}_3=<(s_2, s_3, s_3, s_4), (0.4, 0.2); (\dot{s}_3, -0.08)>$为三个 TrPFZTLVs，且 $g_{\beta_1}=g_{\beta_3}=4$，$g_{\beta_2}=6$，$g_{\theta_1}=4$，$g_{\theta_2}=g_{\theta_3}=6$。$\tilde{x}_1$，$\tilde{x}_2$ 和 $\tilde{x}_3$ 的粒度统一过程如下：一方面，由于 $g'_\beta=LCM(g_{\beta_1}, g_{\beta_2}, g_{\beta_3})=12$，则 $\tilde{x}_1$ 中的(s_1, s_2, s_3, s_4)可转化为(s_3, s_6, s_9, s_{12})，$\tilde{x}_2$ 中(s_2, s_3, s_4, s_5)可转化为(s_4, s_6, s_8, s_{10})，$\tilde{x}_3$ 中的(s_2, s_3, s_3, s_4)可转化为(s_6, s_9, s_9, s_{12})；另一方面，由于 $g'_\theta=\max\{g_{\theta_1}, g_{\theta_2}, g_{\theta_3}\}=6$，需对 $\tilde{x}_1$ 中的二元语义$(\dot{s}_2, -0.1)$进行转化，利用式(4.14)可得 $m_1=\text{int}[g'_\theta\times(\theta_1/g_{\theta_1}+\alpha_1)]=\text{int}[6\times(2/4-0.1)]=2$，$n_1=\theta_1/g_{\theta_1}+\alpha_1=2/4-0.1=0.4$。$n_1-m_1/g'_\theta=0.0667<1/(2g'_\theta)$，转化后的二元语义为$(\dot{s}_{m_1}, n_1-m_1/g'_\theta)=(\dot{s}_2, 0.0667)$，因此，统一粒度后的 $\tilde{x}_1$，$\tilde{x}_2$ 和 $\tilde{x}_3$ 分别为 $\tilde{x}'_1=<(s_3, s_6, s_9, s_{12}), (0.7, 0.6); (\dot{s}_2, 0.0667)>$，$\tilde{x}'_2=<(s_4, s_6, s_8, s_{10}), (0.6, 0.4); (\dot{s}_1, 0.08)>$和 $\tilde{x}'_3=<(s_6, s_9, s_9, s_{12}), (0.4, 0.2); (\dot{s}_3, -0.08)>$。此时，三者梯形模糊语言变量粒度均为$(g'_\beta+1)=13$，二元语义部分粒度均为$(g'_\theta+1)=7$。

第二节　属性独立且属性值为 TrPFZTLVs 的建筑垃圾资源化方案评价模型

本节提出梯形毕达哥拉斯模糊 Z 二元语言交互混合几何（TrPFZTLIHG）算子并研究其性质，然后提出考虑属性相互独立时基于 TrPFZTLIHG 算子的建筑垃圾资源化方案评价模型。

一　TrPFZTLIHG 算子

在模糊信息的集结中，一般加权算子只考虑数据本身的重要性，而有序加权算子只考虑数据位置的重要性。为了兼备二者的优点，本节着重研究 TrPFZTLVs 的混合集成算子。同时，交互算子能够考虑隶属度和非隶属度之间的交互作用，避免单个信息中隶属度或者非隶属度为 0 时集结无效的情况，因此，本节聚焦于 TrPFZTLVs 环境下交互混合算子的研究。受 Li 等（2019）的启发，本节提出了 TrPFZTLIHG 算子，定义如下：

定义 4.5 设 $\tilde{x}_j=<(s_{a_j}, s_{b_j}, s_{c_j}, s_{d_j}), <\mu_j, v_j>; (\dot{s}_{\theta_j}, \alpha_j)>(j=1, 2, \cdots, n)$是一组语言粒度统一的 TrPFZTLVs，那么，$n$ 维函数 TrPFZTLIHG：$\Omega^n \rightarrow \Omega$ 为梯形毕达哥拉斯模糊 Z 二元语言交互混合几何（TrPFZTLIHG）算子，表示如下：

$$\text{TrPFZTLIHG}(\tilde{x}_1, \tilde{x}_2, \cdots, \tilde{x}_n)=\bigotimes_{j=1}^{n}(\tilde{x}_j)^{\frac{\varepsilon_{(j)}\omega_j}{\sum_{j=1}^{n}\varepsilon_{(j)}\omega_j}} \tag{4.15}$$

其中，$\varepsilon=(\varepsilon_1, \varepsilon_2, \cdots, \varepsilon_n)^T$ 是与 TrPFZTLIHG 算子相关联的权重向量，满足 $\varepsilon_j\in[0, 1]$，$\sum_{j=1}^{n}\varepsilon_j=1$，$((1), (2), \cdots, (n))$为$(1, 2, \cdots, n)$的一个置换使 $\tilde{x}_{(j-1)}\geqslant\tilde{x}_{(j)}$。$\omega=(\omega_1, \omega_2, \cdots, \omega_n)^T$ 为 $\tilde{x}_j(j=1, 2, \cdots, n)$的权重向量，满足 $\omega_j\in[0, 1]$，$j=1, 2, \cdots, n$，且 $\sum_{j=1}^{n}\omega_j=1$。

定理 4.2 设 $\tilde{x}_j=<(s_{a_j}, s_{b_j}, s_{c_j}, s_{d_j}), <\mu_j, v_j>; (\dot{s}_{\theta_j}, \alpha_j)>(j=1, 2, \cdots, n)$为一组语言粒度统一后的 TrPFZTLVs，$\varepsilon=(\varepsilon_1, \varepsilon_2, \cdots, \varepsilon_n)^T$ 为与 TrPFZTLIHG 算子相关联的权重向量，满足 $\varepsilon_j\in[0, 1]$，$\sum_{j=1}^{n}\varepsilon_j=1$，$((1), (2), \cdots, (n))$为$(1, 2, \cdots, n)$的一个置换使 $\tilde{x}_{(j-1)}\geqslant\tilde{x}_{(j)}$。$\omega=(\omega_1, \omega_2, \cdots, \omega_n)^T$ 为 $\tilde{x}_j(j=1, 2, \cdots, n)$的权重向量，满足 $\omega_j\in[0, 1]$，$j=1, 2, \cdots, n$，$\sum_{j=1}^{n}\omega_j=1$，则 TrPFZTLIHG 算子集成后仍为 TrPFZTLVs，且

$$\begin{aligned}\text{TrPFZTLIHG}(\tilde{x}_1, \tilde{x}_2, \cdots, \tilde{x}_n)= < &\left(s_{\prod_{j=1}^{n}(a_j)^{\varpi_j}}, s_{\prod_{j=1}^{n}(b_j)^{\varpi_j}}, s_{\prod_{j=1}^{n}(c_j)^{\varpi_j}}, s_{\prod_{j=1}^{n}(d_j)^{\varpi_j}}\right), \\ &\left(\begin{array}{l}\sqrt{\prod_{j=1}^{n}(1-v_j^2)^{\varpi_j}-\prod_{j=1}^{n}(1-\mu_j^2-v_j^2)^{\varpi_j}}, \\ \sqrt{1-\prod_{j=1}^{n}(1-v_j^2)^{\varpi_j}}\end{array}\right); \\ &\Delta\left(\prod_{j=1}^{n}(\Delta^{-1}(\dot{s}_{\theta_j}, \alpha_j))^{\varpi_j}\right)>\end{aligned} \tag{4.16}$$

其中，$\varpi_j=\dfrac{\varepsilon_{(j)}\omega_j}{\sum_{j=1}^{n}\varepsilon_{(j)}\omega_j}$ 为 $\tilde{x}_j(j=1, 2, \cdots, n)$的混合权重。

证明：证明过程见附录 B。

定理 4.3 设 $\tilde{x}_j=<(s_{a_j}, s_{b_j}, s_{c_j}, s_{d_j}), (\mu_j, v_j); (\dot{s}_{\theta_j}, \alpha_j)>$和 $\tilde{x}_j'=$

$<(s_{a'_j}, s_{b'_j}, s_{c'_j}, s_{d'_j}), (\mu'_j, v'_j); (\dot{s}_{\theta'_j}, \alpha'_j)>$，$j=1, 2, \cdots, n$ 是两组粒度统一的 n 维 TrPFZTLVs，则 TrPFZTLIHG 算子具有以下性质：

（1）幂等性。若对于一组 TrPFZTLVs，满足 $\tilde{x}_j=\tilde{x}_0$，$j=1, 2, \cdots, n$，则 TrPFZTLIHG$(\tilde{x}_1, \tilde{x}_2, \cdots, \tilde{x}_n)=\tilde{x}_0$。

（2）置换性。若数组$(\tilde{x}'_1, \tilde{x}'_2, \cdots, \tilde{x}'_n)$打乱顺序后得到数组$(\tilde{x}_1, \tilde{x}_2, \cdots, \tilde{x}_n)$，那么，TrPFZTLIHG$(\tilde{x}_1, \tilde{x}_2, \cdots, \tilde{x}_n)=$ TrPFZTLIHG$(\tilde{x}'_1, \tilde{x}'_2, \cdots, \tilde{x}'_n)$。

（3）单调性。若 $a_j \geqslant a'_j$，$b_j \geqslant b'_j$，$c_j \geqslant c'_j$，$d_j \geqslant d'_j$，$v_j \leqslant v'_j$，$\mu_j^2+v_j^2 \geqslant \mu'^2_j+v'^2_j$，$(\dot{s}_{\theta_j}, \alpha_j) \geqslant (\dot{s}_{\theta'_j}, \alpha'_j)$，则 TrPFZTLIHG$(\tilde{x}_1, \tilde{x}_2, \cdots, \tilde{x}_n) \geqslant$ TrPFZTLIHG$(\tilde{x}'_1, \tilde{x}'_2, \cdots, \tilde{x}'_n)$。

（4）有界性。若 $\tilde{x}_{\min}=<\min\limits_{1\leqslant j\leqslant n}(s_{a_j}, s_{b_j}, s_{c_j}, s_{d_j}), (\mu_j, \max\limits_{1\leqslant j\leqslant n} v_j); \min\limits_{1\leqslant j\leqslant n}\Delta^{-1}(\dot{s}_{\theta_j}, \alpha_j)>$满足 $\mu_j^2+v_j^2=\min\limits_{1\leqslant j\leqslant n}(\mu_j^2+v_j^2)$，且 $\tilde{x}_{\max}=<\max\limits_{1\leqslant j\leqslant n}(s_{a_j}, s_{b_j}, s_{c_j}, s_{d_j}), (\mu_j, \min\limits_{1\leqslant j\leqslant n} v_j); \max\limits_{1\leqslant j\leqslant n}\Delta^{-1}(\dot{s}_{\theta_j}, \alpha_j)>$满足 $\mu_j^2+v_j^2=\max\limits_{1\leqslant j\leqslant n}(\mu_j^2+v_j^2)$，则

TrPFZTLIHG$(\tilde{x}_{\min}, \tilde{x}_{\min}, \cdots, \tilde{x}_{\min}) \leqslant$ TrPFZTLIHG$(\tilde{x}_1, \tilde{x}_2, \cdots, \tilde{x}_n) \leqslant$ TrPFZTLIHG$(\tilde{x}_{\max}, \tilde{x}_{\max}, \cdots, \tilde{x}_{\max})$。

证明：证明过程见附录 B。

二　基于 TrPFZTLIHG 算子的建筑垃圾资源化方案评价模型

假设在建筑垃圾资源化方案评价问题中，有 m 个建筑垃圾资源化方案 $A=\{A_1, A_2, \cdots, A_m\}$ 和 n 个指标 $C=\{C_1, C_2, \cdots, C_n\}$。专家利用 TrPFZTLVs 给出了方案 $A_i(i=1, 2, \cdots, m)$ 针对指标 $C_j(j=1, 2, \cdots, n)$ 的评价值，由此构成了初始评价矩阵 $\tilde{X}=(\tilde{x}_{ij})_{m\times n}$，其中，$\tilde{x}_{ij}=<(s_{\tilde{a}_{ij}}, s_{\tilde{b}_{ij}}, s_{\tilde{c}_{ij}}, s_{\tilde{d}_{ij}}), (\tilde{\mu}_{ij}, \tilde{v}_{ij}); (\dot{s}_{\tilde{\theta}_{ij}}, \tilde{\alpha}_{ij})>$为 TrPFZTLVs。此外，不同指标 $C_j(j=1, 2, \cdots, n)$ 下评价值 $\tilde{x}_{ij}$ 所参考的语言评价集可能不同，$\tilde{x}_{ij}$ 的梯形模糊语言变量部分满足 $s_{\tilde{a}_{ij}}, s_{\tilde{b}_{ij}}, s_{\tilde{c}_{ij}}, s_{\tilde{d}_{ij}} \in S_j$，$S_j=\{s_0, s_1, \cdots, s_{g_{\beta_j}}\}$，二元语义部分满足 $\dot{s}_{\tilde{\theta}_j} \in \dot{S}_j$，$\dot{S}_j=\{s_0, s_1, \cdots, s_{g_{\theta_j}}\}$，$j=1, 2, \cdots, n$。$\omega=(\omega_1, \omega_2, \cdots, \omega_n)^T$ 为指标 $C_j(j=1, 2, \cdots, n)$ 的权重向量，满足 $\omega_j \in [0, 1]$，$\sum_{j=1}^{n}\omega_j=1$。下面介绍考虑属性相互独立时，基于 TrPFZTLIHG 算子的建筑垃圾资源化方案评价模型，具体步骤如下。

步骤 1　检查 $\tilde{x}_{ij}(i=1, 2, \cdots, m, j=1, 2, \cdots, n)$ 的语言粒度是否统一。若粒度不统一，根据本章第一节第二部分所提出的方法进行粒度统一，

由此得到转化后的评价矩阵 $X'=(x'_{ij})_{m\times n}$，其中，$x'_{ij}=<(s_{a'_{ij}},\ s_{b'_{ij}},\ s_{c'_{ij}},\ s_{d'_{ij}}),\ (\mu'_{ij},\ v'_{ij});\ (\dot{s}_{\theta'_{ij}},\ \alpha'_{ij})>$。

步骤 2 利用式（4.17）对矩阵 $X'=(x'_{ij})_{m\times n}$ 中的元素标准化后得到：

$$n_{ij}=\begin{cases}<(s_{a'_{ij}},\ s_{b'_{ij}},\ s_{c'_{ij}},\ s_{d'_{ij}}),\\ \quad(\mu'_{ij},\ v'_{ij});\ (\dot{s}_{\theta'_{ij}},\ \alpha'_{ij})>, & \text{若 } C_j \text{ 为效益型指标}\\ <(s_{g'_\beta-d'_{ij}},\ s_{g'_\beta-c'_{ij}},\ s_{g'_\beta-b'_{ij}},\ s_{g'_\beta-a'_{ij}}),\\ \quad(\mu'_{ij},\ v'_{ij});\ (\dot{s}_{\theta'_{ij}},\ \alpha'_{ij})>, & \text{若 } C_j \text{ 为成本型指标}\end{cases} \tag{4.17}$$

由此可得标准化后的矩阵 $N=(n_{ij})_{m\times n}$，其中，$n_{ij}=<(s_{a_{ij}},\ s_{b_{ij}},\ s_{c_{ij}},\ s_{d_{ij}}),\ (\mu_{ij},\ v_{ij});\ (\dot{s}_{\theta_{ij}},\ \alpha_{ij})>$。

步骤 3 根据定义 4.3 中基于得分函数和精确函数的大小比较方法确定方案 $A_i(i=1,\ 2,\ \cdots,\ m)$在指标 $C_j(j=1,\ 2,\ \cdots,\ n)$下评价值 n_{ij} 的排序。

步骤 4 利用正态分布法（Xu，2005）确定与 TrPFZTLIHG 算子相关联的位置权重向量 $\varepsilon=(\varepsilon_1,\ \varepsilon_2,\ \cdots,\ \varepsilon_n)^T$，然后，利用式(4.18)求得矩阵 N 中元素 n_{ij} 对应的混合权重 ϖ_{ij}：

$$\varpi_{ij}=\frac{\varepsilon_{i(j)}\omega_j}{\sum_{j=1}^{n}\varepsilon_{i(j)}\omega_j} \tag{4.18}$$

其中，$\varepsilon=(\varepsilon_1,\ \varepsilon_2,\ \cdots,\ \varepsilon_n)^T$ 为与 TrPFZTLIHG 算子相关联的加权权重向量，$((1),\ (2),\ \cdots,\ (n))$是$(1,\ 2,\ \cdots,\ n)$的一个置换，使 $n_{i(j-1)}\geqslant n_{i(j)}$。$\omega=(\omega_1,\ \omega_2,\ \cdots,\ \omega_n)^T$ 为指标 $C_j(j=1,\ 2,\ \cdots,\ n)$的权重向量。

步骤 5 利用 TrPFZTLIHG 算子将方案 $A_i(i=1,\ 2,\ \cdots,\ m)$在各项指标 $C_j(j=1,\ 2,\ \cdots,\ n)$下的评价值集结，从而得到方案 A_i 的综合评价值 $h_i(i=1,\ 2,\ \cdots,\ m)$，计算式如下：

$$h_i=<\left(s_{\prod_{j=1}^{n}(a_{ij})^{\varpi_{ij}}},\ s_{\prod_{j=1}^{n}(b_{ij})^{\varpi_{ij}}},\ s_{\prod_{j=1}^{n}(c_{ij})^{\varpi_{ij}}},\ s_{\prod_{j=1}^{n}(d_{ij})^{\varpi_{ij}}}\right),$$
$$\left(\begin{array}{l}\sqrt{\prod_{j=1}^{n}(1-v_{ij}^2)^{\varpi_{ij}}-\prod_{j=1}^{n}(1-\mu_{ij}^2-v_{ij}^2)^{\varpi_{ij}}},\\ \sqrt{1-\prod_{j=1}^{n}(1-v_{ij}^2)^{\varpi_{ij}}}\end{array}\right);\ \Delta\left(\prod_{j=1}^{n}(\Delta^{-1}(\dot{s}_{\theta_{ij}},\ \alpha_{ij}))^{\varpi_j}\right)> \tag{4.19}$$

其中，ϖ_{ij} 为矩阵 N 中元素 n_{ij} 对应的混合权重。

步骤 6　根据定义 4.3 确定综合评价值 $h_i(i=1, 2, \cdots, m)$ 的排序。$h_i(i=1, 2, \cdots, m)$ 越大，则方案 $A_i(i=1, 2, \cdots, m)$ 越优。

第三节　属性关联且属性值为 TrPFZTLVs 的建筑垃圾资源化方案评价模型

本节中，我们考虑属性之间的关联关系，提出基于梯形毕达哥拉斯模糊 Z 二元语言交互幂加权几何（TrPFZTLIPWG）算子的建筑垃圾资源化方案评价模型。首先，提出了 TrPFZTLIPWG 算子并研究其性质。然后，利用基于 TrPFZTLVs 可能度的可视化比较方法获得方案的排序。

一　TrPFZTLIPWG 算子

定义 4.6　设 $\tilde{x}_j=<(s_{a_j}, s_{b_j}, s_{c_j}, s_{d_j}), (\mu_j, v_j); (\dot{s}_{\theta_j}, \alpha_j)>(j=1, 2, \cdots, n)$ 为一组语言粒度统一后的 TrPFZTLVs，$\omega=(\omega_1, \omega_2, \cdots, \omega_j)^T$ 是相应的权重向量，满足 $\omega_j\in[0, 1]$，$j=1, 2, \cdots, n$，$\sum_{j=1}^{n}\omega_j=1$，则 n 维函数 TrPFZTLIHG：$\Omega^n\to\Omega$ 为梯形毕达哥拉斯模糊 Z 二元语言交互幂加权几何（TrPFZTLIPWG）算子，表示如下：

$$\text{TrPFZTLIHG}(\tilde{x}_1, \tilde{x}_2, \cdots, \tilde{x}_n)=\bigotimes_{j=1}^{n}\left(\tilde{x}_j^{\frac{\omega_j(1+T(\tilde{x}_j))}{\sum_{j=1}^{n}\omega_j(1+T(\tilde{x}_j))}}\right) \tag{4.20}$$

其中，$T(\tilde{x}_j)=\sum_{i=1, i\neq j}^{n}Sup(\tilde{x}_j, \tilde{x}_i)$，$j=1, 2, \cdots, n$，$\text{Sup}(\tilde{x}_j, \tilde{x}_i)$ 为 $\tilde{x}_i$ 对 $\tilde{x}_j$ 的支撑度，满足：

（1）$\text{Sup}(\tilde{x}_j, \tilde{x}_i)\in[0, 1]$；

（2）$\text{Sup}(\tilde{x}_j, \tilde{x}_i)=\text{Sup}(\tilde{x}_i, \tilde{x}_j)$；

（3）若 $d(\tilde{x}_j, \tilde{x}_i)<d(\tilde{x}_j, \tilde{x}_k)$，$\text{Sup}(\tilde{x}_j, \tilde{x}_i)\geqslant\text{Sup}(\tilde{x}_j, \tilde{x}_k)$。

定理 4.4　设 $\tilde{x}_j=<(s_{a_j}, s_{b_j}, s_{c_j}, s_{d_j}), (\mu_j, v_j); (\dot{s}_{\theta_j}, \alpha_j)>(j=1, 2, \cdots, n)$ 为一组语言粒度统一后的 TrPFZTLVs，$\omega=(\omega_1, \omega_2, \cdots, \omega_n)^T$ 是相应的权重向量，满足 $\omega_j\in[0, 1]$，$j=1, 2, \cdots, n$，$\sum_{j=1}^{n}\omega_j=1$，则 TrPFZTLIPWG 算子集成后仍为 TrPFZTLVs，且

$$\text{TrPFZTLIPWG}(\tilde{x}_1, \tilde{x}_2, \cdots, \tilde{x}_n) = <\left(s_{\prod_{j=1}^{n}(a_{ij})^{\varpi'_{ij}}}, s_{\prod_{j=1}^{n}(b_{ij})^{\varpi'_{ij}}}, s_{\prod_{j=1}^{n}(c_{ij})^{\varpi'_{ij}}}, s_{\prod_{j=1}^{n}(d_{ij})^{\varpi'_{ij}}} \right), \left(\sqrt{\prod_{j=1}^{n}(1-v_j^2)^{\varpi'_j} - \prod_{j=1}^{n}(1-\mu_j^2-v_j^2)^{\varpi'_j}}, \sqrt{1-\prod_{j=1}^{n}(1-v_j^2)^{\varpi'_j}} \right); \Delta\left(\prod_{j=1}^{n}(\Delta^{-1}(\dot{s}_{\theta_j}, \alpha_j))^{\varpi'_j}\right) > \tag{4.21}$$

其中，$\varpi'_j = \dfrac{\omega_j(1+T(\tilde{x}_j))}{\sum_{j=1}^{n}\omega_j(1+T(\tilde{x}_j))}$ 为 $\tilde{x}_j(j=1, 2, \cdots, n)$ 的聚合权重。

证明：证明过程与定理 4.2 类似，此处不再赘述。

定理 4.5 设 $\tilde{x}_j = <(s_{a_j}, s_{b_j}, s_{c_j}, s_{d_j}), (\mu_j, v_j); (\dot{s}_{\theta_j}, \alpha_j)>$ 和 $\tilde{x}'_j = <(s_{a'_j}, s_{b'_j}, s_{c'_j}, s_{d'_j}), (\mu'_j, v'_j); (\dot{s}_{\theta'_j}, \alpha'_j)>$，$j=1, 2, \cdots, n$ 是两组粒度统一的 n 维 TrPFZTLVs，则 TrPFZTLIPWG 算子具有以下性质：

（1）幂等性。如果 $\tilde{x}_j = \tilde{x}_0$，$j=1, 2, \cdots, n$，则 $\text{TrPFZTLIPWG}(\tilde{x}_1, \tilde{x}_2, \cdots, \tilde{x}_n) = \tilde{x}_0$。

（2）置换性。若数组 $(\tilde{x}_1, \tilde{x}_2, \cdots, \tilde{x}_n)$ 打乱顺序后得到数组 $(\tilde{x}'_1, \tilde{x}'_2, \cdots, \tilde{x}'_n)$，则 $\text{TrPFZTLIPWG}(\tilde{x}_1, \tilde{x}_2, \cdots, \tilde{x}_n) = \text{TrPFZTLIPWG}(\tilde{x}'_1, \tilde{x}'_2, \cdots, \tilde{x}'_n)$。

（3）单调性。若 $a_j \geqslant a'_j$，$b_j \geqslant b'_j$，$c_j \geqslant c'_j$，$d_j \geqslant d'_j$，$v_j \leqslant v'_j$，$\mu_j^2 + v_j^2 \geqslant \mu'^2_j + v'^2_j$，$(\dot{s}_{\theta_j}, \alpha_j) \geqslant (\dot{s}_{\theta'_j}, \alpha'_j)$，则 $\text{TrPFZTLIPWG}(\tilde{x}_1, \tilde{x}_2, \cdots, \tilde{x}_n) \geqslant \text{TrPFZTLIPWG}(\tilde{x}'_1, \tilde{x}'_2, \cdots, \tilde{x}'_n)$。

（4）有界性。若 $\tilde{x}_{\min} = <\min\limits_{1\leqslant j\leqslant n}(s_{a_j}, s_{b_j}, s_{c_j}, s_{d_j}), (\mu_j, \max\limits_{1\leqslant j\leqslant n} v_j); \min\limits_{1\leqslant j\leqslant n}\Delta^{-1}(\dot{s}_{\theta_j}, \alpha_j)>$ 满足 $\mu_j^2 + v_j^2 = \min\limits_{1\leqslant j\leqslant n}(\mu_j^2 + v_j^2)$，$\tilde{x}_{\max} = <\max\limits_{1\leqslant j\leqslant n}(s_{a_j}, s_{b_j}, s_{c_j}, s_{d_j}), (\mu_j, \min\limits_{1\leqslant j\leqslant n} v_j); \max\limits_{1\leqslant j\leqslant n}\Delta^{-1}(\dot{s}_{\theta_j}, \alpha_j)>$ 满足 $\mu_j^2 + v_j^2 = \max\limits_{1\leqslant j\leqslant n}(\mu_j^2 + v_j^2)$，则

$\text{TrPFZTLIPWG}(\tilde{x}_{\min}, \tilde{x}_{\min}, \cdots, \tilde{x}_{\min}) \leqslant \text{TrPFZTLIPWG}(\tilde{x}_1, \tilde{x}_2, \cdots, \tilde{x}_n) \leqslant \text{TrPFZTLIPWG}(\tilde{x}_{\max}, \tilde{x}_{\max}, \cdots, \tilde{x}_{\max})$。

证明：证明过程与定理 4.3 类似，此处不再赘述。

二　基于 TrPFZTLVs 可能度的可视化比较方法

本节定义了 TrPFZTLVs 比较的可能度，然后提出了基于 TrPFZTLVs 可能度的方案可视化排序方法。

已知 $\widetilde{x}_1=<(s_{a_1}, s_{b_1}, s_{c_1}, s_{d_1}), (\mu_1, v_1); (\dot{s}_{\theta_1}, \alpha_1)>$ 和 $\widetilde{x}_2=<(s_{a_2}, s_{b_2}, s_{c_2}, s_{d_2}), (\mu_2, v_2); (\dot{s}_{\theta_2}, \alpha_2)>$ 为任意两个语言粒度统一的 TrPFZTLVs，且梯形模糊语言变量和二元语义部分的粒度分别为 $(g'_\beta+1)$ 和 $(g'_\theta+1)$。基于转化系数 $\tau=(\theta_1/g'_\theta+\alpha_1)(\mu_1^2-v_1^2)$ 和 $\delta=(\theta_2/g'_\theta+\alpha_2)(\mu_2^2-v_2^2)$，可将二者分别转化为 $\widetilde{x}'_1=(s_{\tau a_1}, s_{\tau b_1}, s_{\tau c_1}, s_{\tau d_1})$ 和 $\widetilde{x}'_2=(s_{\delta a_2}, s_{\delta b_2}, s_{\delta c_2}, s_{\delta d_2})$。基于梯形模糊数的可能度（Lv et al., 2016），我们定义如下 TrPFZTLVs 的可能度：

定义 4.7　设 $\widetilde{x}_1=<(s_{a_1}, s_{b_1}, s_{c_1}, s_{d_1}), (\mu_1, v_1); (\dot{s}_{\theta_1}, \alpha_1)>$ 和 $\widetilde{x}_2=<(s_{a_2}, s_{b_2}, s_{c_2}, s_{d_2}), (\mu_2, v_2); (\dot{s}_{\theta_2}, \alpha_2)>$ 为任意两个语言粒度统一后 TrPFZTLVs，则 $\widetilde{x}_1\geqslant\widetilde{x}_2$ 的可能度定义为：

$$P(\widetilde{x}_1\geqslant\widetilde{x}_2)=k_1\max\left\{1-\max\left\{\frac{\delta b_2-\tau a_1}{\delta(b_2-a_2)+\tau(b_1-a_1)}, 0\right\}, 0\right\}+ k_2\max\left\{1-\max\left\{\frac{\delta c_2-\tau b_1}{\delta(c_2-b_2)+\tau(c_1-b_1)}, 0\right\}, 0\right\}+ k_3\max\left\{1-\max\left\{\frac{\delta d_2-\tau c_1}{\delta(d_2-c_2)+\tau(d_1-c_1)}, 0\right\}, 0\right\} \tag{4.22}$$

其中，$\tau=(\theta_1/g'_\theta+\alpha_1)(\mu_1^2-v_1^2)$，$\delta=(\theta_2/g'_\theta+\alpha_2)(\mu_2^2-v_2^2)$。$k_1$，$k_2$ 和 k_3 取决于决策者的态度，且 $k_1+k_2+k_3=1$。若 $k_1+k_2/2>0.5$，决策者趋向于悲观；若 $k_1+k_2/2=0.5$，决策者趋向于中立；若 $k_1+k_2/2<0.5$，决策者趋向于乐观。特别地，当 $k_1=1$ 时，以上可能度为悲观可能度；当 $k_3=1$ 时，以上可能度为乐观可能度。

例 4.2　对于例 4.1 中的 $\widetilde{x}'_1$，$\widetilde{x}'_2$ 和 $\widetilde{x}'_3$，由于梯形模糊语言变量部分的粒度为 $(g'_\theta+1)=7$。若 $k_1=0.3$，$k_2=0.4$，$k_3=0.3$，可得 $P(\widetilde{x}'_1\geqslant\widetilde{x}'_2)=0.6754$，$P(\widetilde{x}'_2\geqslant\widetilde{x}'_1)=0.3246$，$P(\widetilde{x}'_1\geqslant\widetilde{x}'_3)=0.2845$，$P(\widetilde{x}'_3\geqslant\widetilde{x}'_1)=0.7155$，$P(\widetilde{x}'_2\geqslant\widetilde{x}'_3)=0.1284$，$P(\widetilde{x}'_3\geqslant\widetilde{x}'_2)=0.8716$。

定理 4.6　设 $\widetilde{x}_1=<(s_{a_1}, s_{b_1}, s_{c_1}, s_{d_1}), (\mu_1, v_1); (\dot{s}_{\theta_1}, \alpha_1)>$ 和 $\widetilde{x}_2=<(s_{a_2}, s_{b_2}, s_{c_2}, s_{d_2}), (\mu_2, v_2); (\dot{s}_{\theta_2}, \alpha_2)>$ 为任意两个语言粒度统一的 TrPFZTLVs，则

（1）$0\leqslant P(\widetilde{x}_1\geqslant\widetilde{x}_2)\leqslant1$，$0\leqslant P(\widetilde{x}_2\geqslant\widetilde{x}_1)\leqslant1$；

（2）$P(\widetilde{x}_1\geqslant\widetilde{x}_2)+P(\widetilde{x}_2\geqslant\widetilde{x}_1)=1$。

若 $\widetilde{x}_i(i=1, 2, \cdots, n)$ 为 n 个粒度统一后 TrPFZTLVs，我们将其看作

n 个节点，并将第 i 个节点 $\tilde{x}_i$（$i=1, 2, \cdots, n$）的出度和入度分别记作 d_i^{out} 和 d_i^{in}。受 Xian 等（2019）的启发，提出基于 TrPFZTLVs 可能度的可视化排序方法，具体步骤如下：

步骤 1 利用式（4.22），计算粒度统一后的 TrPFZTLVs 的可能度 $P(\tilde{x}_i \geqslant \tilde{x}_j)$，$i, j=1, 2, \cdots, n, i \neq j$。

步骤 2 构建任意两个节点之间的"箭"。当 $P(\tilde{x}_i \geqslant \tilde{x}_j)>0.5$，则节点 $\tilde{x}_i$ 和节点 $\tilde{x}_j$ 之间会产生一支由 $\tilde{x}_i$ 指向 $\tilde{x}_j$ 的实箭头；当 $P(\tilde{x}_i \geqslant \tilde{x}_j)<0.5$，则会产生一支由 $\tilde{x}_i$ 指向 $\tilde{x}_j$ 的虚箭头；当 $P(\tilde{x}_i \geqslant \tilde{x}_j)=0.5$，则 $\tilde{x}_i$ 和 $\tilde{x}_j$ 之间会产生两支实箭头，分别由节点 $\tilde{x}_j$ 指向 $\tilde{x}_i$ 和由节点 $\tilde{x}_i$ 指向 $\tilde{x}_j$。

步骤 3 根据实箭头计算节点 $\tilde{x}_i(i=1, 2, \cdots, n)$ 的出度 d_i^{out} 和入度 d_i^{in}。

步骤 4 若节点 $\tilde{x}_i(i=1, 2, \cdots, n)$ 的出度 d_i^{out} 越大或者入度 d_i^{in} 越小，则节点 $\tilde{x}_i$ 的排序越靠前；若节点 $\tilde{x}_k$ 和 $\tilde{x}_z$ 的出度和入度均相等，即 $d_k^{out}=d_z^{out}$ 且 $d_k^{in}=d_z^{in}$，分别利用下式计算节点 $\tilde{x}_k$ 和 $\tilde{x}_z$ 的平均可能度：

$$\bar{P}_k=\frac{\sum_{i \neq k} P(\tilde{x}_k \geqslant \tilde{x}_i)}{n-1}, \quad i, k=1, 2, \cdots, n \tag{4.23}$$

$$\bar{P}_z=\frac{\sum_{i \neq z} P(\tilde{x}_z \geqslant \tilde{x}_i)}{n-1}, \quad i, z=1, 2, \cdots, n \tag{4.24}$$

若 $\bar{P}_k>\bar{P}_z$，则 $\tilde{x}_k>\tilde{x}_z$；若 $\bar{P}_k<\bar{P}_z$，则 $\tilde{x}_k<\tilde{x}_z$。

例 4.3 基于例 4.2 得到的 $\tilde{x}_1'$、$\tilde{x}_2'$和 $\tilde{x}_3'$两两比较的可能度计算结果，运用可视化比较方法构建节点 $\tilde{x}_1'$、$\tilde{x}_2'$和 $\tilde{x}_3'$的关系，如图 4.1 所示。根据实箭头的数量，可得节点 $\tilde{x}_1'$的出度与入度分别为 $d_1^{out}=1$ 和 $d_1^{in}=1$，节点

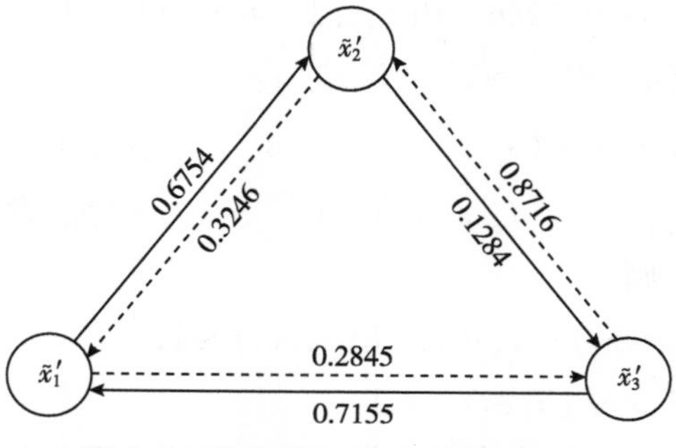

图 4.1 节点 $\tilde{x}_1'$、$\tilde{x}_2'$和 $\tilde{x}_3'$的关系示意

$\tilde{x}'_2$的出度与入度分别为 $d_2^{out}=0$ 和 $d_2^{in}=2$，节点 $\tilde{x}'_3$的出度与入度为 $d_3^{out}=2$ 和 $d_3^{in}=0$。由此可得，三个节点的排序为 $\tilde{x}'_3>\tilde{x}'_1>\tilde{x}'_2$。因此，当 $k_1=0.3$，$k_2=0.4$，$k_3=0.3$ 时，决策者持有中立态度，此时 $\tilde{x}_3>\tilde{x}_1>\tilde{x}_2$。

三　基于 TrPFZTLIPWG 算子的建筑垃圾资源化方案评价模型

下面介绍考虑属性关联时，基于 TrPFZTLIPWG 算子的建筑垃圾资源化方案评价模型。该模型中决策背景同本章第二节第二部分所述，此处不再重复。具体步骤如下：

步骤 1　检查评价值 $\tilde{x}_{ij}(i=1,2,\cdots,m,j=1,2,\cdots,n)$ 中语言粒度是否统一。若不统一，根据本章第一节第二部分所提出的方法转化，并将统一后的评价矩阵记为 $X'=(x'_{ij})_{m\times n}$。

步骤 2　利用式（4.17）对矩阵 $X'=(x'_{ij})_{m\times n}$ 标准化后得到矩阵 $N=(n_{ij})_{m\times n}$，其中，$n_{ij}=<(s_{a_{ij}},s_{b_{ij}},s_{c_{ij}},s_{d_{ij}}),(\mu_{ij},v_{ij});(\dot{s}_{\theta_{ij}},\alpha_{ij})>$。

步骤 3　利用式(4.25)求得方案 $A_i(i=1,2,\cdots,m)$ 的评价值 $n_{il}(l=1,2\cdots,n;l\neq j)$ 对 n_{ij} 的支撑度：

$$Sup(n_{ij},n_{il})=1-|S(n_{ij})-S(n_{il})| \tag{4.25}$$

其中，$|S(n_{ij})-S(n_{il})|$ 为 n_{il} 与 n_{ij} 对应的得分差的绝对值。

步骤 4　利用式(4.26)计算方案 $A_i(i=1,2,\cdots,m)$ 的评价值中其他 $n-1$ 个元素 $n_{il}(l=1,2\cdots,n;l\neq j)$ 对 n_{ij} 支撑度之和：

$$T(n_{ij})=\sum\nolimits_{l=1,l\neq j}^{n}Sup(n_{ij},n_{il}) \tag{4.26}$$

其中，$Sup(n_{ij},n_{il})$ 为方案 $A_i(i=1,2,\cdots,m)$ 的评价值 $n_{il}(l=1,2,\cdots,n;l\neq j)$ 对 n_{ij} 的支撑度。

步骤 5　根据指标 $C_j(j=1,2,\cdots,n)$ 的权重向量 $\omega=(\omega_1,\omega_2,\cdots,\omega_n)^T$，利用式(4.27)求得 n_{ij} 对应的聚合权重 ϖ'_{ij}，为：

$$\varpi'_{ij}=\frac{\omega_j(1+T(n_{ij}))}{\sum\nolimits_{j=1}^{n}\omega_j(1+T(n_{ij}))} \tag{4.27}$$

其中，$T(n_{ij})$ 为方案 $A_i(i=1,2,\cdots,m)$ 的评价值中其他 $n-1$ 个元素 $n_{il}(l=1,2,\cdots,n;l\neq j)$ 对 n_{ij} 的支撑度之和。

步骤 6　运用 TrPFZTLIPWG 算子将标准化后的矩阵 $N=(n_{ij})_{m\times n}$ 集结，得到方案 $A_i(i=1,2,\cdots,m)$ 的综合评价值 h'_i，为：

$$h'_i=<\left(s_{\prod_{j=1}^{n}(a_{ij})^{\varpi'_{ij}}},s_{\prod_{j=1}^{n}(b_{ij})^{\varpi'_{ij}}},s_{\prod_{j=1}^{n}(c_{ij})^{\varpi'_{ij}}},s_{\prod_{j=1}^{n}(d_{ij})^{\varpi'_{ij}}}\right),$$

$$\left(\begin{array}{l}\sqrt{\prod_{j=1}^{n}(1-v_{ij}^{2})^{\varpi'_{ij}}-\prod_{j=1}^{n}(1-\mu_{ij}^{2}-v_{ij}^{2})^{\varpi'_{ij}}},\\ \sqrt{1-\prod_{j=1}^{n}(1-v_{ij}^{2})^{\varpi'_{ij}}}\end{array}\right);$$

$$\Delta(\prod_{j=1}^{n}(\Delta^{-1}(\dot{s}_{\theta_{ij}},\ \alpha_{ij}))^{\varpi'_{ij}}> \tag{4.28}$$

其中，ϖ'_{ij}为评价值 n_{ij} 对应的聚合权重。

步骤 7 利用式（4.22）对方案 $A_i(i=1,\ 2,\ \cdots,\ m)$ 和 $A_k(k=1,\ 2,\ \cdots,\ m;\ i\neq k)$ 的综合评价值 h'_i和 h'_k两两比较，从而得到 $h'_i \geqslant h'_k$的可能度 $P(h'_i \geqslant h'_k)$。

步骤 8 利用本章第三节的第二部分中基于 TrPFZTLVs 可能度的可视化比较方法确定方案 $A_i(i=1,\ 2,\ \cdots,\ m)$的排序。

第四节 权重信息不完全时属性值为 TrPFZTLVs 的建筑垃圾资源化方案评价模型

本节在 TrPFZTLS 环境下，利用加权规范化投影和极大熵原理建立非线性规划模型求得指标权重，然后利用 CODAS 法获得建筑垃圾资源化方案的排序。

一 基于 TrPFZTLVs 的加权规范化投影和距离测度

（一）基于 TrPFZTLVs 的加权规范化投影

为了克服 Xu 和 Hu（2010）所给出的投影测度不在［0，1］上及向量在自身的投影不为 1 的缺陷，Yue 和 Jia（2017）提出了规范化投影测度对其进行改进，且规范化投影测度值越大，表示两个向量越接近。相应地，Liu 等（2020）将规范化投影测度拓展到 q 阶有序模糊集环境下，提出了相应的规范化投影模型。本节拟将规范化投影测度拓展到 TrPFZTLVs 环境中，提出基于 TrPFZTLVs 的加权规范化投影测度。

定义 4.8 若 $\vec{u}=(u_1,\ u_1,\ \cdots,\ u_n)^T$ 和 $\vec{v}=(v_1,\ v_2,\ \cdots,\ v_n)^T$ 为两个向量，且向量 $\vec{u}$ 在向量 $\vec{v}$ 上的投影为 $proj_{\vec{v}}(\vec{u})=|\vec{u}|\cos(\vec{u},\ \vec{v})=\vec{u}\vec{v}/|\vec{v}|$，那么，$\vec{u}$ 在 $\vec{v}$ 上的规范化的投影为（Yue and Jia，2017）：

$$Nproj_v(\vec{u})=\frac{Proj_{\vec{v}}(\vec{u})/|\vec{v}|}{Proj_{\vec{v}}(\vec{u})/|\vec{v}|+|1-Proj_{\vec{v}}(\vec{u})/|\vec{v}||}=\frac{\overrightarrow{uv}}{\overrightarrow{uv}+||\vec{v}|^2-\overrightarrow{uv}|} \tag{4.29}$$

其中，$\overrightarrow{uv}=\sum_{i=1}^{n}u_iv_i$，$|\vec{v}|^2=\sum_{i=1}^{n}v_i^2$。

为了将以上规范化的投影测度拓展到 TrPFZTLVs 环境中，我们将 TrPFZTLVs 转化为相应的替代值。已知 $\tilde{x}_i=<(s_{a_i}, s_{b_i}, s_{c_i}, s_{d_i}), (\mu_i, v_i); (\dot{s}_{\theta_i}, \alpha_i)>(i=1, 2, \cdots, n)$为一组粒度统一的 TrPFZTLVs，且梯形模糊语言变量和二元语义部分语言评价集的粒度分别为$(g'_\beta+1)$和$(g'_\theta+1)$。首先，将 $\tilde{x}_i(i=1, 2, \cdots, n)$转化为 $\hat{x}_i=(\hat{\mu}_i, \hat{v}_i)=(\kappa_i\mu_i, \kappa_iv_i)$，其中，转化系数 $\kappa_i(i=1, 2, \cdots, n)$为：

$$\kappa_i=\frac{a_i+b_i+c_i+d_i}{4g'_\beta}\left(\frac{\theta_i}{g'_\theta}+\alpha_i\right) \tag{4.30}$$

接着，借助替代值的规范化投影测度通过以下定义衡量 TrPFZTLVs 的接近度：

定义 4.9　若 $\tilde{x}_i=<(s_{a_i}, s_{b_i}, s_{c_i}, s_{d_i}), (\mu_i, v_i); (\dot{s}_{\theta_i}, \alpha_i)>$和 $\tilde{x}'_i=<(s_{a'_i}, s_{b'_i}, s_{c'_i}, s_{d'_i}), (\mu'_i, v'_i); (\dot{s}_{\theta'_i}, \alpha'_i)>$，$i=1, 2, \cdots, n$ 为任意两组语言粒度统一后的 TrPFZTLVs，且二者的替代向量分别为 $\hat{x}=(\hat{x}_1, \hat{x}_2, \cdots, \hat{x}_n)^T=((\hat{\mu}_1, \hat{v}_1), (\hat{\mu}_2, \hat{v}_2), \cdots, (\hat{\mu}_n, \hat{v}_n))^T$ 和 $\hat{x}'=(\hat{x}'_1, \hat{x}'_2, \cdots, \hat{x}'_n)^T=((\hat{\mu}'_1, \hat{v}'_1), (\hat{\mu}'_2, \hat{v}'_2), \cdots, (\hat{\mu}'_n, \hat{v}'_n))^T$。已知对应的权重向量为 $\omega=(\omega_1, \omega_2, \cdots, \omega_n)^T$，那么，$\hat{x}$ 在 $\hat{x}'$ 上的加权规范化投影测度为：

$$Nproj_{\hat{x}'}(\hat{x})_\omega=\frac{\hat{x}\hat{x}'}{\hat{x}\hat{x}'+||\hat{x}'|^2-\hat{x}\hat{x}'|} \tag{4.31}$$

其中，$|\hat{x}'|^2=\sum_{i=1}^{n}\omega_i^2(\hat{\mu}'^2_i+\hat{v}'^2_i)$，$\hat{x}\hat{x}'=\sum_{i=1}^{n}(\omega_i^2\hat{\mu}_i\hat{\mu}'_i+\omega_i^2\hat{v}_i\hat{v}'_i)$。$\hat{\mu}_i=\kappa_i\mu_i$，$\hat{v}_i=\kappa_iv_i$，$\hat{\mu}'_i=\kappa'_i\mu'_i$，$\hat{v}'_i=\kappa'_iv'_i$，$\kappa_i=\frac{a_i+b_i+c_i+d_i}{4g'_\beta}\left(\frac{\theta_i}{g'_\theta}+\alpha_i\right)$，$\kappa'_i=\frac{a'_i+b'_i+c'_i+d'_i}{4g'_\beta}\left(\frac{\theta'_i}{g'_\theta}+\alpha'_i\right)$。

下面我们来计算向量 $\tilde{x}=(\tilde{x}_1, \tilde{x}_2, \cdots, \tilde{x}_n)^T$ 在正理想解向量 $\tilde{x}^+=(\tilde{x}_1^+, \tilde{x}_2^+, \cdots, \tilde{x}_n^+)^T$ 上加权规范化投影，其中 $\tilde{x}_i^+=<(s_{g'_\beta}, s_{g'_\beta}, s_{g'_\beta}, s_{g'_\beta}), (1, 0); (\dot{s}_{g'_\theta}, 0)>$，$i=1, 2, \cdots, n$。利用式(4.30)可以得到二者的替代向量分别为 $\hat{x}^+=((1, 0), (1, 0), \cdots, (1, 0))^T$ 和 $\hat{x}=((\hat{\mu}_1, \hat{v}_1),$

$(\hat{\mu}_2,\ \hat{v}_2),\ \cdots,\ (\hat{\mu}_n,\ \hat{v}_n))^T$。因此，$|\tilde{x}^+|^2=\sum_{i=1}^n\omega_i^2$，$\hat{x}\hat{x}^+=\sum_{i=1}^n\omega_i^2\hat{\mu}_i$。那么，可得 $\hat{x}$ 在 $\hat{x}^+$ 上的加权规范化投影，为：

$$Nproj_{\hat{x}^+}(\hat{x})_\omega=\frac{\sum_{i=1}^n\omega_i^2\hat{\mu}_i}{\sum_{i=1}^n\omega_i^2\hat{\mu}_i+\left|\sum_{i=1}^n\omega_i^2-\sum_{i=1}^n\omega_i^2\hat{\mu}_i\right|} \tag{4.32}$$

$Nproj_{\hat{x}^+}(\hat{x})_\omega$ 越大，意味着替代向量 $\hat{x}$ 与 $\hat{x}^+$ 越接近，则评价值向量 $\tilde{x}=(\tilde{x}_1,\ \tilde{x}_2,\ \cdots,\ \tilde{x}_n)^T$ 越优。

（二）基于 TrPFZTLVs 的距离测度

定义 4.10 若 $\tilde{x}_i=<(s_{a_i},\ s_{b_i},\ s_{c_i},\ s_{d_i}),\ (\mu_i,\ v_i);\ (\dot{s}_{\theta_i},\ \alpha_i)>$ 和 $\tilde{x}_j=<(s_{a_j},\ s_{b_j},\ s_{c_j},\ s_{d_j}),\ (\mu_j,\ v_j);\ (\dot{s}_{\theta_j},\ \alpha_j)>$ 为语言粒度统一的 TrPFZTLVs，二者的梯形模糊语言变量和二元语义分别基于用语言评价集 $S=\{s_0,\ s_1,\ \cdots,\ s_{g'_\beta}\}$ 和 $\dot{S}=\{\dot{s}_0,\ \dot{s}_1,\ \cdots,\ \dot{s}_{g'_\theta}\}$，那么，$\tilde{x}_i$ 与 $\tilde{x}_j$ 之间的欧氏距离为：

$$d_E(\tilde{x}_i,\ \tilde{x}_j)=\sqrt{\lambda_1\left(\frac{|a_i-a_j|+|b_i-b_j|+|c_i-c_j|+|d_i-d_j|}{4g'_\beta}\right)^2+\lambda_2\left(\frac{|\mu_i-\mu_j|+|v_i-v_j|}{2}\right)^2+\lambda_3\left|\Delta^{-1}(\dot{s}_{\theta_i},\ \alpha_i)-\Delta^{-1}(\dot{s}_{\theta_j},\ \alpha_j)\right|^2} \tag{4.33}$$

其中，$\lambda_1+\lambda_2+\lambda_3=1$，$\lambda_1,\ \lambda_2,\ \lambda_3\in[0,\ 1]$。在实际应用中，可以根据决策需要和决策者偏好来调节 $\lambda_1,\ \lambda_2,\ \lambda_3$ 的大小，从而确定梯形语言模糊变量、毕达哥拉斯模糊数和二元语义三部分的相对重要程度。

定理 4.7 若 $\tilde{x}_i=<(s_{a_i},\ s_{b_i},\ s_{c_i},\ s_{d_i}),\ (\mu_i,\ v_i);\ (\dot{s}_{\theta_i},\ \alpha_i)>$ 和 $\tilde{x}_j=<(s_{a_j},\ s_{b_j},\ s_{c_j},\ s_{d_j}),\ (\mu_j,\ v_j);\ (\dot{s}_{\theta_j},\ \alpha_j)>$ 为语言粒度统一的 TrPFZTLVs，二者的梯形模糊语言变量和二元语义分别基于 $S=\{s_0,\ s_1,\ \cdots,\ s_{g'_\beta}\}$ 和 $\dot{S}=\{\dot{s}_0,\ \dot{s}_1,\ \cdots,\ \dot{s}_{g'_\theta}\}$。那么，$\tilde{x}_i$ 与 $\tilde{x}_j$ 之间的欧氏距离满足：

（1）$0\leqslant d_E(\tilde{x}_i,\ \tilde{x}_j)\leqslant 1$；

（2）$d_E(\tilde{x}_i,\ \tilde{x}_j)=0$，当且仅当 $\tilde{x}_i=\tilde{x}_j$；

（3）$d_E(\tilde{x}_i,\ \tilde{x}_j)=d_E(\tilde{x}_j,\ \tilde{x}_i)$。

证明：结论（2）和结论（3）显然成立。条件（1）的证明如下：当 $|a_i-a_j|=|b_i-b_j|=|c_i-c_j|=|d_i-d_j|=g'_\beta$，$|\mu_i-\mu_j|=|v_i-v_j|=1$

及 $|\Delta^{-1}(\dot{s}_{\theta_i},\ \alpha_i)-\Delta^{-1}(\dot{s}_{\theta_j},\ \alpha_j)|=1$ 时，$d(\tilde{x}_i,\ \tilde{x}_j)=\max\{d(\tilde{x}_i,\ \tilde{x}_j)\}=1$；当 $|a_i-a_j|=|b_i-b_j|=|c_i-c_j|=|d_i-d_j|=0$，$|\mu_i-\mu_j|=|v_i-v_j|=0$ 及 $|\Delta^{-1}(\dot{s}_{\theta_i},\ \alpha_i)-\Delta^{-1}(\dot{s}_{\theta_j},\ \alpha_j)|=0$ 时，$d(\tilde{x}_i,\ \tilde{x}_j)=\min\{d(\tilde{x}_i,\ \tilde{x}_j)\}=0$。

定义 4.11　若 $\tilde{x}_i=<(s_{a_i},\ s_{b_i},\ s_{c_i},\ s_{d_i}),\ (\mu_i,\ v_i);\ (\dot{s}_{\theta_i},\ \alpha_i)>$ 和 $\tilde{x}_j=<(s_{a_j},\ s_{b_j},\ s_{c_j},\ s_{d_j}),\ (\mu_j,\ v_j);\ (\dot{s}_{\theta_j},\ \alpha_j)>$ 为语言粒度统一的 TrPFZTLVs，二者的梯形模糊语言变量和二元语义分别基于 $S=\{s_0,\ s_1,\ \cdots,\ s_{g'_\beta}\}$ 和 $\dot{S}=\{\dot{s}_0,\ \dot{s}_1,\ \cdots,\ \dot{s}_{g'_\theta}\}$，那么，$\tilde{x}_i$ 与 $\tilde{x}_j$ 之间的海明距离为：

$$d_H(\tilde{x}_i,\ \tilde{x}_j)=\lambda_1\left(\frac{|a_i-a_j|+|b_i-b_j|+|c_i-c_j|+|d_i-d_j|}{4g'_\beta}\right)+\lambda_2\left(\frac{|\mu_i-\mu_j|+|v_i-v_j|}{2}\right)+\lambda_3\left|\Delta^{-1}(\dot{s}_{\theta_i},\ \alpha_i)-\Delta^{-1}(\dot{s}_{\theta_j},\ \alpha_j)\right| \tag{4.34}$$

其中，$\lambda_1+\lambda_2+\lambda_3=1$，$\lambda_1,\ \lambda_2,\ \lambda_3\in[0,\ 1]$。

定理 4.8　若 $\tilde{x}_i=<(s_{a_i},\ s_{b_i},\ s_{c_i},\ s_{d_i}),\ (\mu_i,\ v_i);\ (\dot{s}_{\theta_i},\ \alpha_i)>$ 和 $\tilde{x}_j=<(s_{a_j},\ s_{b_j},\ s_{c_j},\ s_{d_j}),\ (\mu_j,\ v_j);\ (\dot{s}_{\theta_j},\ \alpha_j)>$ 均为语言粒度统一的 TrPFZTLVs，二者的梯形模糊语言变量和二元语义分别基于 $S=\{s_0,\ s_1,\ \cdots,\ s_{g'_\beta}\}$ 和 $\dot{S}=\{\dot{s}_0,\ \dot{s}_1,\ \cdots,\ \dot{s}_{g'_\theta}\}$。那么，$\tilde{x}_i$ 与 $\tilde{x}_j$ 之间的海明距离满足：

（1）$0\leqslant d_H(\tilde{x}_i,\ \tilde{x}_j)\leqslant 1$；

（2）$d_H(\tilde{x}_i,\ \tilde{x}_j)=0$ 当且仅当 $\tilde{x}_i=\tilde{x}_j$；

（3）$d_H(\tilde{x}_i,\ \tilde{x}_j)=d_H(\tilde{x}_j,\ \tilde{x}_i)$。

证明：证明过程类似定理 4.7，此处不再赘述。

二　基于 CODAS 的建筑垃圾资源化方案评价模型

组合距离评价法（Combined Distance-Based Assessment，CODAS）是 Keshavarz Ghorabaee 等（2016）提出的一种多属性决策方法，该方法将欧式距离作为首要测度，而将 Taxicab 距离作为第二测度。该方法将方案评价值向量中与负理想解向量距离最大的方案作为最优方案。本节中，我们将 CODAS 法拓展到 TrPFZTLVs 的环境中，并提出了相应的建筑垃圾资源化方案的评价模型，包括基于 TrPFZTLVs 的加权规范化投影建立最优化模型求得指标权重和利用基于 TrPFZTLVs 的 CODAS 法获得建筑垃圾资源化方案的排序两个部分。

在实际决策过程中，由于决策者所掌握信息的不完全性和认知范围有限等原因，指标的权重通常是部分已知。设 $\omega=(\omega_1,\ \omega_2,\ \cdots,\ \omega_n)^T\in T$ 为指标权重向量，满足 $\omega_j\in[0,\ 1]$，$j=1,\ 2,\ \cdots,\ n$ 且 $\sum_{j=1}^{n}\omega_j=1$。若 T 为评价指标部分已知权重信息的集合，可表示为如下几种形式（Park and Kim，1997；Hie and Ahn，1999）：

（1）弱序：$\{\omega_i\geqslant\omega_j\}$；

（2）严格序：$\{\omega_i-\omega_j\geqslant\alpha_i,\ \alpha_i>0\}$；

（3）差序：$\{\omega_i-\omega_j\geqslant\omega_k-\omega_l\}$，$j\neq k\neq l$；

（4）倍序：$\{\omega_i\geqslant\alpha_i\omega_j\}$，$0\leqslant\alpha_i\leqslant 1$；

（5）区间序：$\alpha_i\leqslant\omega_i\leqslant\alpha_i+\varepsilon_i$。

下面介绍指标权重信息部分已知时，基于 TrPFZTLVs 的建筑垃圾资源化方案的评价模型。该模型中决策背景同本章第二节的第二部分所述，此处不再重复。已知 $\omega=(\omega_1,\ \omega_2,\ \cdots,\ \omega_n)^T$ 为指标 $C_j(j=1,\ 2,\ \cdots,\ n)$ 的权重向量，满足 $\sum_{j=1}^{n}\omega_j=1$，$\omega\in T$，T 为评价指标部分已知权重信息的集合，那么，该模型的步骤如下：

步骤 1 检查 $\tilde{x}_{ij}(i=1,\ 2,\ \cdots,\ m,\ j=1,\ 2,\ \cdots,\ n)$ 的语言粒度是否统一。若不统一，根据本章第一节的第二部分所提出的方法转化后得到矩阵 $X'=(x'_{ij})_{m\times n}$。

步骤 2 利用式（4.17）将矩阵 $X'=(x'_{ij})_{m\times n}$ 标准化得到矩阵 $N=(n_{ij})_{m\times n}$，其中，$n_{ij}=<(s_{a_{ij}},\ s_{b_{ij}},\ s_{c_{ij}},\ s_{d_{ij}}),\ (\mu_{ij},\ v_{ij});\ (\dot{s}_{\theta_{ij}},\ \alpha_{ij})>$。

步骤 3 借助式(4.30)将方案 $A_i(i=1,\ 2,\ \cdots,\ m)$ 的评价值向量 $n_i=(n_{i1},\ n_{i2},\ \cdots,\ n_{in})^T$ 转化为其替代向量 $\hat{n}_i=(\hat{n}_{i1},\ \hat{n}_{i2},\ \cdots,\ \hat{n}_{in})^T=((\hat{\mu}_{i1},\ \hat{v}_{i1}),\ (\hat{\mu}_{i2},\ \hat{v}_{i2}),\ \cdots,\ (\hat{\mu}_{in},\ \hat{v}_{in}))^T(i=1,\ 2,\ \cdots,\ m)$。那么，替代向量 $\hat{n}_i=((\hat{\mu}_{i1},\ \hat{v}_{i1}),\ (\hat{\mu}_{i2},\ \hat{v}_{i2}),\ \cdots,\ (\hat{\mu}_{in},\ \hat{v}_{in}))^T(i=1,\ 2,\ \cdots,\ m)$ 在正理想解的替代向量 $\hat{n}^+=((1,\ 0),\ (1,\ 0),\ \cdots,\ (1,\ 0))^T$ 上的加权规范化投影为：

$$Nproj_{\hat{n}^+}(\hat{n}_i)_\omega=\frac{\sum_{j=1}^{n}\omega_j^2\hat{\mu}_{ij}}{\sum_{j=1}^{n}\omega_j^2\hat{\mu}_{ij}+\left|\sum_{j=1}^{n}\omega_j^2-\sum_{j=1}^{n}\omega_j^2\hat{\mu}_{ij}\right|},\quad i=1,\ 2,\ \cdots,\ m \tag{4.35}$$

在指标权重向量 $\omega=(\omega_1,\ \omega_2,\ \cdots,\ \omega_n)^T$ 满足 $\omega\in T$ 的条件下，为了使评价值向量 $n_i(i=1,\ 2,\ \cdots,\ m)$ 靠近正理想解，同时考虑到指标权重

的不确定性，结合极大熵原理构建以下非线性最优化模型：

$$(M-4.1)\begin{cases}\max H = \gamma \sum_{i=1}^{m} \dfrac{\sum_{j=1}^{n}\omega_j^2\hat{\mu}_{ij}}{\sum_{j=1}^{n}\omega_j^2\hat{\mu}_{ij} + \left|\sum_{j=1}^{n}\omega_j^2 - \sum_{j=1}^{n}\omega_j^2\hat{\mu}_{ij}\right|} - \\ (1-\gamma)\sum_{j=1}^{n}\omega_j \ln\omega_j \\ \text{s.t. } \omega \in T,\ \sum_{j=1}^{n}\omega_j = 1,\ 0 \leqslant \omega_j \leqslant 1,\ j=1, 2, \cdots, n\end{cases} \tag{4.36}$$

其中，$\gamma \in [0, 1]$ 为平衡系数。求解模型（$M-4.1$）可得指标权重向量为 $\omega=(\omega_1, \omega_2, \cdots, \omega_n)^T$。若去掉 $\omega \in T$，以上模型转化为指标权重完全未知时的非线性最优化模型。

步骤 4　基于标准化的矩阵 $N=(n_{ij})_{m\times n}$，利用式(4.37)求得加权评价矩阵 $\widehat{N}=(\widehat{n}_{ij})_{m\times n}$，其中，$\widehat{n}_{ij}$ 为：

$$\widehat{n}_{ij} = \omega_j n_{ij} = <(s_{\omega_j a_{ij}}, s_{\omega_j b_{ij}}, s_{\omega_j c_{ij}}, s_{\omega_j d_{ij}}); \left(\begin{array}{l}\sqrt{1-(1-\mu_{ij}^2)^{\omega_j}}, \\ \sqrt{(1-\mu_{ij}^2)^{\omega_j}-(1-\mu_{ij}^2-v_{ij}^2)^{\omega_j}}\end{array}\right); (\dot{s}_{\theta_{ij}}, \alpha_{ij})> \tag{4.37}$$

其中，$\omega_j(j=1, 2, \cdots, n)$为指标 $C_j(j=1, 2, \cdots, n)$的权重。

接着，可得矩阵 $\widehat{N}=(\widehat{n}_{ij})_{m\times n}$ 中指标 $C_j(j=1, 2, \cdots, n)$下负理想解为 $\widehat{n}_j^- = <(s_{a_j^-}, s_{b_j^-}, s_{c_j^-}, s_{d_j^-}), (\mu_j^-, v_j^-); (\dot{s}_{\theta_j^-}, \alpha_j^-)>$，满足 $S(\widehat{n}_j^-) = \min_i S(\widehat{n}_{ij})$，$j=1, 2, \cdots, n$。由此，构成了负理想解向量 $\widehat{n}^- = (\widehat{n}_1^-, \widehat{n}_2^-, \cdots, \widehat{n}_n^-)^T$。

步骤 5　利用式（4.38）和式（4.39）分别计算方案 $A_i(i=1, 2, \cdots, m)$的评价值向量 $\widehat{n}_i=(\widehat{n}_{i1}, \widehat{n}_{i2}, \cdots, \widehat{n}_{in})^T$ 与负理想解向量 $\widehat{n}^-$之间的欧氏距离 E_i 和海明距离 H_i：

$$E_i = \sqrt{\sum_{j=1}^{m}\left(\lambda_1\left(\frac{|a_{ij}-a_j^-|+|b_{ij}-b_j^-|+|c_{ij}-c_j^-|+|d_{ij}-d_j^-|}{4g'_\beta}\right)^2 + \lambda_2\left(\frac{|\mu_{ij}-\mu_j^-|+|v_{ij}-v_j^-|}{2}\right)^2 + \lambda_3\left|\begin{array}{l}\Delta^{-1}(\dot{s}_{\theta_{ij}}, \alpha_{ij}) \\ -\Delta^{-1}(\dot{s}_{\theta_j^-}, \alpha_j^-)\end{array}\right|^2\right)} \tag{4.38}$$

$$H_i = \sum_{j=1}^{m} \left(\lambda_1 \left(\frac{|a_{ij}-a_j^-| + |b_{ij}-b_j^-| + |c_{ij}-c_j^-| + |d_{ij}-d_j^-|}{4g'_\beta} \right) + \lambda_2 \left(\frac{|\mu_{ij}-\mu_j^-| + |v_{ij}-v_j^-|}{2} \right) + \lambda_3 \left| \begin{matrix} \Delta^{-1}(\dot{s}_{\theta_{ij}}, \alpha_{ij}) \\ -\Delta^{-1}(\dot{s}_{\theta_j^-}, \alpha_j^-) \end{matrix} \right| \right) \quad (4.39)$$

其中，$\lambda_1+\lambda_2+\lambda_3=1$，$\lambda_1$，$\lambda_2$，$\lambda_3 \in [0, 1]$。$\Delta^{-1}(\dot{s}_{\theta_{ij}}, \alpha_{ij})=\theta_{ij}/g'_\theta+\alpha_{ij}$，$\Delta^{-1}(\dot{s}_{\theta_j^-}, \alpha_j^-)=\theta_j^-/g'_\theta+\alpha_j^-$，$(g'_\beta+1)$和$(g'_\theta+1)$分别为梯形模糊语言变量和二元语义部分语言评价集的粒度。

步骤 6 确定相对评估矩阵 $Ra=(t_{iq})_{m\times m}$，其中，t_{iq} 为：

$$t_{iq}=(E_i-E_q)+(\psi(E_i-E_q)\times(H_i-H_q)),\ i,\ q=1,\ 2,\ \cdots,\ m \quad (4.40)$$

其中，$\psi(x)$ 为阈值函数，由下式确定：

$$\psi(E_i-E_q)=\begin{cases} 1, & |E_i-E_q| \geq \tau \\ 0, & |E_i-E_q| < \tau \end{cases} \quad (4.41)$$

其中，τ为阈值因子，通常在 0.01 到 0.05 取值。

步骤 7 利用式（4.42）求得方案 A_i（$i=1, 2, \cdots, m$）的评估值：

$$T_i = \sum_{q=1}^{m} t_{iq} \quad (4.42)$$

根据评估值 $T_i(i=1, 2, \cdots, m)$确定方案 $A_i(i=1, 2, \cdots, m)$的排序。评估值 T_i 越大，则方案 A_i 越优。

第五节 算例分析

重大的地震灾害常常导致大片建筑物的崩塌，而灾后如何对建筑废弃物进行资源化处理，往往成为一个相当复杂且棘手的问题。2008 年，四川汶川发生里氏 8.0 特大地震，造成居民住房倒塌的面积达到 12597.5 万平方米，严重损毁房屋 15268.4 万平方米，损毁公路里程 34 125 千米（郭远臣、王雪，2015）。利用建筑面积估算法得到汶川地震主要受灾区域的房屋损毁面积以及建筑垃圾的估算量，如图 4.2 所示（郭远臣、王雪，2015）。震后建筑垃圾的回收利用直接关乎震区重建的成本和效益，通常采用以下方案进行处理：直接利用（A_1）、用作回填材料（A_2）、建筑垃圾填埋（A_3）和生产再生骨料（A_4）。由于灾后重建工作的紧迫性，建筑垃圾需在较短时间内进行大批量处理，因此，需要对四种建筑垃圾处理方案进行评价和优选，以提高震后建筑垃圾资源化的处理效果。

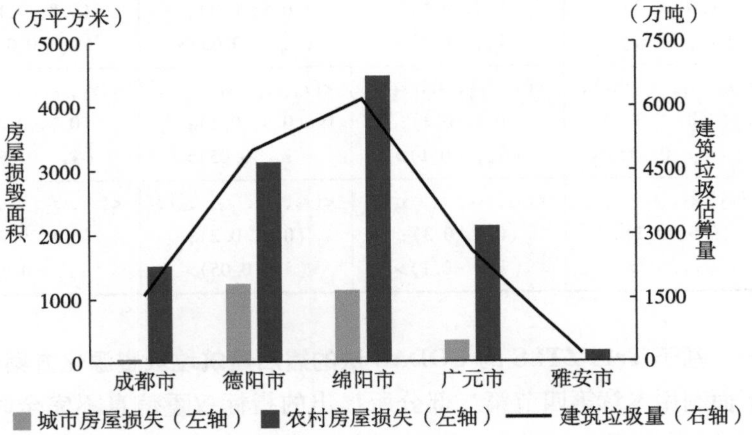

图 4.2 汶川地震主要灾区房屋损失面积及建筑垃圾估算量

为此，我们邀请专家组利用 TrPFZTLVs 从环境指标(C_1)、社会指标(C_2)、经济指标(C_3)和技术指标(C_4)四个方面作出评价。在评价过程中，专家基于语言评价集 $S_5=\{s_0, s_1, s_2, s_3, s_4\}=\{$“差”，“较差”，“中等”，“较好”，“好”$\}$给出评价。同时，决策者在做出可靠性评价时，对指标 C_1 和 C_2 的评价基于 $\dot{S}_5=\{\dot{s}_0, \dot{s}_1, \dot{s}_2, \dot{s}_3, \dot{s}_4\}=\{$“弱”，“较弱”，“中等”，“较强”，“强”$\}$，而对指标 C_3 和 C_4 的评价基于 $\dot{S}_7=\{\dot{s}_0, \dot{s}_1, \dot{s}_2, \dot{s}_3, \dot{s}_4, \dot{s}_5, \dot{s}_6\}=\{$“极弱”，“弱”，“较弱”，“中等”，“较强”，“强”，“极强”$\}$。由此，构成的四个方案的初始评价矩阵 $\widetilde{X}=(\widetilde{x}_{ij})_{4\times4}$，如表 4.1 所示。下面，我们分别应用本章所提出的三种模型来对备选方案排序。

表 4.1 四个方案的初始评价矩阵 $\widetilde{X}$

	C_1	C_2	C_3	C_4
A_1	$<(s_2, s_3, s_4, s_4)$, $(0.8, 0.3)$; $(\dot{s}_3, 0.1)>$	$<(s_1, s_1, s_2, s_3)$, $(0.8, 0.2)$; $(\dot{s}_3, -0.1)>$	$<(s_0, s_0, s_1, s_2)$, $(0.8, 0.1)$; $(\dot{s}_5, -0.08)>$	$<(s_2, s_3, s_4, s_4)$, $(0.7, 0.1)$; $(\dot{s}_5, -0.05)>$

续表

	C_1	C_2	C_3	C_4
A_2	$<(s_1, s_2, s_3, s_4), (0.9, 0.2); (\dot{s}_4, -0.1)>$	$<(s_1, s_2, s_3, s_4), (0.7, 0.1); (\dot{s}_4, -0.1)>$	$<(s_1, s_2, s_3, s_4), (0.8, 0.3); (\dot{s}_6, -0.05)>$	$<(s_2, s_3, s_3, s_4), (0.8, 0.1); (\dot{s}_4, 0.05)>$
A_3	$<(s_0, s_1, s_2, s_3), (0.8, 0.3); (\dot{s}_3, 0.1)>$	$<(s_1, s_2, s_2, s_3), (0.8, 0.3); (\dot{s}_4, -0.1)>$	$<(s_0, s_1, s_1, s_2), (0.9, 0.1); (\dot{s}_5, 0.05)>$	$<(s_2, s_3, s_4, s_4), (0.7, 0.2); (\dot{s}_5, 0.08)>$
A_4	$<(s_2, s_3, s_3, s_4), (0.9, 0.1); (\dot{s}_4, 0)>$	$<(s_2, s_3, s_4, s_4), (0.9, 0.3); (\dot{s}_4, -0.1)>$	$<(s_2, s_3, s_4, s_4), (0.8, 0.2); (\dot{s}_4, 0.05)>$	$<(s_2, s_2, s_3, s_4), (0.8, 0.2); (\dot{s}_6, -0.05)>$

一　基于 TrPFZTLS 的 CODAS 法的震后建筑垃圾资源化方案评价

下面利用本章第四节第二部分所提出的指标权重信息不完全时的决策模型进行方案评价。为了便于三种模型计算结果的比较，我们将该模型得到的指标权重用于其他两个评价模型的计算中。已知 $T=\{\omega_3\leqslant\omega_4;\ 0.20\leqslant\omega_2\leqslant0.25;\ 0.20\leqslant\omega_3\leqslant0.30;\ 0.20\leqslant\omega_4\leqslant0.30\}$，计算步骤如下：

步骤 1　在表 4.1 中，指标 $C_j(j=1,\ 2)$ 和 $C_j(j=3,\ 4)$ 下评价值中二元语义部分的粒度分别为 5 和 7。因此，我们将指标 C_1 和 C_2 下评价值中二元语义部分转化为粒度为 $(g'_\theta+1)=7$ 下的对应值，由此可得统一粒度后的评价矩阵 $X'=(x'_{ij})_{4\times4}$，如表 4.2 所示。

表 4.2　　粒度统一后的评价矩阵

	C_1	C_2	C_3	C_4
A_1	$<(s_2, s_3, s_4, s_4), (0.8, 0.3); (\dot{s}_5, 0.0167)>$	$<(s_1, s_1, s_2, s_3), (0.8, 0.2); (\dot{s}_4, -0.0167)>$	$<(s_0, s_0, s_1, s_2), (0.8, 0.1); (\dot{s}_5, -0.08)>$	$<(s_2, s_3, s_4, s_4), (0.7, 0.1); (\dot{s}_5, -0.05)>$
A_2	$<(s_1, s_2, s_3, s_4), (0.9, 0.2); (\dot{s}_5, 0.0667)>$	$<(s_1, s_2, s_3, s_4), (0.7, 0.1); (\dot{s}_5, 0.0667)>$	$<(s_0, s_1, s_2, s_3), (0.8, 0.3); (\dot{s}_6, -0.05)>$	$<(s_2, s_3, s_3, s_4), (0.8, 0.1); (\dot{s}_4, 0.05)>$
A_3	$<(s_0, s_1, s_2, s_3), (0.8, 0.3); (\dot{s}_5, 0.0167)>$	$<(s_1, s_2, s_2, s_3), (0.8, 0.3); (\dot{s}_5, 0.0667)>$	$<(s_0, s_1, s_1, s_2), (0.9, 0.1); (\dot{s}_5, 0.05)>$	$<(s_2, s_3, s_4, s_4), (0.7, 0.2); (\dot{s}_5, 0.08)>$

续表

	C_1	C_2	C_3	C_4
A_4	$<(s_2, s_3, s_3, s_4)$, $(0.9, 0.1)$; $(\dot{s}_6, 0)>$	$<(s_2, s_3, s_4, s_4)$, $(0.9, 0.3)$; $(\dot{s}_5, 0.0667)>$	$<(s_0, s_0, s_1, s_2)$, $(0.8, 0.2)$; $(\dot{s}_4, 0.05)>$	$<(s_2, s_2, s_3, s_4)$, $(0.8, 0.2)$; $(\dot{s}_6, -0.05)>$

步骤 2　利用式（4.17）将表 4.2 标准化得到的矩阵仍为表 4.2。

步骤 3　利用式（4.30）将表 4.2 中方案 $A_i(i=1, 2, 3, 4)$ 的评价向量 $n_i(i=1, 2, 3, 4)$ 转化为替代向量 $\hat{n}_i(i=1, 2, 3, 4)$，结果如下：

$$\hat{n}_1=((0.5525, 0.2072), (0.2600, 0.0650), (0.1130, 0.0141), (0.4455, 0.0636))^T$$

$$\hat{n}_2=((0.5063, 0.1125), (0.3938, 0.0563), (0.2850, 0.1069), (0.4300, 0.0537))^T$$

$$\hat{n}_3=((0.2550, 0.0956), (0.3600, 0.1350), (0.1988, 0.0221), (0.4795, 0.1370))^T$$

$$\hat{n}_4=((0.6750, 0.0750), (0.6581, 0.2194), (0.1075, 0.0269), (0.5225, 0.1306))^T$$

基于替代向量 $\hat{n}_i$（$i=1, 2, 3, 4$），利用式（4.36）建立如下非线性最优化模型：

$$(M\text{-}4.2)\begin{cases}\max H=0.5\times\dfrac{1.9888\omega_1^2+1.6719\omega_2^2+0.7043\omega_3^2+1.8775\omega_4^2}{2.8250\omega_1^2+2.4846\omega_2^2+1.2507\omega_3^2+2.8259\omega_4^2}\\ \qquad -0.5\omega_1\ln\omega_1-0.5\omega_2\ln\omega_2-0.5\omega_3\ln\omega_3-0.5\omega_4\ln\omega_4\\ \text{s.t.}\ \sum_{j=1}^{n}\omega_j=1,\ \omega_3\leqslant\omega_4\\ 0.20\leqslant\omega_2\leqslant0.25\\ 0.20\leqslant\omega_3\leqslant0.30\\ 0.20\leqslant\omega_4\leqslant0.30\end{cases}\tag{4.43}$$

通过求解以上模型，得到指标 $C_j(j=1, 2, 3, 4)$ 的权重向量为 $\omega=(0.2694, 0.2482, 0.2399, 0.2425)^T$。

步骤 4　基于表 4.2，利用式（4.37）求得加权矩阵 $\widehat{N}=(\widehat{n}_{ij})_{4\times4}$。然后，根据得分函数确定负理想解向量 $\widehat{n}^-$，如表 C1 所示。

步骤 5 分别利用式（4.38）和式（4.39）计算向量 $\widehat{n}_i(i=1,2,3,4)$ 到负理想解向量 $\widehat{n}^-$ 的欧式距离 E_i 和海明距离 H_i。当 $\lambda_1=\lambda_2=\lambda_3=1/3$，$\lambda_1=1$ 且 $\lambda_2=\lambda_3=0$，$\lambda_1=\lambda_3=1/2$ 且 $\lambda_2=0$ 和 $\lambda_1=\lambda_2=1/2$ 且 $\lambda_3=0$ 时相应的计算结果如表 C2 所示。

步骤 6—步骤 7 设阈值为 $\tau=0.02$，当 $\lambda_1=\lambda_2=\lambda_3=1/3$ 时，利用式（4.40）求得相对评估矩阵为：

$$Ra=\begin{pmatrix} 0 & -0.1487 & -0.1233 & -0.1662 \\ 0.1487 & 0 & 0.1315 & -0.0175 \\ 0.1233 & -0.0254 & 0 & -0.0429 \\ 0.1662 & 0.0175 & 0.1782 & 0 \end{pmatrix}$$

基于相对评估矩阵 Ra 可得方案 $A_i(i=1,2,3,4)$ 评估值，如表 4.3 所示。因此，当 $\lambda_1=\lambda_2=\lambda_3=1/3$ 时，方案排序为 $A_4>A_2>A_3>A_1$。类似地，可求得当 $\lambda_1=1$，$\lambda_2=\lambda_3=0$，$\lambda_1=\lambda_3=1/2$，$\lambda_2=0$ 和 $\lambda_1=\lambda_2=1/2$。$\lambda_3=0$ 时的方案评估值以及方案排序，如表 4.3 所示。

表 4.3　　不同 λ_1，λ_2，λ_3 组合下方案的评估值 T_i 及排序

λ_1，λ_2，λ_3 的取值	A_1	A_2	A_3	A_4	方案排序
$\lambda_1=1/3$，$\lambda_2=1/3$，$\lambda_3=1/3$	-0.4382	0.2627	0.0550	0.3619	$A_4>A_2>A_3>A_1$
$\lambda_1=1$，$\lambda_2=0$，$\lambda_3=0$	-0.0517	0.1809	-0.2929	0.3932	$A_4>A_2>A_1>A_3$
$\lambda_1=1/2$，$\lambda_2=0$，$\lambda_3=1/2$	-0.4854	0.6724	0.6584	0.3412	$A_2>A_3>A_4>A_1$
$\lambda_1=1/2$，$\lambda_2=1/2$，$\lambda_3=0$	-0.0946	0.3205	-0.1634	0.5585	$A_4>A_2>A_1>A_3$

二　基于 TrPFZTLIHG 算子的震后建筑垃圾资源化方案评价

根据本章第二节第二部分的阐述，我们将采用考虑指标独立性时基于 TrPFZTLIHG 算子的评价模型，并以此为基准对方案进行科学排序。以下是详细的计算步骤：

步骤 1—步骤 2 将表 4.1 中的初始评价矩阵 $\widetilde{X}=(\widetilde{x}_{ij})_{4\times4}$ 进行语言粒度统一和标准化，从而得到评价矩阵 $N=(n_{ij})_{4\times4}$，如表 4.2 所示。

步骤 3 利用式（4.2）求得表 4.2 中矩阵 $N=(n_{ij})_{4\times4}$ 对应的得分矩阵为：

$$S=\begin{array}{c} \\ A_1 \\ A_2 \\ A_3 \\ A_4 \end{array}\begin{array}{c} \begin{array}{cccc} C_1 & C_2 & C_3 & C_4 \end{array} \\ \begin{pmatrix} 0.2624 & 0.0485 & 0.0126 & 0.1944 \\ 0.2437 & 0.1519 & 0.0698 & 0.1820 \\ 0.0559 & 0.1114 & 0.0390 & 0.2478 \\ 0.4500 & 0.3850 & 0.0108 & 0.2559 \end{pmatrix} \end{array}$$

然后，根据定义 4.3 确定方案 $A_i(i=1,2,3,4)$ 在指标 $C_j(j=1,2,3,4)$ 下评价值的排序。例如，对于方案 A_1，$S(n_{11})=0.2624$，$S(n_{12})=0.0485$，$S(n_{13})=0.0126$，$S(n_{14})=0.1944$，因此，$S(n_{11})>S(n_{14})>S(n_{12})>S(n_{13})$。

步骤 4　利用正态分布法确定与 TrPFZTLIHG 算子相关联的位置权重向量为 $\varepsilon=(0.1550, 0.3450, 0.3450, 0.1550)^T$。然后，根据每个方案在四个指标下评价值的排序，得到与 TrPFZTLIHG 算子相关联的权重 $\varepsilon_{i(j)}$。例如，对于方案 A_1，由 $S(n_{1j})(j=1,2,3,4)$ 的排序可得 $(1)=1$，$(2)=4$，$(3)=2$，$(4)=3$，那么，$\varepsilon_{1(1)}=0.1550$，$\varepsilon_{1(2)}=0.1550$，$\varepsilon_{1(3)}=0.3450$，$\varepsilon_{1(4)}=0.3450$。由此，可得评价值 n_{ij} 对应的位置权重为：

$$W=\begin{array}{c} \\ A_1 \\ A_2 \\ A_3 \\ A_4 \end{array}\begin{array}{c} \begin{array}{cccc} C_1 & C_2 & C_3 & C_4 \end{array} \\ \begin{pmatrix} 0.1550 & 0.1550 & 0.3450 & 0.3450 \\ 0.1550 & 0.1550 & 0.3450 & 0.3450 \\ 0.1550 & 0.3450 & 0.1550 & 0.3450 \\ 0.1550 & 0.3450 & 0.1550 & 0.3450 \end{pmatrix} \end{array}$$

根据指标的权重向量 $\omega=(0.2694, 0.2482, 0.2399, 0.2425)^T$，利用式（4.18）得到评价值 n_{ij} 对应的混合权重：

$$\varpi=\begin{array}{c} \\ A_1 \\ A_2 \\ A_3 \\ A_4 \end{array}\begin{array}{c} \begin{array}{cccc} C_1 & C_2 & C_3 & C_4 \end{array} \\ \begin{pmatrix} 0.1693 & 0.1560 & 0.3356 & 0.3392 \\ 0.1693 & 0.1560 & 0.3356 & 0.3392 \\ 0.1682 & 0.3450 & 0.1498 & 0.3370 \\ 0.1682 & 0.3450 & 0.1498 & 0.3370 \end{pmatrix} \end{array}$$

步骤 5　运用 TrPFZTLIHG 算子由式（4.19）集结，得到方案 $A_i(i=1,2,3,4)$ 的综合评价值 $h_i(i=1,2,3,4)$ 为：

$h_1=<(s_0, s_0, s_{2.2548}, s_{3.0311}), (0.7737, 0.1694); (\dot{s}_5, -0.0719)>$

$h_2 = <(s_0, s_{1.8187}, s_{2.6186}, s_{3.6324}), (0.8146, 0.2064); (\dot{s}_5, 0.0150)>$

$h_3 = <(s_0, s_{1.8393}, s_{2.2771}, s_{3.1106}), (0.7950, 0.2484); (\dot{s}_5, 0.0600)>$

$h_4 = <(s_0, s_0, s_{2.8103}, s_{3.6005}), (0.8677, 0.2295); (\dot{s}_5, 0.0683)>$

步骤 6 利用式（4.2）求得综合评价值 $h_i(i=1, 2, 3, 4)$ 的得分分别为 $S(h_1)=0.0361$，$S(h_2)=0.1137$，$S(h_3)=0.0933$，$S(h_4)=0.0915$，由此确定方案的排序为 $A_2 > A_3 > A_4 > A_1$。

三 基于 TrPFZTLIPWG 算子的震后建筑垃圾资源化方案评价

根据本章第三节第三部分的阐述，我们将采用考虑指标关联性时基于 TrPFZTLIPWG 算子的评价模型，并以此为基准对方案进行科学排序。以下是详细的计算步骤：

步骤 1—步骤 2 对表 4.1 中的初始评价矩阵 $\tilde{X}=(\tilde{x}_{ij})_{4\times4}$ 进行语言粒度统一和标准化，从而得到评价矩阵 $N=(n_{ij})_{4\times4}$，如表 4.2 所示。

步骤 3 利用式（4.2）求得表 4.2 中评价值的得分组成的矩阵，然后利用式（4.25）求得方案 $A_i(i=1, 2, 3, 4)$ 的评价值中 $\tilde{n}_{il}$ 对 $\tilde{n}_{ij}$ 的支撑度：

$$Sup(A_1)=\begin{array}{c} \\ C_1 \\ C_2 \\ C_3 \\ C_4 \end{array}\begin{array}{c} \begin{array}{cccc} C_1 & C_2 & C_3 & C_4 \end{array} \\ \begin{pmatrix} 1.0000 & 0.8011 & 0.7503 & 0.9321 \\ 0.8011 & 1.0000 & 0.9492 & 0.8690 \\ 0.7503 & 0.9492 & 1.0000 & 0.8182 \\ 0.9321 & 0.8690 & 0.8182 & 1.0000 \end{pmatrix} \end{array}$$

$$Sup(A_2)=\begin{array}{c} \\ C_1 \\ C_2 \\ C_3 \\ C_4 \end{array}\begin{array}{c} \begin{array}{cccc} C_1 & C_2 & C_3 & C_4 \end{array} \\ \begin{pmatrix} 1.0000 & 0.9082 & 0.8261 & 0.9383 \\ 0.9082 & 1.0000 & 0.9179 & 0.9699 \\ 0.8261 & 0.9179 & 1.0000 & 0.8878 \\ 0.9383 & 0.9699 & 0.8878 & 1.0000 \end{pmatrix} \end{array}$$

$$Sup(A_3)=\begin{array}{c} \\ C_1 \\ C_2 \\ C_3 \\ C_4 \end{array}\begin{array}{c} \begin{array}{cccc} C_1 & C_2 & C_3 & C_4 \end{array} \\ \begin{pmatrix} 1.0000 & 0.9445 & 0.9831 & 0.8447 \\ 0.9445 & 1.0000 & 0.9276 & 0.9002 \\ 0.9831 & 0.9276 & 1.0000 & 0.8278 \\ 0.8447 & 0.9002 & 0.8278 & 1.0000 \end{pmatrix} \end{array}$$

$$Sup(A_4)=\begin{array}{c} \\ C_1 \\ C_2 \\ C_3 \\ C_4 \end{array}\begin{array}{c} \begin{array}{cccc} C_1 & C_2 & C_3 & C_4 \end{array} \\ \begin{pmatrix} 1.0000 & 0.9350 & 0.5608 & 0.8059 \\ 0.9350 & 1.0000 & 0.6258 & 0.8709 \\ 0.5608 & 0.6258 & 1.0000 & 0.7549 \\ 0.8059 & 0.8709 & 0.7549 & 1.0000 \end{pmatrix} \end{array}$$

步骤 4　利用式（4.26）计算方案 $A_i(i=1, 2, 3, 4)$ 的评价值中其他 3 个元素 $n_{il}(i, l=1, 2, 3, 4; l\neq j)$ 对 $n_{ij}(i, j=1, 2, 3, 4)$ 的支撑度之和 $T(n_{ij})$，结果如下：

$$T=\begin{array}{c} \\ A_1 \\ A_2 \\ A_3 \\ A_4 \end{array}\begin{array}{c} \begin{array}{cccc} C_1 & C_2 & C_3 & C_4 \end{array} \\ \begin{pmatrix} 2.4835 & 2.6193 & 2.5177 & 2.6193 \\ 2.6726 & 2.7960 & 2.6318 & 2.7960 \\ 2.7723 & 2.7723 & 2.7385 & 2.5727 \\ 2.3017 & 2.4317 & 1.9415 & 2.4317 \end{pmatrix} \end{array}$$

步骤 5　利用式（4.27）求得评价值 n_{ij} 对应的聚合权重 ϖ'_{ij} 为：

$$\varpi'=\begin{array}{c} \\ A_1 \\ A_2 \\ A_3 \\ A_4 \end{array}\begin{array}{c} \begin{array}{cccc} C_1 & C_2 & C_3 & C_4 \end{array} \\ \begin{pmatrix} 0.2637 & 0.2525 & 0.2372 & 0.2467 \\ 0.2657 & 0.2530 & 0.2340 & 0.2472 \\ 0.2735 & 0.2520 & 0.2414 & 0.2332 \\ 0.2713 & 0.2598 & 0.2152 & 0.2538 \end{pmatrix} \end{array}$$

步骤 6　利用式（4.28）对表 4.2 中评价信息集结，得到方案 $A_i(i=1, 2, 3, 4)$ 的综合评价值 $h'_i(i=1, 2, 3, 4)$ 为：

$h'_1=<(s_0, s_0, s_{2.4171}, s_{3.1562}), (0.7822, 0.1981); (\dot{s}_5, -0.0768)>$

$h'_2=<(s_0, s_{1.8797}, s_{2.7281}, s_{3.7391}), (0.8215, 0.1930); (\dot{s}_5, 0.0282)>$

$h'_3=<(s_0, s_{1.5386}, s_{1.9888}, s_{2.9094}), (0.8135, 0.2442); (\dot{s}_5, 0.0518)>$

$h'_4=<(s_0, s_0, s_{2.5524}, s_{3.4462}), (0.8674, 0.2129); (\dot{s}_5, 0.0606)>$

步骤 7—步骤 8　当 $k_1=0.3$，$k_2=0.4$，$k_3=0.3$ 时，决策者的态度是中立的，此时方案排序为 $A_2>A_4>A_3>A_1$；当 $k_1=0$，$k_2=0$，$k_3=1$ 时，决策者的态度是极其乐观的，此时方案排序为 $A_4>A_2>A_3>A_1$；当 $k_1=1$，$k_2=0$，$k_3=0$ 时，决策者的态度是极其悲观的，此时方案排序为 $A_2>A_3>A_4\sim A_1$。

四 比较分析与现实意义

下面，我们从参数设置、指标关系和现实意义三个方面对所提出模型的评价进行分析。基于相同算例可得三种评价模型在不同参数设置下的方案排序结果，如表 4.4 所示。

首先，在参数设置方面。在基于 TrPFZTLIPWG 算子的可视化排序模型中，对于 TrPFZTLIPWG 算子集成的结果，我们利用基于 TrPFZTLVs 可能度的可视化比较方法对算例中四个方案进行排序。当可能度式（4.22）中 k_1，k_2 和 k_3 取值不同时，得到的四种方案的排序往往也会产生差异。当决策者持有非常悲观和中立的态度时，最优选择都是方案 A_2；当决策者非常乐观时，最优选择则为方案 A_4。然而，在所给出的几种参数取值情况下，不论决策者的态度如何，最差的选择都为方案 A_1。若将 TrPFZTLIPWG 算子集成的结果直接根据其得分函数来排序，那么，得到的结果与决策者中立时利用可视化排序方法得到的方案排序一致，这也验证了基于 TrPFZTLVs 可能度的可视化比较方法的有效性。相比基于得分函数的排序方法，基于 TrPFZTLVs 可能度的可视化排序法考虑了决策者的乐观或者悲观的态度，更加接近实际决策情形。

其次，在基于 TrPFZTLVs 的 CODAS 评价模型中，欧式距离和海明距离中参数 λ_1，λ_2 和 λ_3 的不同组合会对方案排序产生明显影响。当 $\lambda_1=1/3$，$\lambda_2=1/3$，$\lambda_3=1/3$ 时，两个距离公式中平等考虑了 TrPFZTLVs 中的作为主元的梯形模糊语言变量部分、表达不确定程度的毕达哥拉斯模糊数部分，以及表示可靠性程度的二元语义部分。当 $\lambda_1=1$，$\lambda_2=0$，$\lambda_3=0$ 时，两种距离公式中仅考虑梯形模糊语言变量部分，此时专家未度量评价时的隶属度与非隶属度，此外决策者也默认专家所给的评价值完全可信。当 $\lambda_1=1/2$，$\lambda_2=0$，$\lambda_3=1/2$ 和 $\lambda_1=1/2$，$\lambda_2=1/2$，$\lambda_3=0$ 时，这两种情况分别忽略了毕达哥拉斯模糊数和二元语义部分。以上情形中后三种所构成的数据形式，实际上是 TrPFZTLVs 的几种退化形式。由于专家认知的有限性和掌握信息的不完善性，在现实决策中往往存在一定程度的不确定性，有必要度量所给主元的隶属度和非隶属度。此外，由于专家对于不同方案、指标领域熟悉和擅长程度的差异，需要决策者对专家所给评价值进行可靠性度量。若运用 TrPFZTLVs 的退化形式进行评价，往往忽略了以上某个评价部分，得到的评价结果的参考价值也相对有限。在实际应用中，决策者可以根据决策情形，通过调节参数 λ_1，λ_2 和 λ_3 的

表 4.4 不同决策模型和参数设置下备选方案的排序结果

序号	决策模型名称	所在章节	参数设置	参数含义	方案排序
1	基于 TrPFZTLIHG 算子的评价模型	本章第二节第二部分	无	无	$A_2>A_3>A_4>A_1$
2	基于 TrPFZTLIPWG 算子的可视化评价模型	本章第三节第三部分	$k_1=0.3$，$k_2=0.4$，$k_3=0.3$	决策者态度中立	$A_2>A_4>A_3>A_1$
			$k_1=0.25$，$k_2=0.5$，$k_3=0.25$		
			$k_1=0$，$k_2=0$，$k_3=1$	决策者极其乐观	$A_4>A_2>A_3>A_1$
			$k_1=1$，$k_2=0$，$k_3=0$	决策者极其悲观	$A_2>A_3>A_4\sim A_1$
			利用得分函数排序	无	$A_2>A_4>A_3>A_1$
3	基于 TrPFZTLVs 的 CODAS 评价模型	本章第四节第二部分	$\lambda_1=1/3$，$\lambda_2=1/3$，$\lambda_3=1/3$	欧式距离和海明距离中三部分平等考虑	$A_4>A_2>A_3>A_1$
			$\lambda_1=1$，$\lambda_2=0$，$\lambda_3=0$	欧式距离和海明距离中仅考虑梯形模糊语言变量	$A_4>A_2>A_1>A_3$
			$\lambda_1=1/2$，$\lambda_2=0$，$\lambda_3=1/2$	平等考虑梯形模糊语言变量和二元语义	$A_2>A_3>A_4>A_1$
			$\lambda_1=1/2$，$\lambda_2=1/2$，$\lambda_3=0$	平等考虑梯形模糊语言变量和毕达哥拉斯模糊数	$A_4>A_2>A_1>A_3$

取值来确定 TrPFZTLVs 中三个部分的相对重要程度。在指标关系方面。在运用基于 TrPFZTLIHG 算子的建筑垃圾资源化方案评价模型时，我们假设指标是相互独立的，并且 TrPFZTLIHG 算子同时考虑了评价值本身的权重和位置权重，得到的方案排序结果为 $A_2 > A_3 > A_4 > A_1$。在第二种模型中，TrPFZTLIPWG 算子考虑了指标之间相互关联的关系，并且考虑决策者态度对于方案排序的影响。当决策者态度中立时，得到的排序结果为 $A_2 > A_4 > A_3 > A_1$。

最后，在现实意义方面。在表 4.4 中，多数情况下获得的最优选择为方案 A_2 和 A_4，最差选择为方案 A_1。对于方案二，将建筑垃圾回填用于场地平整、道路路基、洼地填充等是震后常用的一种处理方案。尤其对于严重的地震灾害，往往导致震区公路道路损毁严重，因此及时抢修公路、保障救援队伍通畅是关键。在公路等级要求不严格的情况下，可将一部分垃圾直接回填，主要是为了减少清运费用和灾后重建。另外，对于方案四，收集震后产生的建筑垃圾用于生产再生骨料，是目前建筑垃圾资源化方式中的一种非常有效的处理途径，并且已经逐步在国内推广使用。再生骨料可用于生产相应强度等级的混凝土、砂浆或制备砌块、墙板、地砖等建材制品。对于方案一，直接回收震区建筑物倒塌后的建筑材料等可用于重建工程，符合就地取材的原则，然而可能会对灾民的心理产生负面影响。此外，地震灾区往往处在地震带，居民住宅及公共建筑亟须达到较高的抗震水平，而直接回收利用的材料在耐受性和力学性能方面能否达到设计标准还有待考察。对于方案三，将建筑垃圾填埋虽然能非常高效大批量处理建筑垃圾且节约成本，但会对土壤和水质产生不良影响，长远意义上不利用灾区的重建。在实际灾后建筑垃圾处理中，四种方法往往是共同使用的。决策者可根据具体的需要来选择适当的决策模型，并通过调整相关参数进行决策，从而得到更为优化的建筑垃圾资源化处理的组合方案。

第六节　本章小结

本章中，我们首先定义了 TrPFZTLVs 及其得分与精确函数、交互运算规则和多粒度统一化方法。接着，在 TrPFZTLVs 环境下分别提出了考虑属性独立时基于 TrPFZTLIHG 算子的评价模型、考虑属性关联时基于 TrPFZTLIPWG 算子的可视化方案评价模型和权重信息不完全时基于 CODAS 的三种建筑垃圾资源化方案评价模型。在第一个模型中，在考虑属性独立的情况下，为了同时反映数据本身和数据所在位置的权重以及隶属度和非隶属度的交互作用，我们提出了 TrPFZTLIHG 算子用于信息集结，并针对集结后的综合评价值利用得分函数和精确函数确定方案排序；在第二个模型中，在考虑属性相互关联的情况下提出了 TrPFZTLIPWG 算子用于数据集结，然后利用基于 TrPFZTLVs 可能度的可视化比较方法获得方案排序。在该排序方法中，决策者可根据自身的乐观或悲观程度确定可能度公式中参数的取值，并由此得到不同态度或倾向下相应的排序结果；在第三个模型中，本章在权重信息不完全时，利用基于 TrPFZTLVs 加权规范化投影和极大熵原理建立非线性最优化模型来确定指标权重，然后利用基于 TrPFZTLVs 的 CODAS 法得到方案排序。该模型允许决策者根据决策需要，通过调整欧式距离和海明距离中三个参数来确定 TrPFZTLVs 中三个组成部分的相对重要程度。最后，本章以震后灾区建筑垃圾资源化方案的评价与选择为例，分别利用三种模型进行决策，并求得在不同参数设置下方案的排序结果。在实际应用中，从业者可以根据属性之间的关联关系的假设来选取适当模型进行评价，并设定相关参数的取值来获得切合实际的评价结果。

第五章　基于 PLt-SFNs 的建筑垃圾资源化方案多阶段评价模型

在建筑垃圾资源化方案评价中，有时需要对方案在较长时间段内的实施效果进行综合评价。若采取整个时间段的一次性评价，属性值往往无法反映方案在不同时期内较为明显的，如政策变动、技术变革和物价波动等因素导致的方案属性值的变化，致使评价过于笼统且不精细化。为此，本章拟将较长的时间区间划分为若干个连续的时间阶段，然后在各个阶段分别对备选方案进行综合评价，并将集结后得到的综合评价结果作为方案排序的依据。本章中，我们首先定义了概率语言 T 球面模糊数（PLt-SFNs），这种数据形式能够以概率分布的形式详细表达语言评价中的肯定度、犹豫度和否定度。然后，分别在固定和非固定的方案集和指标集下，提出了基于 PLt-SFNs 的建筑垃圾资源化方案多阶段评价模型。首先，提出了固定方案集与指标集下基于 PLt-SFNs 的 Shapley-Choquet 概率超越算法，并根据集结结果来确定建筑垃圾资源化方案的排序。此外，考虑到群决策中各专家所擅长的指标领域和熟悉方案的差异，专家可能仅针对各自认为必要且熟悉的方案集和指标集做出评价。为此，本章提出了非固定方案集和指标集下多属性群决策中专家权重的确定方法，然后提出概率语言 T 球面模糊交叉熵来获得方案排序。在阶段权重确定方面，引入时间度和时间熵来构建非线性规划模型从而得到阶段权重向量。最后，本章以城中村改造背景下的建筑垃圾资源化方案评价为例，分别利用以上两种模型对近十年内备选方案的实施效果进行综合评价，从而说明两种模型在实际应用中的科学性和有效性。

第一节　概率语言 T 球面模糊集及语言粒度的统一

本节中，我们提出了概率语言 T 球面模糊集（PLt-SFS）及其标准化方法、基于得分和精确函数的大小比较和多粒度 PLt-SFNs 的统一化方法。

一　概率语言 T 球面模糊集

为了同时表达支持、中立和反对三个方面的语言隶属度，Liu 等（2020）提出了语言 T 球面模糊集（Lt-SFS），规定语言隶属度、非隶属度和犹豫度三者语言术语下标的 n 次方之和不超过语言评价集合最大下标的 n 次方。下面我们基于 Lt-SFS 定义了 PLt-SFS，这种模糊集能够利用概率分布的形式详细表达语言评价值中的隶属度、犹豫度和非隶属度，有助于提高建筑垃圾资源化方案评价属性值表达的准确性。

定义 5.1　设 X 为非空集合，称 $A=\{<x, S_a(P_a(x)), S_b(P_b(x)), S_c(P_c(x))> \mid x\in X\}$ 为集合 X 上的一个概率语言 T 球面模糊集（PLt-SFS），其中，$S_a(P_a(x))=\cup_{s_{a_j}\in S_a, p_{a_j}\in P_a(x)}\{s_{a_j}(p_{a_j})\}$ 为所有可能的语言隶属度 $s_{a_j}\in S_a$ 及其相应的概率 $p_{a_j}\in P_a(x)$ 的集合；$S_b(P_b(x))=\cup_{s_{b_k}\in S_b, p_{b_k}\in P_b(x)}\{s_{b_k}(p_{b_k})\}$ 为所有可能的语言犹豫度 $s_{b_k}\in S_b$ 及其相应的概率 $p_{b_k}\in P_b(x)$ 的集合；$S_c(P_c(x))=\cup_{s_{c_t}\in S_c, p_{c_t}\in P_c(x)}\{s_{c_t}(p_{c_t})\}$ 为所有可能的语言非隶属度 $s_{c_t}\in S_c$ 及其相应的概率 $p_{c_t}\in P_c(x)$ 的集合；$s_{\pi(x)}$ 为语言拒绝隶属度，其中，$\pi(x)=\left(l^q-\sum_{j=1}^{\#s_a}a_j^q p_{a_j}-\sum_{k=1}^{\#s_b}b_k^q p_{b_k}-\sum_{t=1}^{\#sc}c_t^q p_{c_t}\right)^{1/q}$，$q\geqslant 1$。$S^{l+1}=\{s_0, s_1, \cdots, s_l\}$ 为奇数粒度$(l+1)$的语言评价集，s_{a_j}，s_{b_k}，$s_{c_t}\in S^{l+1}$，$j=1, 2, \cdots, \#s_a$，$k=1, 2, \cdots, \#s_b$，$t=1, 2, \cdots, \#s_c$，且相应概率满足 $0\leqslant p_{a_j}, p_{b_k}, p_{c_t}\leqslant 1, 0\leqslant\sum_{j=1}^{\#s_a}p_{a_j}\leqslant 1, 0\leqslant\sum_{k=1}^{\#s_b}p_{b_k}\leqslant 1, 0\leqslant\sum_{t=1}^{\#s_c}p_{c_t}\leqslant 1$，$\#s_a$，$\#s_b$ 和 $\#s_c$ 分别为 $S_a(P_a(x))$，$S_b(P_b(x))$ 和 $S_c(P_c(x))$ 中语言术语的个数。对于 $\forall x\in X$，$\sum_{j=1}^{\#s_a}a_j^q p_{a_j}+\sum_{k=1}^{\#s_b}b_k^q p_{b_k}+\sum_{t=1}^{\#sc}c_t^q p_{c_t}\leqslant l^q$，$q\geqslant 1$ 均成立。那么，集合 A 中的元素 x 称为概率语言 T 球面模糊数（PLt-SFNs），记作 $x=<S_a(P_a), S_b(P_b), S_c(P_c)>$ 或 $x=<\bigcup_{s_{a_j}\in S_a, p_{a_j}\in P_a}\{s_{a_j}(p_{a_j})\}$，$\bigcup_{s_{b_k}\in S_b, p_{b_k}\in P_b}\{s_{b_k}$

$(p_{b_k})\}$，$\bigcup_{s_{c_t}\in S_c, p_{c_t}\in P_c}\{s_{c_t}(p_{c_t})\}$>。集合 A 的补集为 $A^C=\{<x, S_c(P_c(x)), S_b(P_b(x)), S_a(P_a(x))>|x\in X\}$。当 $\#s_a=\#s_b=\#s_c=1$ 时，x 退化为语言 T 球面模糊数（Lt-SFN），记作 $\dot{x}=<s_a, s_b, s_c>$。

定义 5.2 若 $x=<S_a(P_a), S_b(P_b), S_c(P_c)>$为 PLt-SFN，其语言隶属度、语言犹豫度和语言非隶属度的概率分别满足 $0\leqslant\sum_{j=1}^{\#s_a}p_{a_j}<1$，$0\leqslant\sum_{k=1}^{\#s_b}p_{b_k}<1$，$0\leqslant\sum_{t=1}^{\#s_c}p_{c_t}<1$ 且 $0\leqslant p_{a_j}, p_{b_k}, p_{c_t}\leqslant1$。那么，$x$ 标准化后得到 $\hat{x}=<S_a(\hat{P}_a), S_b(\hat{P}_b), S_c(\hat{P}_c)>=<\bigcup_{s_{a_j}\in S_a, \hat{p}_{a_j}\in\hat{P}_a}\{s_{a_j}(\hat{p}_{a_j})\}, \bigcup_{s_{b_k}\in S_b, \hat{p}_{b_k}\in\hat{P}_b}\{s_{b_k}(\hat{p}_{b_k})\}, \bigcup_{s_{c_t}\in S_c, \hat{p}_{c_t}\in\hat{P}_c}\{s_{c_t}(\hat{p}_{c_t})\}>$，其中，$\hat{p}_{a_j}=p_{a_j}/\sum_{j=1}^{\#s_a}p_{a_j}$，$\hat{p}_{b_k}=p_{b_k}/\sum_{k=1}^{\#s_b}p_{b_k}$，$\hat{p}_{c_t}=p_{c_t}/\sum_{t=1}^{\#s_c}p_{c_t}$。

定义 5.3 若 $x=<S_a(P_a), S_b(P_b), S_c(P_c)>$为一个标准化的 PLt-SFN，且 $s_{a_j}, s_{b_k}, s_{c_t}\in S^{l+1}$，$j=1, 2, \cdots, \#s_a$，$k=1, 2, \cdots, \#s_b$，$t=1, 2, \cdots, \#s_c$，$S^{l+1}=\{s_0, s_1, \cdots, s_l\}$，那么，$x$ 的得分函数 $S_{Ls(x)}$ 和精确函数 $S_{Lh(x)}$ 的下标分别为：

$$Ls(x)=\left(\frac{l^q+\sum_{j=1}^{\#s_a}a_j^q p_{a_j}-\sum_{t=1}^{\#sc}c_t^q p_{c_t}}{2}\right)^{1/q},\quad q\geqslant1 \tag{5.1}$$

$$Lh(x)=\left(\sum_{j=1}^{\#s_a}a_j^q p_{a_j}+\sum_{k=1}^{\#s_b}b_k^q p_{b_k}+\sum_{t=1}^{\#sc}c_t^q p_{c_t}\right)^{1/q},\quad q\geqslant1 \tag{5.2}$$

当 PLt-SFNs 退化为 $\dot{x}=<s_a, s_b, s_c>$时，其得分函数和精确函数分别为 $S_{Ls(\dot{x})}=S_{\left(\frac{l^q+a^q-c^q}{2}\right)^{1/q}}$ 和 $S_{Lh(\dot{x})}=S_{(a^q+b^q+c^q)^{1/q}}$。

定义 5.4 若 $x_1=<S_{a1}(P_{a1}), S_{b1}(P_{b1}), S_{c1}(P_{c1})>$和 $x_2=<S_{a2}(P_{a2}), S_{b2}(P_{b2}), S_{c2}(P_{c2})>$为两个标准化后的 PLt-SFNs，且二者的语言术语基于 $S^{l+1}=\{s_0, s_1, \cdots, s_l\}$，那么：

（1）若 $S_{Ls(x_1)}>S_{Ls(x_2)}$，$x_1>x_2$。

（2）若 $S_{Ls(x_1)}=S_{Ls(x_2)}$，

当 $S_{Lh(x_1)}>S_{Lh(x_2)}$ 时，$x_1>x_2$；

当 $S_{Lh(x_1)}=S_{Lh(x_2)}$ 时，$x_1=x_2$。

定义 5.5 若 $x_1=<S_{a1}(P_{a1}), S_{b1}(P_{b1}), S_{c1}(P_{c1})>$和 $x_2=<S_{a2}(P_{a2}), S_{b2}(P_{b2}), S_{c2}(P_{c2})>$为任意两个标准化后的 PLt-SFNs，且二者的语言术语

基于 $S^{l+1}=\{s_0, s_1, \cdots, s_l\}$。那么，$x_1$ 和 x_2 之间的海明距离 $d_H(x_1, x_2)$为：

$$d_H(x_1, x_2)=\frac{1}{2l^q}(|A_{x_1}-A_{x_2}|+|B_{x_1}-B_{x_2}|+|C_{x_1}-C_{x_2}|),\ q\geqslant 1 \quad (5.3)$$

其中，$A_{x_1}=\sum_{j_1=1}^{\#s_{a_1}}(a_{j_1})^q p_{a_{j_1}}$，$A_{x_2}=\sum_{j_2=1}^{\#s_{a_2}}(a_{j_2})^q p_{a_{j_2}}$，$B_{x_1}=\sum_{k_1=1}^{\#s_{b_1}}(b_{k_1})^q p_{a_{k_1}}$，$B_{x_2}=\sum_{k_2=1}^{\#s_{b_2}}(b_{k_2})^q p_{a_{k_2}}$，$C_{x_1}=\sum_{t_1=1}^{\#s_{c_1}}(c_{t_1})^q p_{c_{t_1}}$，$C_{x_2}=\sum_{t_2=1}^{\#s_{c_2}}(c_{t_2})^q p_{c_{t_2}}$。

定理 5.1　若 $x_1=<S_{a1}(P_{a1}), S_{b1}(P_{b1}), S_{c1}(P_{c1})>$，$x_2=<S_{a2}(P_{a2}), S_{b2}(P_{b2}), S_{c2}(P_{c2})>$和 $x_3=<S_{a3}(P_{a3}), S_{b3}(P_{b3}), S_{c3}(P_{c3})>$为任意三个标准化后的 PLt-SFNs，且语言术语基于 $S^{l+1}=\{s_0, s_1, \cdots, s_l\}$。那么，$x_1$ 和 x_2 的海明距离 $d_H(x_1, x_2)$满足：

（1）$0\leqslant d_H(x_1, x_2)\leqslant 1$；

（2）$d_H(x_1, x_2)=0$，当且仅当 $x_1=x_2$；

（3）$d_H(x_1, x_2)=d_H(x_2, x_1)$；

（4）$d_H(x_1, x_2)+d_H(x_2, x_3)\geqslant d_H(x_1, x_3)$。

证明：容易证明，条件（2）和条件（3）成立。条件（4）可由绝对值不等式得到，证明过程略。条件（1）的证明如下：当 $A_{x_1}=A_{x_2}$，$B_{x_1}=B_{x_2}$，$C_{x_1}=C_{x_2}$ 时，式(5.3)取最小值，此时 $d_H(x_1, x_2)=0$；当满足 $A_{x_1}=B_{x_2}=l^q$，$A_{x_2}=B_{x_1}=l^q$，$A_{x_1}=C_{x_2}=l^q$，$A_{x_2}=C_{x_1}=l^q$，$B_{x_1}=C_{x_2}=l^q$，$B_{x_2}=C_{x_1}=l^q$ 中任意一个等式时，可取最大值 $d_H(x_1, x_2)=1$。

二　PLt-SFNs 中语言粒度的统一

当专家利用不同语言评价集下的 PLt-SFNs 作出评价时，数据往往难以直接比较或者集结。因此，需对多粒度 PLt-SFNs 进行统一化处理。受 Ju 等（2020）和 Zhang 等（2017）的启发，下面我们给出多语言粒度 PLt-SFNs 的统一方法。

假设评价值 γ^{g_l+1} 为奇数粒度(g_l+1)的语言评价集 $S^{g_l+1}=\{s_0^{g_l+1}, s_1^{g_l+1}, \cdots, s_{g_l}^{g_l+1}\}$上标准化后的 PLt-SFNs，为了实现多粒度评价值的统一，需将 γ^{g_l+1} 转化目标语言评价集 S^{g+1} 下的对应值 γ^{g+1}，其中，$S^{g+1}=\{s_0^{g+1}, s_1^{g+1}, \cdots, s_g^{g+1}\}$为奇数粒度($g+1$)的语言评价集，具体步骤如下：

步骤 1　将 γ^{g_l+1} 中三部分分别看作语义分布评估，记为 $\gamma^{g_l+1}=<r^{g_l+1}$，

$\dot{r}^{g_l+1}$，$\ddot{r}^{g_l+1}$>，其中，语言隶属度部分为 $r^{g_l+1}=\{(s_k^{g_l+1},\ p_k^{g_l+1})\mid k=0,\ 1,\ \cdots,\ g_l\}$，语言犹豫度部分为 $\dot{r}^{g_l+1}=\{(s_k^{g_l+1},\ \dot{p}_k^{g_l+1})\mid k=0,\ 1,\ \cdots,\ g_l\}$，语言非隶属度部分为 $\ddot{r}^{g_l+1}=\{(s_k^{g_l+1},\ \ddot{p}_k^{g_l+1})\mid k=0,\ 1,\ \cdots,\ g_l\}$。

步骤 2 建立粒度为(g^*+1)的语言评价集 $S^{g^*+1}=\{s_0^{g^*+1},\ s_1^{g^*+1},\ \cdots,\ s_{g^*}^{g^*+1}\}$，其中，$g^*=LCM(g,\ g_l)$为 g 和 g_l 的最小公倍数。

步骤 3 利用式（5.4）将S^{g_l+1} 下的隶属度部分 $r^{g_l+1}=\{(s_k^{g_l+1},\ p_k^{g_l+1})\mid k=0,\ 1,\ \cdots,\ g_l\}$转化为新语言评价集 S^{g^*+1} 下的对应值：

$$r^{g^*+1}=\{(s_{\tau(k)}^{g^*+1},\ p_{\tau(k)}^{g^*+1})\mid \tau(k)=kg^*/g_l,\ p_{\tau(k)}^{g^*+1}=p_k^{g^*+1},\ k=1,\ 2,\ \cdots,\ g_l\} \tag{5.4}$$

步骤 4 利用式（5.5）将新语言评价集 S^{g^*+1} 下的 $s_{\tau(k)}^{g^*+1}$转化为目标语言评价集 S^{g+1} 下的对应值：

$$r_{\tau(k)}^{g+1}=\{(s_\sigma^{g+1},\ p_\sigma^{g+1}),\ (s_{\sigma+1}^{g+1},\ p_{\sigma+1}^{g+1})\mid \sigma=[\varepsilon],\ \varepsilon=\tau(k)\times g/g^*,\ p_\sigma^{g+1}=1-(\varepsilon-\sigma),\ p_{\sigma+1}^{g+1}=\varepsilon-\sigma\} \tag{5.5}$$

其中，$\sigma=[\varepsilon]$表示 σ 为 $\varepsilon=\tau(k)\times g/g^*$ 的整数部分。

步骤 5 利用式（5.6）将基于语言评价集 S^{g_l+1} 的语言隶属度部分 $r^{g_l+1}=\{(s_k^{g_l+1},\ p_k^{g_l+1})\mid k=0,\ 1,\ \cdots,\ g_l\}$转化为目标语言评价集 S^{g+1} 下的对应值：

$$\begin{aligned} r^{g+1}&=\{(s_k^{g+1},\ p_k^{g+1})\mid k=0,\ 1,\ \cdots,\ g\}\\ &=r_{\tau(1)}^{g+1}\times p_{\tau(1)}^{g^*+1}+r_{\tau(2)}^{g+1}\times p_{\tau(2)}^{g^*+1}+\cdots+r_{\tau(g_l)}^{g+1}\times p_{\tau(g_l)}^{g^*+1} \end{aligned} \tag{5.6}$$

其中，$p_{\tau(\eta)}^{g^*+1}=p_\eta^{g_l+1}$，$\eta=0,\ 1,\ \cdots,\ g_l$。

由此，γ^{g_l+1} 中语言隶属度部分 r^{g_l+1} 统一转化为 S^{g+1} 下的对应值 r^{g+1}。

步骤 6 类似地，γ^{g_l+1} 中语言犹豫度部分 $\dot{r}^{g_l+1}$ 和语言非隶属度部分 $\ddot{r}^{g_l+1}$ 转化后分别得到 $\dot{r}^{g+1}$ 和 $\ddot{r}^{g+1}$。由此，将 $\gamma^{g_l+1}=<r^{g_l+1},\ \dot{r}^{g_l+1},\ \ddot{r}^{g_l+1}>$统一转化为目标语言评价集 S^{g+1} 下的评价值 $\gamma^{g+1}=<r^{g+1},\ \dot{r}^{g+1},\ \ddot{r}^{g+1}>$。

例 5.1 若 $\gamma^5=<\{s_2(0.25),\ s_3(0.75)\},\ \{s_0(0.75),\ s_1(0.25)\},\ \{s_1(1)\}>$为基于 $S^5=\{s_0^5,\ s_1^5,\ \cdots,\ s_4^5\}$的一个 PLt-SFN，下面将 γ^5 转化为目标语言评价集 $S^7=\{s_0^7,\ s_1^7,\ \cdots,\ s_6^7\}$下的对应评价值 γ^7。γ^5 和 γ^7 对应的语言粒度分别为$(g_l+1)=5$ 和$(g+1)=7$，则新语言评价集 S^{g^*+1} 的粒度为$(g^*+1)=LCM(4,\ 6)+1=13$。首先，利用式(5.4)将 γ^5 转化为 S^{13} 下

的评价值 $\gamma^{13}=<\{(s_6^{13},\ 0.25),\ (s_9^{13},\ 0.75)\},\ \{(s_0^{13},\ 0.75),\ (s_3^{13},\ 0.25)\},\ \{(s_3^{13},\ 1)\}>$。然后，利用式(5.5)将 γ^{13} 的语言隶属度转化为 $r_6^7=\{(s_3^7,\ 1),\ (s_4^7,\ 0)\}$，$r_9^7=\{(s_4^7,\ 0.5),\ (s_5^7,\ 0.5)\}$，将语言犹豫度转化为 $\dot{r}_0^7=\{(s_0^7,\ 1),\ (s_1^7,\ 0)\}$，$\dot{r}_3^7=\{(s_1^7,\ 0.5),\ (s_2^7,\ 0.5)\}$，将语言非隶属度转化为 $\ddot{r}_3^7=\{(s_1^7,\ 0.5),\ (s_2^7,\ 0.5)\}$。接着，利用式(5.6)得到目标语言评价集 S^7 下的三部分分别为 $r^7=0.25r_6^7+0.75r_9^7=\{(s_3^7,\ 0.25),\ (s_4^7,\ 0.375),\ (s_5^7,\ 0.375)\}$，$\dot{r}^7=\{(s_0^7,\ 0.75),\ (s_1^7,\ 0.125),\ (s_2^7,\ 0.125)\}$ 和 $\ddot{r}^7=\{(s_1^7,\ 0.5),\ (s_2^7,\ 0.5)\}$。由此，$\gamma^5$ 转化为目标语言评价集 S^7 下的对应评价值：$\gamma^7=<\{(s_3^7,\ 0.25),\ (s_4^7,\ 0.375),\ (s_5^7,\ 0.375)\},\ \{(s_0^7,\ 0.75),\ (s_1^7,\ 0.125),\ (s_2^7,\ 0.125)\},\ \{(s_1^7,\ 0.5),\ (s_2^7,\ 0.5)\}>$。

第二节　固定方案集和指标集下建筑垃圾资源化方案多阶段评价模型

本节提出了在方案集和指标集固定时基于 PLt-SFNs 的建筑垃圾资源化方案多阶段评价模型，并将其应用于城中村改造背景下的建筑垃圾资源化方案多阶段评价与选择问题。该模型主要包括阶段权重的确定、指标最优模糊测度的确定和基于 PLt-SFNs 的 Shapley-Choquet 概率超越算法的信息集成三个部分。

一　基于时间度和时间熵的阶段权重的确定

为了对建筑垃圾资源化方案在较长时间段内的实施效果进行综合评价，以反映方案在不同阶段实施效果的差异，本节将评价的时间区间划分为若干个连续的时间阶段。在时间段划分时，可以采取等时间段平均分割或将属性值无明显差异的时间区间作为一个时间段，由此可将评价时间范围分割为 v 个阶段。然后，按照由远及近的时间顺序赋予第 k 个阶段以权重 $\vartheta_k(k=1,\ 2,\ \cdots,\ v)$，且 $\sum_{k=1}^{v}\vartheta_k=1$，$0\leqslant\vartheta_k\leqslant1$，$k=1,\ 2,\ \cdots,\ v$。为了体现决策者对于近期及远期数据不同的重视程度，可利用主观确定的时间度 ρ 对阶段权重 $\vartheta_k(k=1,\ 2,\ \cdots,\ v)$ 进行约束，且二者关系表示为$\rho = \sum_{k=1}^{v}(v-k)\vartheta_k/(v-1)$，其中，$v$为划分后的时间段的数量。$\rho$越接近1，表明决策者越注重远期数据；$\rho$越接近0，表明决策者越注重近期数据；$\rho$等于0.5，表明决策者对各个阶段同样重视。时间度$\rho$的常用标度如表5.1所示。下面基于时间度和时间熵来描述各阶段的权重差异，通过构建如下模型来求解阶段的权重（徐选华、刘尚龙，2020）：

表5.1　　时间度的常用标度

ρ的赋值	说明
0.1	极端重视近期数据
0.3	比较重视近期数据
0.5	同等重视各阶段数据
0.7	比较重视远期数据
0.9	极端重视远期数据
0.2，0.4，0.6，0.8	对应以上相邻判断的中间情况

$$(M-5.1)\begin{cases} \max z = -\sum_{k=1}^{v}\vartheta_k \ln \vartheta_k \\ s.t.\rho = \sum_{k=1}^{v}\frac{v-k}{v-1}\vartheta_k \\ \sum_{k=1}^{v}\vartheta_k = 1,\ 0 \leqslant \vartheta_k \leqslant 1,\ k=1,2,\cdots,v \end{cases} \tag{5.7}$$

其中，ρ为时间度，ϑ_k（$k=1,2,\cdots,v$）为第k个阶段的权重，v为时间段的数量。

通过求解模型（$M-5.1$）可得阶段权重向量$\vartheta=(\vartheta_1,\vartheta_2,\cdots,\vartheta_v)^T$。在实际应用中，有时为了放大某些关键时期内的属性值的重要性或缩小例外情况下属性值的重要性，可以对某些阶段权重的取值范围或大小关系进行限定，由此式（5.7）可转化为阶段权重信息不完全时的非线性规划模型。此外，由于专家主观决定了对近期与远期数据的相对重视程度，我们也可将以上权重视为主观阶段权重向量。

二　基于PLt-SFNs的Shapley-Choquet概率超越算法

在评价信息集结过程中，当评价值为标量值或实数时，容易获得排序并借助Choquet积分集结得到方案的综合评价值。然而，当评价值为复杂的对象，如以概率分布表示的数据时，利用 Choquet 积分排序并集结信息可能会造成一些困难。为此，Yager 和 Alajlan（2018）在 Choquet 积分基础上提出了概率超越算法对概率分布形式的评价值进行集结。本节我们提出了 PLt-SFNs 环境下基于 Shapley-Choquet 的概率超越算法，并将其应用于建筑垃圾资源化方案评价的信息集结中。

假设建筑垃圾资源化方案 $A_i(i=1, 2, \cdots, m)$ 针对指标 $C_j(j=1, 2, \cdots, n)$ 的评价矩阵为 $R=(\gamma_{ij})_{m\times n}$，其中，$\gamma_{ij}=<S_a^{ij}(P_a^{ij}), S_b^{ij}(P_b^{ij}), S_c^{ij}(P_c^{ij})>$ 为基于 $S^{l+1}=\{s_0, s_1, \cdots, s_l\}$ 的标准化后的 PLt-SFNs。我们给出基于 PLt-SFNs 的概率超越算法，具体步骤如下。

步骤 1　将 $\gamma_{ij}=<S_a^{ij}(P_a^{ij}), S_b^{ij}(P_b^{ij}), S_c^{ij}(P_c^{ij})>$ 的三部分分别记为 $\{(s_t, p_t^{ij}) \mid t=0, 1, \cdots, l\}$，$\{(s_t, \dot{p}_t^{ij}) \mid t=0, 1, \cdots, l\}$ 和 $\{(s_t, \ddot{p}_t^{ij}) \mid t=0, 1, \cdots, l\}$，其中，$p_t^{ij}$，$\dot{p}_t^{ij}$ 和 $\ddot{p}_t^{ij}$ 分别表示 γ_{ij} 的隶属度、犹豫度和非隶属度符合语言标度 $s_t(t=0, 1, \cdots, l)$ 的程度，且 $\sum_{t=0}^{l} p_t^{ij}=1$，$\sum_{t=0}^{l} \dot{p}_t^{ij}=1$，$\sum_{t=0}^{l} \ddot{p}_t^{ij}=1$，$s_t \in S^{l+1}$。接着，分别列出方案 $A_i(i=1, 2, \cdots, m)$ 的评价值向量 $\gamma_i(i=1, 2, \cdots, m)$ 在各项指标 $C_j(j=1, 2, \cdots, n)$ 下三个部分对应的语言概率分布，如表 5.2 所示。

表 5.2　　**向量 γ_i 中三部分的概率分布**

C_j	$S_a^{ij}(P_a^{ij})$				$S_b^{ij}(P_b^{ij})$				$S_c^{ij}(P_c^{ij})$			
	s_l	s_{l-1}	…	s_0	s_l	s_{l-1}	…	s_0	s_l	s_{l-1}	…	s_0
C_1	p_l^{i1}	p_{l-1}^{i1}	…	p_0^{i1}	$\dot{p}_l^{i1}$	$\dot{p}_{l-1}^{i1}$	…	$\dot{p}_0^{i1}$	$\ddot{p}_l^{i1}$	$\ddot{p}_{l-1}^{i1}$	…	$\ddot{p}_0^{i1}$
C_2	p_l^{i2}	p_{l-1}^{i2}	…	p_0^{i2}	$\dot{p}_l^{i2}$	$\dot{p}_{l-1}^{i2}$	…	$\dot{p}_0^{i2}$	$\ddot{p}_l^{i2}$	$\ddot{p}_{l-1}^{i2}$	…	$\ddot{p}_0^{i2}$
…	…	…	…	…	…	…	…	…	…	…	…	…
C_n	p_l^{in}	p_{l-1}^{in}	…	p_0^{in}	$\dot{p}_l^{in}$	$\dot{p}_{l-1}^{in}$	…	$\dot{p}_0^{in}$	$\ddot{p}_l^{in}$	$\ddot{p}_{l-1}^{in}$	…	$\ddot{p}_0^{in}$

步骤 2　利用式（5.8）得到向量 $\gamma_i(i=1, 2, \cdots, m)$ 中隶属度的超越分布函数（Zhang et al.，2016）：

$$EDF_{ij}^{a}=[EDF_{ij}^{a}(0), EDF_{ij}^{a}(1), \cdots, EDF_{ij}^{a}(l)] \tag{5.8}$$

其中，$EDF_{ij}^{a}(t)$ 为评价值 γ_{ij} 的隶属度符合语言标度区间 $[s_t, s_l]$ $(t=0, 1, \cdots, l)$ 的概率，且 $EDF_{ij}^{a}(t)=\sum_{k=t}^{l} p_k^{ij}$，$t=0, 1, \cdots, l$，$EDF_{ij}^{a}(l)=p_l^{ij}$，

$EDF_{ij}^{a}(0)=1$。

类似地，可由 $EDF_{ij}^{b}(t)=\sum_{k=t}^{l}\dot{p}_{k}^{ij}$ 求得向量 $\gamma_i(i=1, 2, \cdots, m)$ 中犹豫度的超越分布函数 $EDF_{ij}^{b}=[EDF_{ij}^{b}(0), EDF_{ij}^{b}(1), \cdots, EDF_{ij}^{b}(l)]$；由 $EDF_{ij}^{c}(t)=\sum_{k=t}^{l}\ddot{p}_{k}^{ij}$ 求得非隶属度的超越分布函数 $EDF_{ij}^{c}=[EDF_{ij}^{c}(0), EDF_{ij}^{c}(1), \cdots, EDF_{ij}^{c}(l)]$。

步骤 3 对于向量 $\gamma_i(i=1, 2, \cdots, m)$ 的隶属度部分，将标度 $s_t(t=0, 1, \cdots, l)$ 下的 $EDF_{ij}^{a}(t)(j=1, 2, \cdots, n)$ 按照从大到小排序，并将第 $u(u=1, 2, \cdots, n)$ 大的 $EDF_{ij}^{a}(t)$ 记为 $EDF(C_{ij}^{t}(u))$，其对应的指标记为 $C_{ij}^{t}(u)$。此外，将排在前 u 个指标 $C_{ij}^{t}(u)$ 组成的集合记为 $\mathbb{C}_{ij}^{t}(u)=\{C_{ij}^{t}(1), C_{ij}^{t}(2), \cdots, C_{ij}^{t}(u)\}$。类似地，可得犹豫度部分对应的 $EDF(\dot{C}_{ij}^{t}(u))$、指标 $\dot{C}_{ij}^{t}(u)$ 和集合 $\dot{\mathbb{C}}_{ij}^{t}(u)$，以及非隶属度部分的 $EDF(\ddot{C}_{ij}^{t}(u))$、指标 $\ddot{C}_{ij}^{t}(u)$ 和集合 $\ddot{\mathbb{C}}_{ij}^{t}(u)$。

步骤 4 对于向量 $\gamma_i(i=1, 2, \cdots, m)$ 的隶属度部分，利用式(5.9)确定标度 $s_t(t=0, 1, \cdots, l)$ 下排序第 $u(u=1, 2, \cdots, n)$ 个指标 $C_{ij}^{t}(u)$ 的权重：

$$\upsilon_{ij}^{t}(u)=\mu(\mathbb{C}_{ij}^{t}(u))-\mu(\mathbb{C}_{ij}^{t}(u-1)),\ u=1, 2, \cdots, n \tag{5.9}$$

其中，$\mu(\mathbb{C}_{ij}^{t}(u))$ 和 $\mu(\mathbb{C}_{ij}^{t}(u-1))$ 分别为指标集 $\mathbb{C}_{ij}^{t}(u)$ 和 $\mathbb{C}_{ij}^{t}(u-1)$ 的最优模糊测度，可利用 Shapley 值建立最优模糊测度模型来求得。

类似地，可得标度 $s_t(t=0, 1, \cdots, l)$ 下第 $u(u=1, 2, \cdots, n)$ 个指标 $\dot{C}_{ij}^{t}(u)$ 所对应的权重 $\dot{\upsilon}_{ij}^{t}(u)$，和非隶属度部分排序第 $u(u=1, 2, \cdots, n)$ 个指标 $\ddot{C}_{ij}^{t}(u)$ 的权重 $\ddot{\upsilon}_{ij}^{t}(u)$。

步骤 5 利用式（5.10）对向量 $\gamma_i(i=1, 2, \cdots, m)$ 的隶属度部分在语言标度 $s_t(t=0, 1, \cdots, l)$ 下的评价信息集结，得到各指标 $C_j(j=1, 2, \cdots, n)$ 下的累加综合值：

$$B_{i}^{t}=\sum_{j=1}^{n}\upsilon_{ij}^{t}(u)\cdot EDF(C_{ij}^{t}(u)) \tag{5.10}$$

其中，$\upsilon_{ij}^{t}(u)$ 为指标 $C_{ij}^{t}(u)$ 的权重，$EDF(C_{ij}^{t}(u))$ 指标 $C_{ij}^{t}(u)$ 对应的超越分布值。

类似地，可分别由 $\dot{B}_{i}^{t}=\sum_{j=1}^{n}\dot{\upsilon}_{ij}^{t}(u)\cdot EDF(\dot{C}_{ij}^{t}(u))$ 和 $\ddot{B}_{i}^{t}=\sum_{j=1}^{n}\ddot{\upsilon}_{ij}^{t}$

$(u)\cdot EDF(\ddot{C}_{ij}^t(u))$得到向量$\gamma_i(i=1, 2, \cdots, m)$的犹豫度和非隶属度部分在语言标度$s_t(t=0, 1, \cdots, l)$下的累加综合值。

步骤 6　利用式（5.11）计算向量$\gamma_i(i=1, 2, \cdots, m)$的隶属度部分在语言标度$s_t(t=0, 1, \cdots, l)$下的综合值：

$$\Im_i^t=B_i^{t+1}-B_i^t,\ t=0, 1, \cdots, l \tag{5.11}$$

其中，B_i^t为方案$A_i(i=1, 2, \cdots, m)$的隶属度部分在标度$s_t(t=0, 1, \cdots, l)$下的累加综合值，且$B_i^0=0$。

类似地，分别由$\dot{\Im}_i^t=\dot{B}_i^t-\dot{B}_i^{t+1}$和$\ddot{\Im}_i^t=\ddot{B}_i^t-\ddot{B}_i^{t+1}$得到犹豫度和非隶属度中语言标度$s_t(t=0, 1, \cdots, l)$下的综合值。

步骤 7　通过集结得到向量$\gamma_i(i=1, 2, \cdots, m)$中隶属度部分的综合期望值为$s_{EV_i^a}$，其中：

$$EV_i^a=\sum_{t=0}^{l}t\Im_i^t,\ i=1, 2, \cdots, m \tag{5.12}$$

其中，$\Im_i^t(i=1, 2, \cdots, m)$为向量$\gamma_i$的隶属度部分在$s_t(t=0, 1, \cdots, l)$下的综合值。

类似地，可得向量$\gamma_i(i=1, 2, \cdots, m)$中的犹豫度和非隶属度的综合期望值分别为$s_{EV_i^b}$和$s_{EV_i^c}$，其中，$EV_i^b=\sum_{t=0}^{l}t\dot{\Im}_i^t$，$EV_i^c=\sum_{t=0}^{l}t\ddot{\Im}_i^t$。由此，得到方案$A_i(i=1, 2, \cdots, m)$的综合评价值为$\dot{\gamma}_i=<s_{EV_i^a}, s_{EV_i^b}, s_{EV_i^c}>$。

三　固定方案集和指标集下方案多阶段评价模型

现需对建筑垃圾资源化方案$A_i(i=1, 2, \cdots, m)$在较长时间段内的实施效果进行综合评价，为此，将总评价时间段划分为v个阶段分别进行评价。专家利用 Lt-SFNs 给出的方案$A_i(i=1, 2, \cdots, m)$在第$k(k=1, 2, \cdots, v)$个阶段针对指标$C_j(j=1, 2, \cdots, n)$的评价值，记作$x_{ij}^k=<s_{a_{ij}^k}, s_{b_{ij}^k}, s_{c_{ij}^k}>$，其中，$s_{a_{ij}^k}, s_{b_{ij}^k}, s_{c_{ij}^k}\in S^{l_j+1}$，$S^{l_j+1}=\{s_0, s_1, \cdots, s_{l_j}\}$为奇数粒度$(l_j+1)$的语言评价集，$j=1, 2, \cdots, n$，由此构成了初始评价矩阵$X^k=(x_{ij}^k)_{m\times n}$，$k=1, 2, \cdots, v$。已知$U_{C_j}$为指标$C_j$的权重$\omega_j(j=1, 2, \cdots, n)$的取值范围，下面我们提出固定方案集和指标集下基于 PLt-SFNs 的建筑垃圾资源化方案多阶段评价模型，主要包括：①利用时间度和时间熵来确定阶段权重，从而集结得到基于 PLt-SFNs 的总阶段评价矩阵；②对不同粒度下的 PLt-SFNs 进行统一；③基于 TOPSIS 法和 Shapley 值法建立最

优化模型，从而确定指标的最优模糊测度；④利用概率超越算法集结得到备选方案的综合评价值，并获得备选方案的排序。该评价模型的具体步骤如下。

步骤 1　基于时间度和时间熵建立非线性最优化模型，利用式（5.7）确定阶段权重向量 $\vartheta=(\vartheta_1, \vartheta_2, \cdots, \vartheta_v)^T$。

步骤 2　基于阶段权重向量 $\vartheta=(\vartheta_1, \vartheta_2, \cdots, \vartheta_v)^T$，将初始评价矩阵 $X^k=(x_{ij}^k)_{m\times n}$ 进行集结得到整个时间段的评价矩阵 $X=(x_{ij})_{m\times n}$，其中，$x_{ij}=<S_a^{ij}(P_a^{ij}), S_b^{ij}(P_b^{ij}), S_c^{ij}(P_c^{ij})>$为 *PLt-SFNs*，且 $S_a^{ij}(P_a^{ij})=\{(s_t, p_t^{ij}) \mid t=0, 1, \cdots, l\}$，$S_b^{ij}(P_b^{ij})=\{(s_t, \dot{p}_t^{ij}) \mid t=0, 1, \cdots, l\}$，$S_c^{ij}(P_c^{ij})=\{(s_t, \ddot{p}_t^{ij}) \mid t=0, 1, \cdots, l\}$，其中，$p_t^{ij}=\sum_{k\in K_{ij}^t}\vartheta_k$，$\dot{p}_t^{ij}=\sum_{k\in \dot{K}_{ij}^t}\vartheta_k$，$\ddot{p}_t^{ij}=\sum_{k\in \ddot{K}_{ij}^t}\vartheta_k$，$K_{ij}^t=\{k \mid a_{ij}^k=t\}$，$\dot{K}_{ij}^t=\{k \mid b_{ij}^k=t\}$，$\ddot{K}_{ij}^t=\{k \mid c_{ij}^k=t\}$。

步骤 3　利用式（5.13）将矩阵 $X=(x_{ij})_{m\times n}$ 中元素 x_{ij} 标准化为 x_{ij}^N：

$$x_{ij}^N=\begin{cases}<S_a^{ij}(P_a^{ij}), S_b^{ij}(P_b^{ij}), S_c^{ij}(P_c^{ij})>, & \text{若 } C_j \text{ 为效益型指标} \\ <S_c^{ij}(P_c^{ij}), S_b^{ij}(P_b^{ij}), S_a^{ij}(P_a^{ij})>, & \text{若 } C_j \text{ 为成本型指标}\end{cases} \tag{5.13}$$

由此，可得标准化后的矩阵 $X^N=(x_{ij}^N)_{m\times n}$。

步骤 4　利用本章第一节第二部分所提出的多粒度 PLt-SFNs 的统一化方法，将矩阵 $X^N=(x_{ij}^N)_{m\times n}$ 中不同粒度下的评价值转化为目标语言评价集 S^{l+1} 下的对应值，由此得到粒度统一后的评价矩阵 $R=(\gamma_{ij})_{m\times n}$。

步骤 5　基于矩阵 $R=(\gamma_{ij})_{m\times n}$ 确定指标 $C_j(j=1, 2, \cdots, n)$下的正理想解 $\gamma_j^+(j=1, 2, \cdots, n)$ 和负理想解 $\gamma_j^-(j=1, 2, \cdots, n)$，其中，$S(\gamma_j^+)=\max\{S(\gamma_{1j}), S(\gamma_{2j}), \cdots, S(\gamma_{mj})\}$，$S(\gamma_j^-)=\min\{S(\gamma_{1j}), S(\gamma_{2j}), \cdots, S(\gamma_{mj})\}$，$j=1, 2, \cdots, n$。

步骤 6　利用式（5.3）计算评价值 γ_{ij} 与正理想解 $\gamma_j^+(j=1, 2, \cdots, n)$之间的距离 $d_H(\gamma_{ij}, \gamma_j^+)$，及 γ_{ij} 与负理想解 $\gamma_j^-(j=1, 2, \cdots, n)$之间的距离 $d_H(\gamma_{ij}, \gamma_j^-)$。然后，利用式（5.14）可得矩阵 $R=(\gamma_{ij})_{m\times n}$ 中元素 γ_{ij} 的相对贴近度，为：

$$r_{ij}^c=\frac{d_H(\gamma_{ij}, \gamma_j^-)}{d_H(\gamma_{ij}, \gamma_j^+)+d_H(\gamma_{ij}, \gamma_j^-)}, \ i=1, 2, \cdots, m, \ j=1, 2, \cdots, n \tag{5.14}$$

由此，可得矩阵 $R=(\gamma_{ij})_{m\times n}$ 对应的相对贴近度矩阵 $R^c=(r_{ij}^c)_{m\times n}$。

步骤 7 在评价指标的权重 $\omega_j(j=1, 2, \cdots, n)$ 部分已知时，可建立如下指标集 $N=\{C_1, C_2, \cdots, C_n\}$ 上的最优模糊测度模型：

$$(M-5.2)\begin{cases}\max z' = \sum_{i=1}^{m}\sum_{j=1}^{n} r_{ij}^{c}\varphi_{C_j}^{Sh}(\mu, N) \\ \text{s.t. } \mu(N)=1 \\ \quad \mu(S) \leqslant \mu(T), \ \forall S, T \subseteq N, S \subseteq T \\ \quad \mu(C_j) \in U_{C_j}, \mu(C_j) \geqslant 0, \ \forall C_j \in \mathbf{N}\end{cases} \tag{5.15}$$

其中，U_{C_j} 为指标 $C_j(j=1, 2, \cdots, n)$ 的权重 $\omega_j(j=1, 2, \cdots, n)$ 的取值范围，μ 为 N 上的模糊测度。r_{ij}^{c} 为矩阵 $R=(\gamma_{ij})_{m\times n}$ 中元素 γ_{ij} 的相对贴近度。指标 C_j 的 Shapley 值 $\varphi_{C_j}^{Sh}(\mu, N)$ 可由下式求得：

$$\varphi_{C_j}^{Sh}(\mu, N)= \sum_{T\subseteq N\setminus C_j}\frac{(n-1-t)!\ t!}{n!}(\mu(C_j\cup T)-\mu(T)),\ j=1, 2, \cdots, n \tag{5.16}$$

其中，μ 为 $N=\{C_1, C_2, \cdots, C_n\}$ 上的模糊测度，s 和 n 分别为 S 和 N 的势指标。

通过求解模型（M-5.2）可得指标集 $N=\{C_1, C_2, \cdots, C_n\}$ 中所有子集的最优模糊测度。

步骤 8 基于矩阵 $R=(\gamma_{ij})_{m\times n}$，利用本章第二节第二部分中基于 PLt-SFNs 的 Shapley-Choquet 概率超越算法求得方案 $A_i(i=1, 2, \cdots, m)$ 综合评价值 $\dot{\gamma}_i(i=1, 2, \cdots, m)$。

步骤 9 根据定义 5.4 比较综合评价值 $\dot{\gamma}_i(i=1, 2, \cdots, m)$ 的大小来确定方案 $A_i(i=1, 2, \cdots, m)$ 的排序。综合评价值 $\dot{\gamma}_i$ 越大，则方案 A_i 越优。

四 算例分析

改革开放以来，中国诸多城市以较快的速度向外拓展，城市结构发生了深刻的变革，城中村现象随之产生。现已形成的城中村区域与周围环境形成反差，相关基础设施和公共服务设施超负荷运行，违章搭建现象突出，存在大量的社会管理问题和安全隐患。目前，许多城市对城中村进行了改造，由此产生了大量的建筑废弃物。为了节省处理成本，大量建筑垃圾被随意倾倒和非法填埋，影响了村民的日常生活，对周边环境也造成了污染。为响应政策的号召，西安市某城中村计划进行改造，将拆迁和重建所产生的建筑垃圾资源化处理。对此，有关部门筛选确定了四个代表性建筑垃圾资源化处理方案，包括生产再生骨料(A_1)，生产道路再生制品(A_2)，生产再生砖(A_3)和生产再生砌块(A_4)。为了确定技术方面的最优方案，我们邀请专家对四个方案近十年内的技术实施效果，从系统效率(C_{41})、技术风险(C_{42})和技术水平(C_{43})三个方面进行评价，分别记作 C_1、C_2 和 C_3。此外，我们将近十年划分为 2012—2014 年、2015—2017 年、2018—2019 年和 2020—2021 年四个时间段，分别记作 P_1，P_2，P_3 和 P_4。在评价 C_1 和 C_2 时基于 $S^7=\{s_0, s_1, s_2, s_3, s_4, s_5, s_6\}$ = {“很低”，“低”，“较低”，“中等”，“较高”，“高”，“很高”}，而在评价 C_3 时基于 $S^5=\{s_0, s_1, s_2, s_3, s_4\}$ = {“很低”，“低”，“中等”，“高”，“很高”}。专家组利用 Lt-SFNs 给出了各时间阶段的初始评价矩阵 $X^k=(x_{ij}^k)_{4\times3}$，$k=1, 2, 3, 4$，如表 5.3 所示。已知各指标的取值范围 $U_{C_j}(j=1, 2, 3)$ 为 $0.3\leqslant\mu(C_1)\leqslant0.5$，$0.2\leqslant\mu(C_2)\leqslant0.4$，$0.3\leqslant\mu(C_3)\leqslant0.4$。下面运用固定方案集和指标集下的多阶段评价模型对四个方案进行评价，步骤如下。

表 5.3　　四个阶段内方案的初始评价矩阵

	P_1			P_2		
	C_1	C_2	C_3	C_1	C_2	C_3
A_1	$\langle s_5, s_0, s_1\rangle$	$\langle s_3, s_0, s_2\rangle$	$\langle s_1, s_2, s_1\rangle$	$\langle s_4, s_0, s_1\rangle$	$\langle s_4, s_0, s_2\rangle$	$\langle s_2, s_1, s_1\rangle$
A_2	$\langle s_4, s_0, s_1\rangle$	$\langle s_2, s_2, s_1\rangle$	$\langle s_3, s_0, s_1\rangle$	$\langle s_4, s_1, s_1\rangle$	$\langle s_3, s_1, s_1\rangle$	$\langle s_3, s_0, s_1\rangle$
A_3	$\langle s_3, s_2, s_1\rangle$	$\langle s_3, s_2, s_1\rangle$	$\langle s_3, s_0, s_1\rangle$	$\langle s_2, s_2, s_1\rangle$	$\langle s_3, s_0, s_1\rangle$	$\langle s_2, s_0, s_1\rangle$
A_4	$\langle s_5, s_1, s_0\rangle$	$\langle s_4, s_1, s_0\rangle$	$\langle s_3, s_1, s_0\rangle$	$\langle s_4, s_1, s_1\rangle$	$\langle s_3, s_1, s_1\rangle$	$\langle s_3, s_0, s_1\rangle$
	P_3			P_4		
	C_1	C_2	C_3	C_1	C_2	C_3
A_1	$\langle s_5, s_0, s_1\rangle$	$\langle s_4, s_0, s_2\rangle$	$\langle s_1, s_2, s_1\rangle$	$\langle s_4, s_0, s_1\rangle$	$\langle s_4, s_0, s_2\rangle$	$\langle s_2, s_1, s_1\rangle$
A_2	$\langle s_4, s_0, s_1\rangle$	$\langle s_2, s_2, s_1\rangle$	$\langle s_3, s_0, s_1\rangle$	$\langle s_3, s_1, s_1\rangle$	$\langle s_2, s_2, s_1\rangle$	$\langle s_3, s_0, s_1\rangle$
A_3	$\langle s_3, s_2, s_1\rangle$	$\langle s_2, s_2, s_1\rangle$	$\langle s_3, s_0, s_1\rangle$	$\langle s_3, s_1, s_1\rangle$	$\langle s_4, s_0, s_1\rangle$	$\langle s_3, s_0, s_1\rangle$
A_4	$\langle s_4, s_1, s_1\rangle$	$\langle s_3, s_1, s_0\rangle$	$\langle s_3, s_1, s_0\rangle$	$\langle s_5, s_0, s_1\rangle$	$\langle s_3, s_1, s_0\rangle$	$\langle s_3, s_0, s_1\rangle$

步骤 1　由于专家们比较重视近期数据，由表 5.1 确定时间度为 $\rho=0.3$，然后利用式（5.7）构建如下模型来求解阶段权重：

$$
(M\text{-}5.3)\begin{cases}\max z=-\vartheta_1\ln\vartheta_1-\vartheta_2\ln\vartheta_2-\vartheta_3\ln\vartheta_3-\vartheta_4\ln\vartheta_4\\ \text{s.t. }\ \vartheta_1+\dfrac{2}{3}\vartheta_2+\dfrac{1}{3}\vartheta_3=0.3\\ \vartheta_1+\vartheta_2+\vartheta_3+\vartheta_4=1\\ 0\leqslant\vartheta_1,\ \vartheta_2,\ \vartheta_3,\ \vartheta_4\leqslant 1\end{cases}\tag{5.17}
$$

通过求解以上模型，得到四个阶段的权重向量为 $\vartheta=(0.10, 0.16, 0.28, 0.46)^T$。

步骤 2—步骤 3　基于阶段权重向量 ϑ，将表 5.3 集结得到整个时间段的评价矩阵 $X=(x_{ij})_{4\times3}$；然后，利用式(5.13)将其标准化后得到矩阵 $X^N=(x_{ij}^N)_{4\times3}$，如表 5.4 所示。

表 5.4　标准化的整个时间段的评价矩阵 X^N

	C_1	C_2	C_3
A_1	$<\{s_4(0.62), s_5(0.38)\}, \{s_0(1)\}, \{s_1(1)\}>$	$<\{s_2(1)\}, \{s_0(1)\}, \{s_3(0.1), s_4(0.9)\}>$	$<\{s_1(0.38), s_2(0.62)\}, \{s_1(0.62), s_2(0.38)\}, \{s_1(1)\}>$
A_2	$<\{s_3(0.46), s_4(0.54)\}, \{s_0(0.38), s_1(0.62)\}, \{s_1(1)\}>$	$<\{s_1(1)\}, \{s_1(0.16), s_2(0.84)\}, \{s_2(0.84), s_3(0.16)\}>$	$<\{s_3(1)\}, \{s_0(1)\}, \{s_1(1)\}>$
A_3	$<\{s_2(0.16), s_3(0.84)\}, \{s_1(0.46), s_2(0.54)\}, \{s_1(1)\}>$	$<\{s_1(1)\}, \{s_0(0.62), s_2(0.38)\}, \{s_2(0.28), s_3(0.26), s_4(0.46)\}>$	$<\{s_2(0.16), s_3(0.84)\}, \{s_0(1)\}, \{s_1(1)\}>$
A_4	$<\{s_4(0.44), s_5(0.56)\}, \{s_0(0.46), s_1(0.54)\}, \{s_0(0.1), s_1(0.9)\}>$	$<\{s_0(0.84), s_1(0.16)\}, \{s_1(1)\}, \{s_3(0.9), s_4(0.1)\}>$	$<\{s_3(1)\}, \{s_0(0.62), s_1(0.38)\}, \{s_0(0.38), s_1(0.62)\}>$

步骤 4　指标 C_1 和 C_2 下的评价值基于 $S^7=\{s_0, s_1, \cdots, s_6\}$，而指标 C_3 下的评价值基于 $S^5=\{s_0, s_1, \cdots, s_4\}$，因此需对表 5.4 中不同语言粒度下的评价值进行统一。根据本章第一节第二部分所给出的多粒度统一方法，指标 C_3 下的评价值可转化为目标语言评价集 S^7 下的对应值，分别为：$\gamma_{13}=<\{s_1(0.19), s_2(0.19), s_3(0.62)\}, \{s_1(0.31), s_2(0.31), s_3(0.38)\}, \{s_1(0.50), s_2(0.50)\}>$，$\gamma_{23}=<\{s_4(0.5), s_5(0.5)\}, \{s_0(1)\}, \{s_1(0.5), s_2(0.5)\}>$，$\gamma_{33}=<\{s_3(0.16), s_4(0.42), s_5(0.42)\}$，

$\{s_0(1)\}$，$\{s_1(0.5), s_2(0.5)\}>$，$\gamma_{43}=<\{s_4(0.5), s_5(0.5)\}, \{s_0(0.62), s_1(0.19), s_2(0.19)\}, \{s_0(0.38), s_1(0.31), s_2(0.31)\}>$。由此，可得粒度统一后的评价矩阵 $R=(\gamma_{ij})_{4\times3}$。

步骤 5 求得矩阵 $R=(\gamma_{ij})_{4\times3}$ 对应的正理想解向量 γ^+ 和负理想解向量 γ^-，为：

$$\gamma^+=(<\{s_4(0.44), s_5(0.56)\}, \{s_0(0.46), s_1(0.54)\}, \{s_0(0.1), s_1(0.9)\}>,\ <\{s_1(1)\}, \{s_1(0.16), s_2(0.84)\}, \{s_2(0.84), s_3(0.16)\}>,\ <\{s_4(0.5), s_5(0.5)\}, \{s_0(0.62), s_1(0.19), s_2(0.19)\}, \{s_0(0.38), s_1(0.31), s_2(0.31)\}>)^T$$

$$\gamma^-=(<\{s_2(0.16), s_3(0.84)\}, \{s_1(0.46), s_2(0.54)\}, \{s_1(1)\}>,\ <\{s_2(1)\}, \{s_0(1)\}, \{s_3(0.1), s_4(0.9)\}>,\ <\{s_1(0.19), s_2(0.19), s_3(0.62)\}, \{s_1(0.31), s_2(0.31), s_3(0.38)\}, \{s_1(0.50), s_2(0.50)\}>)^T$$

步骤 6 根据式（5.3）和式（5.14）求得矩阵 $R=(\gamma_{ij})_{4\times3}$ 对应的相对贴近度矩阵，为：

$$R^c=\begin{array}{c}\\A_1\\A_2\\A_3\\A_4\end{array}\begin{array}{c}\begin{array}{ccc}C_1 & C_2 & C_3\end{array}\\\begin{pmatrix}0.7897 & 0 & 0\\0.5745 & 1 & 0.7841\\0 & 0.6113 & 0.7386\\1 & 0.6684 & 1\end{pmatrix}\end{array}$$

步骤 7 利用式（5.16）确定指标 C_j（$j=1, 2, 3$）的 Shapley 值 $\varphi_{C_j}^{Sh}(\mu, N)$。例如，对于指标 C_1，可得：

当 $N=\{C_1\}$，$T=\emptyset$ 时，$\varphi_{C_1}^{Sh}(\mu, N)=\frac{(1-1-0)!\ 0!}{1!}(\mu(C_1)-\mu(\emptyset))=\mu(C_1)$，

当 $N=\{C_1, C_2\}$，$T=\{C_2\}$ 时，$\varphi_{C_1}^{Sh}(\mu, N)=\frac{(2-1-1)!\ 1!}{2!}(\mu(C_1, C_2)-\mu(C_2))=\frac{1}{2}(\mu(C_1, C_2)-\mu(C_2))$，

当 $N=\{C_1, C_3\}$，$T=\{C_3\}$ 时，$\varphi_{C_1}^{Sh}(\mu, N)=\frac{(2-1-1)!\ 1!}{2!}(\mu(C_1, C_3)-\mu(C_3))=\frac{1}{2}(\mu(C_1, C_3)-\mu(C_3))$，

当 $N=\{C_1, C_2, C_3\}$，$T=\{C_2, C_3\}$ 时，$\varphi_{C_1}^{Sh}(\mu, N)=\frac{(3-1-2)!\ 2!}{3!}(\mu(C_1, C_2, C_3)-\mu(C_2, C_3))=\frac{1}{3}(1-\mu(C_2, C_3))$。

由此，可得 $\varphi_{C_1}^{Sh}(\mu, N)=\mu(C_1)-\frac{1}{2}\mu(C_2)-\frac{1}{2}\mu(C_3)+\frac{1}{2}\mu(C_1, C_2)+\frac{1}{2}\mu(C_1, C_3)-\frac{1}{3}\mu(C_2, C_3)+\frac{1}{3}$。

然后，根据 $\varphi_{C_j}^{Sh}(\mu, N)(j=1, 2, 3)$ 和指标模糊测度范围 $U_{C_j}(j=1, 2, 3)$，利用式（5.15）得到如下最优化模型：

$$(M-5.4)\begin{cases}\max z'=-0.0669\mu(C_1, C_2)+0.0545\mu(C_1, C_3)+\\ \quad 0.0123\mu(C_2, C_3)-0.0123\mu(C_1)-0.0545\mu(C_2)+\\ \quad 0.0669\mu(C_3)+2.3889\\ \text{s.t. } \mu(C_1, C_2, C_3)=1, \mu(S)\leqslant\mu(T), \forall S,\\ \quad T\subseteq\{C_1, C_2, C_3\}, S\subseteq T\\ \quad 0.3\leqslant\mu(C_1)\leqslant0.5, 0.2\leqslant\mu(C_2)\leqslant0.4, 0.3\leqslant\mu(C_3)\leqslant0.4\end{cases} \tag{5.18}$$

通过求解以上模型，得到指标集的最优模糊测度为 $\mu(C_1)=0.3$，$\mu(C_2)=0.2$，$\mu(C_3)=0.4$，$\mu(C_1, C_2)=0.3$，$\mu(C_2, C_3)=0.4$，$\mu(C_1, C_3)=0.4$。

步骤 8　下面我们利用基于 PLt-SFNs 的概率超越算法求得备选方案的综合期望值。以方案 A_1 为例，首先将粒度统一后向量 γ_1 的隶属度、犹豫度和非隶属度分别转化为概率分布的形式，如表 5.5 所示。

表 5.5　向量 γ_1 中三部分的语言概率分布

	C_j	s_6	s_5	s_4	s_3	s_2	s_1	s_0
隶属度	C_1	0	0.38	0.62	0	0	0	0
	C_2	0	0	0	0	1	0	0
	C_3	0	0	0	0.62	0.19	0.19	0
犹豫度	C_1	0	0	0	0	0	0	1
	C_2	0	0	0	0	0	0	1
	C_3	0	0	0	0.38	0.31	0.31	0

续表

	C_j	s_6	s_5	s_4	s_3	s_2	s_1	s_0
非隶属度	C_1	0	0	0	0	0	1	0
	C_2	0	0	0.9	0.1	0	0	0
	C_3	0	0	0	0	0.50	0.50	0

然后，利用式(5.8)求得向量 γ_1 中隶属度、犹豫度和非隶属度三部分的超越分布函数值，结果见表 D1。接着，将隶属度部分中语言标度 s_t $(t=0, 1, \cdots, 6)$ 下超越分布函数值 $EDF_{1j}^{a}(t)$ $(j=1, 2, 3)$ 从大到小排序，得到 s_t 下第 u 大指标 $C_{1j}^{t}(u)$ 和对应的超越分布函数值 $EDF(C_{1j}^{t}(u))$，表示为$\dfrac{EDF(C_{1j}^{t}(u))}{C_{1j}^{t}(u)}$。类似地，可以得到犹豫度部分和非隶属度部分的对应值$\dfrac{EDF(\dot{C}_{1j}^{t}(u))}{\dot{C}_{1j}^{t}(u)}$和$\dfrac{EDF(\ddot{C}_{1j}^{t}(u))}{\ddot{C}_{1j}^{t}(u)}$，如表 5.6 所示。同时，可以得到向量 γ_1 的隶属度、犹豫度和非隶属度，标度 s_t 下排在前 u 个指标组成的集合分别为$\mathbb{C}_{1j}^{t}(u)$、$\dot{\mathbb{C}}_{1j}^{t}(u)$和$\ddot{\mathbb{C}}_{1j}^{t}(u)$，如表 D2 所示。然后，根据步骤 7 得到的指标集的最优模糊测度，确定表 D2 中各集合所对应的模糊测度，如表 D3 所示。对于向量 γ_1 中隶属度部分，利用式(5.9)可得 s_t 下排序第 u 指标 $C_{1j}^{t}(u)$ 的权重 $v_{1j}^{t}(u)$，如表 5.7 所示。类似地，可求得犹豫度和非隶属度下相应指标的权重 $\dot{v}_{1j}^{t}(u)$ 和 $\ddot{v}_{1j}^{t}(u)$。

表 5.6　向量 γ_1 在标度 s_t 下排序第 u 的指标和对应的超越分布函数值

	u	s_6	s_5	s_4	s_3	s_2	s_1	s_0
$\dfrac{EDF(C_{1j}^{t}(u))}{C_{1j}^{t}(u)}$	$u=1$	$\dfrac{0}{C_1}$	$\dfrac{0.38}{C_1}$	$\dfrac{1}{C_1}$	$\dfrac{1}{C_1}$	$\dfrac{1}{C_1}$	$\dfrac{1}{C_1}$	$\dfrac{1}{C_1}$
	$u=2$	$\dfrac{0}{C_2}$	$\dfrac{0}{C_2}$	$\dfrac{0}{C_2}$	$\dfrac{0.62}{C_3}$	$\dfrac{1}{C_2}$	$\dfrac{1}{C_2}$	$\dfrac{1}{C_2}$
	$u=3$	$\dfrac{0}{C_3}$	$\dfrac{0}{C_3}$	$\dfrac{0}{C_3}$	$\dfrac{0}{C_2}$	$\dfrac{0.81}{C_3}$	$\dfrac{1}{C_3}$	$\dfrac{1}{C_3}$

续表

	u	s_6	s_5	s_4	s_3	s_2	s_1	s_0
$\frac{EDF(\dot{C}_{1j}^t(u))}{\dot{C}_{1j}^t(u)}$	$u=1$	$\frac{0}{C_1}$	$\frac{0}{C_1}$	$\frac{0}{C_1}$	$\frac{0.38}{C_3}$	$\frac{0.69}{C_3}$	$\frac{1}{C_3}$	$\frac{1}{C_1}$
	$u=2$	$\frac{0}{C_2}$	$\frac{0}{C_2}$	$\frac{0}{C_2}$	$\frac{0}{C_1}$	$\frac{0}{C_1}$	$\frac{0}{C_1}$	$\frac{1}{C_2}$
	$u=3$	$\frac{0}{C_3}$	$\frac{0}{C_3}$	$\frac{0}{C_3}$	$\frac{0}{C_2}$	$\frac{0}{C_2}$	$\frac{0}{C_2}$	$\frac{1}{C_3}$
$\frac{EDF(\ddot{C}_{1j}^t(u))}{\ddot{C}_{1j}^t(u)}$	$u=1$	$\frac{0}{C_1}$	$\frac{0}{C_1}$	$\frac{0.9}{C_2}$	$\frac{1}{C_2}$	$\frac{1}{C_2}$	$\frac{1}{C_1}$	$\frac{1}{C_1}$
	$u=2$	$\frac{0}{C_2}$	$\frac{0}{C_2}$	$\frac{0}{C_1}$	$\frac{0}{C_1}$	$\frac{0.5}{C_3}$	$\frac{1}{C_2}$	$\frac{1}{C_2}$
	$u=3$	$\frac{0}{C_3}$	$\frac{0}{C_3}$	$\frac{0}{C_3}$	$\frac{0}{C_3}$	$\frac{0}{C_1}$	$\frac{1}{C_3}$	$\frac{1}{C_3}$

表 5.7　标度 s_t 下排序第 u 指标 $C_{1j}^t(u)$、$\dot{C}_{1j}^t(u)$ 和 $\ddot{C}_{1j}^t(u)$ 的权重

权重	u	s_6	s_5	s_4	s_3	s_2	s_1	s_0
$v_{1j}^t(u)$	$u=1$	0.3	0.3	0.3	0.3	0.3	0.3	0.3
	$u=2$	0	0	0	0.1	0	0	0
	$u=3$	0.7	0.7	0.7	0.6	0.7	0.7	0.7
$\dot{v}_{ij}^t(u)$	$u=1$	0.3	0.3	0.3	0.4	0.4	0.4	0.3
	$u=2$	0	0	0	0	0	0	0
	$u=3$	0.7	0.7	0.7	0.6	0.6	0.6	0.7
$\ddot{v}_{ij}^t(u)$	$u=1$	0.3	0.3	0.2	0.2	0.2	0.3	0.3
	$u=2$	0	0	0.1	0.1	0.2	0	0
	$u=3$	0.7	0.7	0.7	0.7	0.6	0.7	0.7

接着，利用表 5.7 中的权重 $v_{1j}^t(u)$、$\dot{v}_{ij}^t(u)$ 和 $\ddot{v}_{ij}^t(u)$ 和表 5.6 中的超越分布函数值对方案 A_1 的信息进行集结。首先，利用式(5.10)得到方案 A_1 的隶属度部分在标度 s_t 下的累加综合值 B_1^t，如表 5.8 所示。接着，利用式(5.11)计算方案 A_1 的隶属度部分在语言标度 s_t 下的综合值 $\Im_1^t$，如表 5.8 所示。同时，可得方案 A_1 的犹豫度和非隶属度部分对应的 $\dot{B}_1^t$、$\ddot{B}_1^t$ 和

$\dot{\Im}_1^t$、$\ddot{\Im}_1^t$。最后，利用式(5.12)得到方案 A_1 中隶属度部分的综合期望值 $s_{EV_1^a}=s_{2.6430}$，同样可求得犹豫度和非隶属度的综合期望值分别为 $s_{EV_1^b}=s_{0.8280}$ 和 $s_{EV_1^c}=s_{1.6800}$。那么，方案 A_1 的综合评价值为 $\dot{\gamma}_1=<s_{2.6430},\ s_{0.8280},\ s_{1.6800}>$。类似地，可得方案 A_2，A_3 和 A_4 的综合评价值分别为 $\dot{\gamma}_2=<s_{2.4000},\ s_{0.4300},\ s_{1.2980}>$，$\dot{\gamma}_3=<s_{2.2040},\ s_{0.4620},\ s_{1.5360}>$和 $\dot{\gamma}_4=<s_{4.0840},\ s_{0.5880},\ s_{1.2100}>$。

表 5.8　　方案 A_1 在标度 s_t 下的累加综合值和综合值

		s_6	s_5	s_4	s_3	s_2	s_1	s_0
	B_1^t	0	0.1140	0.3000	0.3620	0.8670	1.0000	1.0000
累加综合值	$\dot{B}_1^t$	0	0	0	0.1520	0.2760	0.4000	1.0000
	$\ddot{B}_1^t$	0	0	0.1800	0.2000	0.3000	1.0000	1.0000
	$\Im_1^t$	0	0.1140	0.1860	0.0620	0.5050	0.1330	0
综合值	$\dot{\Im}_1^t$	0	0	0	0.1520	0.1240	0.1240	0.6000
	$\ddot{\Im}_1^t$	0	0	0.1800	0.0200	0.1000	0.7000	0

步骤 9　利用式（5.1）求得当 $q=3$ 时方案 $A_i(i=1,\ 2,\ 3,\ 4)$的综合评价值的得分分别为 $S_{Ls(\dot{\gamma}_1)}=S_{4.8610}$，$S_{Ls(\dot{\gamma}_2)}=S_{4.8462}$，$S_{Ls(\dot{\gamma}_3)}=S_{4.8137}$，$S_{Ls(\dot{\gamma}_4)}=S_{5.2070}$。那么，方案排序为 $A_4>A_1>A_2>A_3$。由此，基于近十年来四个方案的实施情况，可得到最优方案为生产再生砌块(A_4)。

为了验证步骤 9 中 q 的不同取值对四个备选方案排序的影响，我们将 q 从 1 到 15 连续取整，得到的排序结果如图 5.1 所示。当 $q=1$ 时，四个方案的排序结果为 $A_4>A_2>A_1>A_3$；当 q 取 2 到 15 时，得到的方案排序结果均为 $A_4>A_1>A_2>A_3$。另一方面，为了验证评价模型的有效性，基于步骤 6 得到的相对贴近度矩阵，我们将指标的最优模糊测度 $\mu(C_1)=0.3$，$\mu(C_2)=0.2$ 和 $\mu(C_3)=0.4$ 标准化后作为指标权重，从而得到每个方案在所有指标下的加权相对贴近度，由此确定方案排序为 $A_4>A_2>A_1>A_3$，与应用本书所提出模型中 $q=1$ 时得到的结论一致。此外，基于表 5.4 中标准化后的整个时间段的评价矩阵，将评价值转化为实数，并将最优模糊测度标准化后作为指标权重，然后利用灰色关联分析（GRA）法得到的方案排序为 $A_4>A_1>A_2>A_3$，与所提出的模型中 q 取 2 到 15 的整数时得到的排序结果一致。然而，以上两种算法在信息集结过程中，往往都需要利用权重求解方法来确定指标权重向量。相比之下，本书所提出的基于PLt-SFNs 的 Shapley-Choquet 的概率超越算法仅需单个指标和指标集的模糊测度就可以进行数据集结。在决策时间有限的情况下，只需专家给出的指标集模糊测度的主观判断值就可以得到排序结果，因此提高了决策评价的效率。此外，该模型直接对原始数据进行处理，相比以上两种方法减少了数据损失，并且提高了评价结果的可信度。

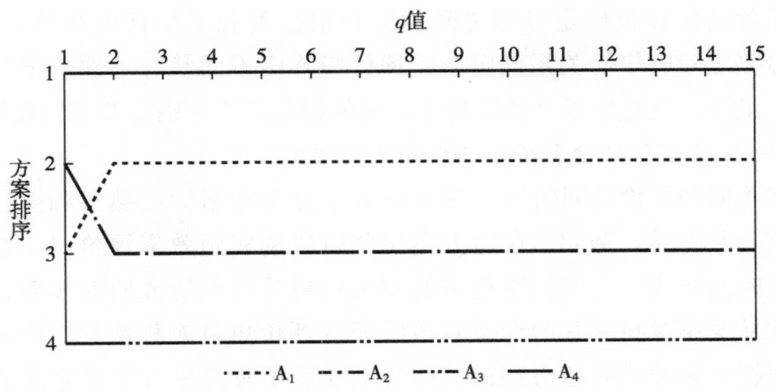

图 5.1　不同 q 的取值下四个备选方案的排序

第三节　非固定方案集和指标集下建筑垃圾资源化方案多阶段评价模型

在建筑垃圾资源化方案评价过程中，由于专家知识和经验的差异，不同专家所擅长的指标领域和所熟悉的方案往往有所差别，尤其是当决策时间紧迫时，专家有时难以在短时间内对方案集和指标集的确定达成一致，此时各位专家可能仅针对其认为必要且熟悉的指标或方案来给出评价值，我们将这种情况称为方案集和指标集为非一致或非固定的多属性群决策情形。本节着重研究非固定方案集和指标集下，基于 PLt-SFNs的建筑垃圾资源化方案多阶段评价与选择问题。在模型构建中，我们假设在不同时间阶段，同一专家对于各个方案和指标的认知态度是固定的，包括认为某方案或指标不必要、必要但不熟悉或必要且熟悉三种情况。对此，我们提出了非固定方案集和指标集下专家权重的确定方法和基于概率语言T球面模糊交叉熵的方案排序方法，并将所提出的评价模型应用于城中村改造背景下的建筑垃圾资源化方案评价中，通过对比分析验证决策模型的有效性。

一　非固定方案集和指标集下专家权重的确定

本节在非固定方案集和指标集的前提下，首先，通过基于Lt-SFNs的多阶段信任评价确定专家之间的综合信任度和不信任度矩阵；然后，借助专家之间的信任关系确定个体评价矩阵中不同状态下评价值之间的距离；最后，通过衡量个体评价矩阵间的相对距离来确定专家的权重。

（一）专家信任度和不信任度矩阵的确定

在不同的评价时间阶段，专家对各个方案和指标的熟悉和擅长程度往往有一些差异。例如，在对方案早些阶段的实施效果评价时，在该领域从业时间较长的专家拥有更多的相关项目参与经历或研究经验，很有可能比从业相对晚一些的专家对该阶段的评价更具有权威性。因此，有必要根据专家的从业经历和权威性分别在各个阶段进行专家之间的信任评价。为了体现在信任评价中专家认知的模糊性和不确定性，专家之间的信任值将以Lt-SFNs的形式表示，通过语言隶属度、犹豫度和非隶属度来描述信任程度、不确定程度和不信任程度。最后，将不同阶段的专家之间的信任矩阵集结，就可得到整个阶段内基于PLt-SFNs的综合信任度矩阵和不信任度矩阵。具体步骤如下：

步骤1　建立在第$k(k=1,2,\cdots,v)$个阶段专家E_u与$E_v(u,v=1,2,\cdots,l)$之间的信任矩阵$\Omega^k=(\zeta_{uv}^k)_{l\times l}$，$k=1,2,\cdots,v$，其中，$\zeta_{uv}^k=<\varsigma_{a_{uv}^k},\varsigma_{b_{uv}^k},\varsigma_{c_{uv}^k}>$，$\varsigma_{a_{uv}^k},\varsigma_{b_{uv}^k},\varsigma_{c_{uv}^k}\in M^{\eta+1}$，$M^{\eta+1}=\{\varsigma_0,\varsigma_1,\cdots,\varsigma_\eta\}$。

步骤2　利用阶段权重向量$\vartheta=(\vartheta_1,\vartheta_2,\cdots,\vartheta_v)^T$，按照概率分布的方式对$v$个阶段的信任矩阵$\Omega^k=(\zeta_{uv}^k)_{l\times l}$，$k=1,2,\cdots,v$进行集结，由此得到总阶段的专家信任矩阵$\Omega=(\zeta_{uv})_{l\times l}$，其中，$\zeta_{uv}=<S_a^{uv}(P_a^{uv}),S_b^{uv}(P_b^{uv}),S_c^{uv}(P_c^{uv})>$为PLt-SFNs。

步骤3　根据专家E_u对专家E_v信任程度的隶属度$S_a^{uv}(P_a^{uv})=\cup\{\varsigma_{a_j}^{uv}(p_{a_j}^{uv})\}$，$\varsigma_{a_j}\in S_a^{uv}$，$p_{a_j}\in P_a^{uv}$和非隶属度$S_c^{uv}(P_c^{uv})=\cup\{\varsigma_{c_t}^{uv}(p_{c_t}^{uv})\}$，$\varsigma_{c_t}\in S_c^{uv}$，$p_{c_t}\in P_c^{uv}$，求得专家$E_u$对$E_v$的综合信任度和不信任度：

$$s_a^{uv} = \sum_{j=1}^{\#\varsigma_a} a_j p_{a_j}^{uv} / \eta \tag{5.19}$$

$$s_c^{uv} = \sum_{t=1}^{\#\varsigma_c} c_t p_{c_t}^{uv} / \eta \tag{5.20}$$

其中，$\#\varsigma_a$ 为 $S_a^{uv}(P_a^{uv})$ 中语言术语的个数，$\#\varsigma_c$ 为 $S_c^{uv}(P_c^{uv})$ 中语言术语的个数。

由此，可得专家 E_u 对 E_v 的综合信任度矩阵和综合不信任度矩阵，分别为 $S_a^{uv}=(s_a^{uv})_{l\times l}$ 和 $S_c^{uv}=(s_c^{uv})_{l\times l}$。相比通常认为的信任度与非信任度的互补和为 1，利用以上步骤得到的综合信任矩阵和不信任矩阵中满足 $s_a^{uv}+s_c^{uv}\leqslant 1$，充分考虑了信任评价中的犹豫因素，反映了决策过程中主观评价的模糊性。

（二）非固定方案集和指标集下专家个体评价矩阵距离的确定

由于方案集和指标集是非固定的，不同专家 $E_l(l=1,2,\cdots,\ell)$ 所选择的方案集和指标集可能不同。我们将所有个体专家的指标集合得到总指标集 $C=\{C_1,C_2,\cdots,C_n\}$，并将所有个体专家的方案集合并得到总方案集 $A=\{A_1,A_2,\cdots,A_m\}$。由此，构成了专家 $E_l(l=1,2,\cdots,\ell)$ 对方案 $A_i(i=1,2,\cdots,m)$ 针对指标 $C_j(j=1,2,\cdots,n)$ 的评价矩阵 $\Re^l=(r_{ij}^l)_{m\times n}$，$l=1,2,\cdots,\ell$。若专家 E_l 认为方案 A_i（或指标 C_j）必要且对其熟悉，方案 A_i（或指标 C_j）的状态记作 $\overline{P}$；若专家 E_l 认为方案 A_i（或指标 C_j）非必要，对应的状态记作 $\overline{N}$；若专家 E_l 认为方案 A_i（或指标 C_j）必要但对其不熟悉，对应的状态记作 $\overline{E}$。评价值 r_{ij}^l 的状态由方案 A_i 和指标 C_j 的状态共同确定，如表 5.9 所示。在情形 1 至情形 5 中，方案 A_i 和指标 C_j 的状态至少有一个为 $\overline{N}$，意味着专家 E_l 拒绝对其否认的要素评价，此时评价值记为 $r_{ij}^l=\emptyset^N$；在情形 6 中，方案 A_i 和指标 C_j 的状态都为 $\overline{E}$，意味着专家 E_l 对二者都不擅长故未能作出评价，此时评价值记为 $r_{ij}^l=\emptyset^E$；在情形 7 和情形 8 中，二者的状态为 $\overline{P}$ 和 $\overline{E}$，意味着专家 E_l 对方案 A_i 或指标 C_j 中一方不擅长故未能作出评价，此时评价值记为 $r_{ij}^l=\emptyset^E$。在情形 9 中，二者的状态都为 $\overline{P}$，意味着专家 E_l 认为方案 A_i 或指标 C_j 必要且熟悉，此时评价值为 $r_{ij}^l=<S_{al}^{ij}(P_{al}^{ij}),\ S_{bl}^{ij}(P_{bl}^{ij}),\ S_{cl}^{ij}(P_{cl}^{ij})>$ 或记作 $r_{ij}^l=P$。

表 5.9　　不同方案和指标的状态组合下评价值的取值

	1	2	3	4	5	6	7	8	9
方案 A_i 的状态	$\overline{N}$	$\overline{P}$	$\overline{N}$	$\overline{N}$	$\overline{E}$	$\overline{E}$	$\overline{P}$	$\overline{E}$	$\overline{P}$
指标 C_j 的状态	$\overline{N}$	$\overline{N}$	$\overline{P}$	$\overline{E}$	$\overline{N}$	$\overline{E}$	$\overline{E}$	$\overline{P}$	$\overline{P}$
r_{ij}^l 的取值	$\varnothing^N$	$\varnothing^N$	$\varnothing^N$	$\varnothing^N$	$\varnothing^N$	$\varnothing^E$	$\varnothing^E$	$\varnothing^E$	P

基于以上分析，受 Yu 等（2021）的启发，下面我们研究非固定方案集和指标集下不同状态评价值之间的距离。假设专家 E^u 和专家 E^v 给出的方案 A_i 针对指标 C_j 的评价值分别为 r_{ij}^u 和 r_{ij}^v，那么，我们分如下情况讨论。

（1）当 r_{ij}^u 和 r_{ij}^v 属于同种状态时，有以下情形：若 $r_{ij}^u=r_{ij}^v=\varnothing^N$ 或 $r_{ij}^u=r_{ij}^v=\varnothing^E$，则 $d(r_{ij}^u,\ r_{ij}^v)=0$；若 $r_{ij}^u=r_{ij}^v=P$，则利用式(5.3)来计算 r_{ij}^u 和 r_{ij}^v 的海明距离。

（2）当 r_{ij}^u 和 r_{ij}^v 属于不同状态时，需借助参考点来求得 r_{ij}^u 和 r_{ij}^v 的距离。参考点应为代表明确观点的评价值，包括 PLt-SFNs（或 P）和 $\varnothing^N$ 两种情况。$\varnothing^E$ 表示专家对该方案或者指标不熟悉而未能给出评价值，故 $\varnothing^E$ 不能作为参考点。因此，当两个专家的评价值状态不同且其中一方评价值为 $\varnothing^E$ 时，给出 $\varnothing^E$ 的一方需要寻找参考点，并参考其所信任的专家给出的评价值来代表自己观点，从而间接求得距离 $d(r_{ij}^u,\ r_{ij}^v)$。例如，当 $r_{ij}^u=\varnothing^N$，$r_{ij}^v=\varnothing^E$ 或 $r_{ij}^u=P$，$r_{ij}^v=\varnothing^E$ 时，为了求得距离 $d(r_{ij}^u,\ r_{ij}^v)$，专家 E_v 需将其所信任专家 $E_l(l=1,\ 2,\ \cdots,\ \ell,\ l\neq u,\ v)$ 的评价值 r_{ij}^l 作为参考点，且 $r_{ij}^l\neq\varnothing^E$。当 $r_{ij}^u=P$，$r_{ij}^v=\varnothing^N$ 时，两位专家都有明确且截然相反的立场，此时双方都无须寻找参考点。下面针对不同状态下的 r_{ij}^u 和 r_{ij}^v 之间距离的确定进行研究。

情形 1　当 $r_{ij}^u=P$，$r_{ij}^v=\varnothing^N$ 时，专家 E_u 认为方案 A_i 和指标 C_j 存在必要且对其熟悉，并以 PLt-SFNs 给出方案 A_i 在指标 C_j 下的评价值 r_{ij}^u。相反，专家 E_v 则否认了方案 A_i 或指标 C_j 的必要性，因而拒绝给出相应的评价值 r_{ij}^v。此时，专家 E_u 和 E_v 持有两种截然相反的观点，可得 $d_{N,P}(r_{ij}^u,\ r_{ij}^v)=1$。

情形 2　当 $r_{ij}^u=\varnothing^N$，$r_{ij}^v=\varnothing^E$ 时，专家 E_v 需借助参考点 r_{ij}^l 间接得到 r_{ij}^u 与 r_{ij}^v 的距离，记为 $d_{E\to N}(r_{ij}^u,\ r_{ij}^v)$。一方面，由于专家 E_v 信任专家 E_u，那

么，专家 E_v 将专家 E_u 的评价值 $r_{ij}^u=\emptyset^N$ 作为参考点，此时 r_{ij}^u 与 r_{ij}^v 的距离为 $d'_{E\to N}(r_{ij}^u,\ r_{ij}^v)=0$；另一方面，由于专家 E_v 不信任专家 E_u，那么，专家 E_v 将其他专家 $E_l(l=1,\ 2,\ \cdots,\ \ell,\ l\neq u,\ v)$ 给出的 $r_{ij}^l=\emptyset^N$ 或 $r_{ij}^l=P$ 作为参考点，此时 r_{ij}^u 与 r_{ij}^v 的距离为 $d''_{E\to N}(r_{ij}^u,\ r_{ij}^v)=d''_{E\to N}(r_{ij}^u,\ r_{ij}^l)$。综合考虑专家 E_v 对专家 E_u 的信任度和不信任度，得到的 r_{ij}^u 与 r_{ij}^v 的距离 $d_{E\to N}(r_{ij}^u,\ r_{ij}^v)$ 为：

$$d_{E\to N}(r_{ij}^u,\ r_{ij}^v)=s_a^{vu}d'_{E\to N}(r_{ij}^u,\ r_{ij}^v)+s_c^{vu}d''_{E\to N}(r_{ij}^u,\ r_{ij}^v)=s_c^{vu}d''_{E\to N}(r_{ij}^u,\ r_{ij}^l) \tag{5.21}$$

其中，s_a^{vu} 为专家 E_v 对 E_u 的信任度，s_c^{vu} 为专家 E_v 对 E_u 的不信任度。特别地，当无可计算的参考点时，即 $r_{ij}^l=\emptyset^E$，$l=1,\ 2,\ \cdots,\ \ell,\ l\neq u,\ v$，专家 E_v 只能信任 E_u，此时 $d_{E\to N}(r_{ij}^u,\ r_{ij}^v)=s_a^{vu}d'_{E\to N}(r_{ij}^u,\ r_{ij}^u)=0$。

接下来，我们来确定式(5.21)中 $r_{ij}^u=\emptyset^N$ 与参考点 $r_{ij}^l(l=1,\ 2,\ \cdots,\ \ell,\ l\neq u,\ v)$ 之间的距离 $d''_{E\to N}(r_{ij}^u,\ r_{ij}^l)$，分以下情况进行讨论。

(1) 在 $r_{ij}^l(l=1,\ 2,\ \cdots,\ \ell,\ l\neq u,\ v)$ 中仅存在评价值 $\emptyset^N$ 可作为专家 E_v 的参考点，且由 $\theta_N\in(0,\ \ell-2]$ 位专家给出的情况下，由于当 $r_{ij}^u=r_{ij}^l=\emptyset^N$ 时 $d(r_{ij}^u,\ r_{ij}^l)=d(\emptyset^N,\ \emptyset^N)=0$，那么：

$$d''_{E\to N}(r_{ij}^u,\ r_{ij}^l)=\sum_{\substack{r_{ij}^l=\emptyset^N,\\ l\neq u,\ v}}s_a^{vl}d(r_{ij}^u,\ r_{ij}^l)/\theta_N=0 \tag{5.22}$$

其中，s_a^{vl} 为专家 E_v 对专家 E_l 的信任度。

(2) 在 $r_{ij}^l(l=1,\ 2,\ \cdots,\ \ell,\ l\neq u,\ v)$ 中仅存在 $r_{ij}^l=P$ 可作为参考点，且由 $\theta_P\in(0,\ \ell-2]$ 位专家给出的情况下，$r_{ij}^u=\emptyset^N$ 与 $r_{ij}^l=P$ 的距离 $d(r_{ij}^u,\ r_{ij}^l)=d(\emptyset^N,\ P)=1$，那么：

$$d''_{E\to N}(r_{ij}^u,\ r_{ij}^l)=\frac{\sum_{\substack{r_{ij}^l=P,\\ l\neq u,\ v}}s_a^{vl}d(r_{ij}^u,\ r_{ij}^l)}{\theta_P}=\frac{\sum_{\substack{r_{ij}^l=P,\\ l\neq u,\ v}}s_a^{vl}}{\theta_P} \tag{5.23}$$

其中，s_a^{vl} 为专家 E_v 对专家 E_l 的信任度。

(3) 在 $r_{ij}^l(l=1,\ 2,\ \cdots,\ \ell,\ l\neq u,\ v)$ 中存在 $\theta_N\in[0,\ \ell-2]$ 个参考点 $r_{ij}^l=\emptyset^N$ 和 $\theta_P\in(0,\ \ell-2]$ 个参考点 $r_{ij}^l=P$，且 $\theta_N+\theta_P\in(0,\ \ell-2]$ 的情况下。$d''_{E\to N}(r_{ij}^u,\ r_{ij}^l)$ 计算如下：

$$d''_{E\to N}(r_{ij}^u,\ r_{ij}^l)=\frac{\sum_{\substack{r_{ij}^l=\emptyset^N,\\ l'\neq u,\ v}}s_a^{vl'}d(r_{ij}^u,\ r^{l'}{}_{ij})}{\theta_N}+\frac{\sum_{\substack{r_{ij}^l=P,\\ l\neq u,\ v}}s_a^{vl}d(r_{ij}^u,\ r_{ij}^l)}{\theta_P}$$

$$
= \frac{\sum_{\substack{r_{ij}^l = P, \\ l \neq u, v}} s_a^{vl}}{\theta_P} \tag{5.24}
$$

其中，s_a^{vl} 为专家 E_v 对专家 E_l 的信任度，$s_a^{vl'}$ 为专家 E_v 对 $E_{l'}$ 的信任度。

由于情形(3)概括了(1)和(2)，可将公式(5.24)作为 $d''_{E\to N}(r_{ij}^u, r_{ij}^l)$ 的通用求解公式。将式(5.24)代入式(5.21)，可得 $r_{ij}^l(l=1, 2, \cdots, \ell, l\neq u, v)$ 中存在可计算参考点时 r_{ij}^u 与 r_{ij}^v 的距离 $d_{E\to N}(r_{ij}^u, r_{ij}^v)$。另外，结合已讨论的 $r_{ij}^l(l=1, 2, \cdots, \ell, l\neq u, v)$ 中无可计算参考点的情况，得到如下 r_{ij}^u 与 r_{ij}^v 的距离公式：

$$
d_{E\to N}(r_{ij}^u, r_{ij}^v) = \begin{cases} 0, & r_{ij}^l(l=1, 2, \cdots, \ell, l\neq u, v)\text{ 中无参考点} \\ s_c^{vu} \dfrac{\sum_{\substack{r_{ij}^l = P, \\ l \neq u, v}} s_a^{vl}}{\theta_P}, & r_{ij}^l(l=1, 2, \cdots, \ell, l\neq u, v)\text{ 中有参考点} \end{cases} \tag{5.25}
$$

其中，θ_P 为参考点 $r_{ij}^l = P$，$l=1, 2, \cdots, \ell, l\neq u, v$ 的数量，s_a^{vl} 为专家 E_v 对专家 E_l 的信任度，s_c^{vu} 为专家 E_v 对专家 E_u 的不信任度。

情形 3　当 $r_{ij}^u=P$，$r_{ij}^v=\emptyset^E$ 时，专家 E_v 需寻找参考点从而间接得到 r_{ij}^u 与 r_{ij}^v 的距离，记作 $d_{E\to P}(r_{ij}^u, r_{ij}^v)$。一方面，由于专家 E_v 信任专家 E_u，那么，专家 E_v 将 E_u 的评价值 $r_{ij}^u=P$ 作为参考点，此时 r_{ij}^u 与 r_{ij}^v 的距离为 $d'_{E\to P}(r_{ij}^u, r_{ij}^v)=0$；另一方面，由于专家 E_v 不信任 E_u，那么，专家 E_v 将其他专家 $E_l(l=1, 2, \cdots, \ell, l\neq u, v)$ 给出的 $r_{ij}^l=\emptyset^N$ 或 $r_{ij}^l=P$ 作为参考点，此时 r_{ij}^u 与 r_{ij}^v 的距离为 $d''_{E\to P}(r_{ij}^u, r_{ij}^v)=d''_{E\to P}(r_{ij}^u, r_{ij}^l)$。综合考虑专家 E_v 对专家 E_u 的信任度和不信任度，得到 r_{ij}^u 与 r_{ij}^v 的距离 $d_{E\to P}(r_{ij}^u, r_{ij}^v)$ 为：

$$
d_{E\to P}(r_{ij}^u, r_{ij}^v) = s_a^{vu} d'_{E\to P}(r_{ij}^u, r_{ij}^v) + s_c^{vu} d''_{E\to P}(r_{ij}^u, r_{ij}^v) = s_c^{vu} d''_{E\to P}(r_{ij}^u, r_{ij}^l) \tag{5.26}
$$

其中，s_a^{vu} 为专家 E_v 对 E_u 的信任度，s_c^{vu} 为专家 E_v 对 E_u 的不信任度。特别地，当无可计算的参考点时，即 $r_{ij}^l=\emptyset^E$，$l=1, 2, \cdots, \ell, l\neq u, v$，专家 E_v 只能信任 E_u，此时 $d_{E\to P}(r_{ij}^u, r_{ij}^v)=s_a^{vu}d'_{E\to P}(r_{ij}^u, r_{ij}^v)=0$。

接下来，我们来确定式(5.26)中 $r_{ij}^u=P$ 与参考点 $r_{ij}^l(l=1, 2, \cdots, \ell, l\neq u, v)$ 之间距离 $d''_{E\to P}(r_{ij}^u, r_{ij}^l)$，分以下情况讨论。

(1) 在 $r_{ij}^l(l=1, 2, \cdots, \ell, l\neq u, v)$ 中仅存在 $r_{ij}^l=\emptyset^N$ 可作为专家 E_v

的参考点，且由 $\theta_N \in (0,\ \ell-2]$ 位专家给出的情况下由于 $r_{ij}^u=P$ 与 $r_{ij}^l=\emptyset^N$ 代表截然相反的两种观点，$d(r_{ij}^u,\ r_{ij}^l)=d(P,\ \emptyset^N)=1$，那么：

$$d''_{E\to P}(r_{ij}^u,\ r_{ij}^l)=\frac{\sum_{r_{ij}^l=\emptyset^N,\ l\neq u,\ v} s_a^{vl} d(r_{ij}^u,\ r_{ij}^l)}{\theta_N}=\frac{\sum_{r_{ij}^l=\emptyset^N,\ l\neq u,\ v} s_a^{vl}}{\theta_N} \tag{5.27}$$

其中，s_a^{vl} 为专家 E_v 对 E_l 的信任度。

(2) 在 $r_{ij}^l(l=1,\ 2,\ \cdots,\ \ell,\ l\neq u,\ v)$ 中仅存在 $r_{ij}^l=P$ 可作为专家 E_v 的参考点，且由 $\theta_P \in (0,\ \ell-2]$ 位专家给出的情况下，r_{ij}^u 与 r_{ij}^l 的距离可由海明距离式(5.3)得到，那么：

$$d''_{E\to P}(r_{ij}^u,\ r_{ij}^l)=\frac{\sum_{r_{ij}^l=P,\ l\neq u,\ v} s_a^{vl} d(r_{ij}^u,\ r_{ij}^l)}{\theta_P}=\frac{\sum_{r_{ij}^l=P,\ l\neq u,\ v} s_a^{vl} d_H(r_{ij}^u,\ r_{ij}^l)}{\theta_P} \tag{5.28}$$

其中，s_a^{vl} 为专家 E_v 对 E_l 的信任度。

(3) 在 $r_{ij}^l(l=1,\ 2,\ \cdots,\ \ell,\ l\neq u,\ v)$ 中存在 $\theta_N \in [0,\ \ell-2]$ 个 $r_{ij}^{l\prime}=\emptyset^N$ 和 $\theta_P \in (0,\ \ell-2]$ 个 $r_{ij}^l=P$，且 $\theta_N+\theta_P \in (0,\ \ell-2]$ 的情况下，$d''_{E\to P}(r_{ij}^u,\ r_{ij}^l)$ 计算如下：

$$d''_{E\to P}(r_{ij}^u,\ r_{ij}^l)=\frac{\sum_{r_{ij}^l=\emptyset^N,\ l\neq u,\ v} s_a^{vl'}}{\theta_N}+\frac{\sum_{r_{ij}^l=P,\ l\neq u,\ v} s_a^{vl} d_H(r_{ij}^u,\ r_{ij}^l)}{\theta_P} \tag{5.29}$$

其中，s_a^{vl} 为专家 E_v 对 E_l 的信任度，$s_a^{vl'}$ 为专家 E_v 对 $E_{l'}$ 的信任度。$d_H(r_{ij}^u,\ r_{ij}^l)$ 为 r_{ij}^u 与 r_{ij}^l 之间的海明距离。

由于情形 (3) 概括了 (1) 和 (2)，可将式 (5.29) 作为通用公式来求解 $d''_{E\to P}(r_{ij}^u,\ r_{ij}^l)$。将式(5.29)代入式(5.26)，可得 $r_{ij}^l(l=1,\ 2,\ \cdots,\ \ell,\ l\neq u,\ v)$ 中存在可计算参考点时 r_{ij}^u 与 r_{ij}^v 的距离 $d_{E\to P}(r_{ij}^u,\ r_{ij}^v)$。另外，结合已讨论的 $r_{ij}^l(l=1,\ 2,\ \cdots,\ \ell,\ l\neq u,\ v)$ 中无可计算参考点的情况，得到如下 r_{ij}^u 与 r_{ij}^v 的距离公式：

$$d_{E\to P}(r_{ij}^u,\ r_{ij}^v)=$$
$$\begin{cases} 0, & r_{ij}^l(l=1,2,\cdots,\ell,\ l\neq u,v)\text{中无参考点} \\ s_c^{vu}\left(\dfrac{\sum_{r_{ij}^l=\emptyset^N,\ l'\neq u,\ v} s_a^{vl'}}{\theta_N}+\dfrac{\sum_{r_{ij}^l=P,\ l\neq u,\ v} s_a^{vl} d_H(r_{ij}^u,\ r_{ij}^l)}{\theta_P}\right), & r_{ij}^l(l=1,2,\cdots,\ell,\ l\neq u,v)\text{中有参考点} \end{cases} \tag{5.30}$$

其中，θ_N 和 θ_P 分别为 $r_{ij}^{l}(l=1,\ 2,\ \cdots,\ \ell,\ l\neq u,\ v)$ 中 $\emptyset^N$ 和 P 的数量，s_a^{vl} 和 $s_a^{vl'}$ 分别为专家 E_v 对 E_l 和 $E_{l'}$ 的信任度，s_c^{vu} 为专家 E_v 对 E_u 的不信任度，$d_H(r_{ij}^{u},\ r_{ij}^{l})$ 为 r_{ij}^{u} 与 r_{ij}^{l} 之间的海明距离。

我们将上述情形中非固定方案集和指标集中不同状态下 r_{ij}^{u} 和 r_{ij}^{v} 之间距离 d（r_{ij}^{u}，r_{ij}^{v}）的求解方法与结果进行总结，如表 5.10 所示。

表 5.10　非固定方案集和指标集中不同状态下 r_{ij}^{u} 和 r_{ij}^{v} 之间距离 d（r_{ij}^{u}，r_{ij}^{v}）的求解

r_{ij}^{u} 和 r_{ij}^{v} 的状态	r_{ij}^{u} 和 r_{ij}^{v} 的取值	d（r_{ij}^{u}，r_{ij}^{v}）
二者状态相同	$r_{ij}^{u}=r_{ij}^{v}=\emptyset^N$	0
	$r_{ij}^{u}=r_{ij}^{v}=\emptyset^E$	0
	$r_{ij}^{u}=r_{ij}^{v}=P$	式（5.3）
二者状态不同	$r_{ij}^{u}=P,\ r_{ij}^{v}=\emptyset^N$	1
	$r_{ij}^{u}=\emptyset^N,\ r_{ij}^{v}=\emptyset^E$	式（5.25）
	$r_{ij}^{u}=P,\ r_{ij}^{v}=\emptyset^E$	式（5.30）

（三）专家权重的确定

下面，我们给出非固定方案集和指标集下专家权重的求解方法，步骤如下。

步骤 1　利用式（5.31）求得专家 E_u 的评价矩阵 $\Re^u=(r_{ij}^{u})_{m\times n}$ 与专家 E_v 的评价矩阵 $\Re^v=(r_{ij}^{v})_{m\times n}$ 之间的距离，为：

$$D(\Re^u,\ \Re^v)=\frac{1}{m\times n}\sum_{i=1}^{m}\sum_{j=1}^{n}d(r_{ij}^{u},\ r_{ij}^{v}) \tag{5.31}$$

其中，$d(r_{ij}^{u},\ r_{ij}^{v})$ 为 r_{ij}^{u} 和 r_{ij}^{v} 之间的距离，可参照表 5.10 进行求解。

步骤 2　利用式（5.32）求得专家 E_l（$l=1,\ 2,\ \cdots,\ \ell$）的评价矩阵 $\Re^l=(r_{ij}^{l})_{m\times n}$ 与其他专家 $E_h(h=1,\ 2,\ \cdots,\ \ell,\ h\neq l)$ 的评价矩阵 $\Re^h=(r_{ij}^{h})_{m\times n}$ 之间的相对距离，为：

$$\phi(e_l)=\frac{\sum_{h=1,\ h\neq l}^{l}D(\Re^l,\ \Re^h)}{\sum_{l=1}^{l}\sum_{h=1,\ h\neq l}^{l}D(\Re^l,\ \Re^h)} \tag{5.32}$$

其中，$D(\Re^l,\ \Re^h)$ 为评价矩阵 $\Re^l=(r_{ij}^{l})_{m\times n}$ 与 $\Re^h=(r_{ij}^{h})_{m\times n}$ 之间的距离。

步骤 3　专家 $E_l(l=1,\ 2,\ \cdots,\ \ell)$ 的评价矩阵 $\Re^l=(r_{ij}^{l})_{m\times n}$ 与其他专

家矩阵之间的相对距离 $\phi(e_l)$ 越大，则专家 $E_l(l=1, 2, \cdots, \ell)$ 的权重越小。此外，专家 E_l 的评价矩阵中表示明确观点的评价值越多，即 $\varnothing^N$ 和 P 的数量越多，则该专家的权重越大。由此可得专家 $E_l(l=1, 2, \cdots, \ell)$ 的权重为：

$$\lambda_l' = \frac{1-\phi(e_l)}{\sum_{l=1}^{l}(1-\phi(e_l))} \cdot \frac{1-Num(r_{ij}^l=\varnothing^E)}{m\times n} \tag{5.33}$$

其中，$Num\ (r_{ij}^l=\varnothing^E)$ 为专家 $E_l\ (l=1, 2, \cdots, \ell)$ 的评价矩阵 $\Re^l=(r_{ij}^l)_{m\times n}$ 中 $r_{ij}^l=\varnothing^E$ 的数量。

步骤 4 利用 $\lambda_l=\lambda_l'/\sum_{l=1}^{\ell}\lambda_l'$ 得到标准化后的专家权重向量 $\lambda=(\lambda_1, \lambda_2, \cdots, \lambda_\ell)^T$。

二 基于概率语言 T 球面模糊交叉熵的排序方法

模糊交叉熵是由 Shang 和 Jiang（1997）提出的衡量不确定模糊信息的工具，可以用来表达两个集合的差异程度。受 Ye（2014）的启发，本节提出了概率语言 T 球面模糊交叉熵的概念，定义如下：

定义 5.6 假设 $\chi_{[0,l]}$ 包含了所有基于语言评价集 $S^{l+1}=\{s_0, s_1, \cdots, s_l\}$ 的 PLt-SFNs，已知 $\gamma_i=<S_a^i(P_a^i), S_b^i(P_b^i), S_c^i(P_c^i)>$ 和 $\gamma_i'=<S'^i_a(P'^i_a), S'^i_b(P'^i_b), S'^i_c(P'^i_c)>$，$i=1, 2, \cdots, n$ 为 $\chi_{[0,l]}$ 上两组标准化后的 PLt-SFNs，或分别记为：

$$\gamma_i=<\bigcup_{s_{a_j^i}\in S_a^i, p_{a_j^i}\in P_a^i}\{s_{a_j^i}(p_{a_j^i})\}, \bigcup_{s_{b_k^i}\in S_b^i, p_{b_k^i}\in P_b^i}\{s_{b_k^i}(p_{b_k^i})\}, \bigcup_{s_{c_t^i}\in S_c^i, p_{c_t^i}\in P_c^i}\{s_{c_t^i}(p_{c_t^i})\}>,$$

$i=1, 2, \cdots, n$

$$\gamma_i'=<\bigcup_{s_{a'^i_j}\in S'^i_a, p_{a'^i_j}\in P'^i_a}\{s_{a'^i_j}(p_{a'^i_j})\}, \bigcup_{s_{b'^i_k}\in S'^i_b, p_{b'^i_k}\in P'^i_b}\{s_{b'^i_k}(p_{b'^i_k})\}, \bigcup_{s_{c'^i_t}\in S'^i_c, p_{c'^i_t}\in P'^i_c}\{s_{c'^i_t}(p_{c'^i_t})\}>,$$

$i=1, 2, \cdots, n$

那么，γ 相对于 γ' 的交叉熵 $CE(\gamma, \gamma')$ 为：

$$CE(\gamma, \gamma')=\sum_{i=1}^{n}\left(A_i\log_2\frac{A_i}{\frac{1}{2}(A_i+A_i')}+(1-A_i)\log_2\frac{1-A_i}{1-\frac{1}{2}(A_i+A_i')}\right)+$$

$$\sum_{i=1}^{n}\left(B_i\log_2\frac{B_i}{\frac{1}{2}(B_i+B_i')}+(1-B_i)\log_2\frac{1-B_i}{1-\frac{1}{2}(B_i+B_i')}\right)+$$

$$\sum_{i=1}^{n}\left(C_i\log_2\frac{C_i}{\frac{1}{2}(C_i+C_i')}+(1-C_i)\log_2\frac{1-C_i}{1-\frac{1}{2}(C_i+C_i')}\right)$$

(5.34)

其中，$A=\frac{\sum_{j=1}^{\#s_a^i}(a_j^i)^q p_{a_j^i}}{l^q}$，$B=\frac{\sum_{k=1}^{\#s_b^i}(b_k^i)^q p_{b_k^i}}{l^q}$，$C=\frac{\sum_{t=1}^{\#s_c^i}(c_t^i)^q p_{c_t^i}}{l^q}$，$A'=\frac{\sum_{j=1}^{\#s'^i_a}(a'^i_j)^q p_{a'^i_j}}{l^q}$，$B'=\frac{\sum_{k=1}^{\#s'^i_b}(b'^i_k)^q p_{b'^i_k}}{l^q}$，$C'=\frac{\sum_{t=1}^{\#s'^i_c}(c'^i_t)^q p_{c'^i_t}}{l^q}$，$q\geqslant 1$。$\#s_a^i$，$\#s_b^i$ 和$\#s_c^i$ 分别为 γ_i 对应的 $S_a^i(P_a^i)$，$S_b^i(P_b^i)$和 $S_c^i(P_c^i)$中语言术语的个数，$\#s'^i_a$，$\#s'^i_b$ 和$\#s'^i_c$ 分别为 γ_i'对应的 $S'^i_a(P'^i_a)$，$S'^i_b(P'^i_b)$和 $S'^i_c(P'^i_c)$中语言术语的个数。

交叉熵 $CE(\gamma, \gamma')$表示 γ 对 γ'的歧化度，且 $CE(\gamma, \gamma')$越大，γ 与 γ'的差异越大。式(5.34)中等号右边的三行分别表示 γ_i 的隶属度部分、犹豫度部分和非隶属度对 γ_i'对应部分的交叉熵。由香农不等式可以证明 $CE(\gamma, \gamma')\geqslant 0$，且当 $\gamma=\gamma'$时，满足 $CE(\gamma, \gamma')=0$（Lin，1991）。$CE(\gamma, \gamma')$是非对称的，那么，向量 γ 与 γ'的对称交叉熵为 $CE^*(\gamma, \gamma')=CE(\gamma, \gamma')+CE(\gamma', \gamma)$，可由式(5.34)推导得到。若给定 $\chi_{[0,l]}$ 上任意 PLt-SFNs 的最优取值为 $\gamma_i^+=<\{s_l(1.00)\}, \{s_0(1.00)\}, \{s_0(1.00)\}>$，则可推导得到向量 γ 与最优向量 γ^+的对称交叉熵为：

$$CE^*(\gamma, \gamma^+)=\sum_{i=1}^{n}\left(A_i\log_2\frac{A_i}{\frac{1}{2}(A_i+1)}+(1-A_i)\log_2\frac{1-A_i}{1-\frac{1}{2}(A_i+1)}+\log_2\frac{1}{\frac{1}{2}(A_i+1)}\right)+$$
$$\sum_{i=1}^{n}\left(B_i+(1-B_i)\log_2\frac{1-B_i}{1-\frac{1}{2}B_i}++\log_2\frac{1}{1-\frac{1}{2}B_i}\right)+$$
$$\sum_{i=1}^{n}\left(C_i+(1-C_i)\log_2\frac{1-C_i}{1-\frac{1}{2}C_i}+\log_2\frac{1}{1-\frac{1}{2}C_i}\right) \quad (5.35)$$

其中，$A=\frac{\sum_{j=1}^{\#s_a^i}(a_j^i)^q p_{a_j^i}}{l^q}$，$B=\frac{\sum_{k=1}^{\#s_b^i}(b_k^i)^q p_{b_k^i}}{l^q}$，$C=\frac{\sum_{t=1}^{\#s_c^i}(c_t^i)^q p_{c_t^i}}{l^q}$，$\#s_a^i$，$\#s_b^i$ 和$\#s_c^i$ 分别为 γ_i 对应的 $S_a^i(P_a^i)$，$S_b^i(P_b^i)$和 $S_c^i(P_c^i)$中语言术语的个数。CE^*

(γ, γ^{+})越大，评价值向量γ越偏离最优值。

三　非固定方案集和指标集下方案多阶段评价模型

本节中，我们提出了非固定方案集和指标集下基于 PLt-SFNs 的建筑垃圾资源化方案多阶段评价模型。由于不同专家$E_l(l=1, 2, \cdots, \ell)$所给的方案集和指标集不完全相同，我们将合并后的总指标集记为$C=\{C_1, C_2, \cdots, C_n\}$，将总方案集记为$A=\{A_1, A_2, \cdots, A_m\}$。由此，可以得到专家$E_l(l=1, 2, \cdots, \ell)$给出的建筑垃圾资源化方案$A_i(i=1, 2, \cdots, m)$针对指标$C_j(j=1, 2, \cdots, n)$在第$k(k=1, 2, \cdots, v)$个阶段的初始评价矩阵$\Re^{kl}=(r_{ij}^{kl})_{m\times n}$，$k=1, 2, \cdots, v$，$l=1, 2, \cdots, \ell$。$r_{ij}^{kl}$的取值包括$r_{ij}^{kl}=\emptyset^{N}$，$r_{ij}^{kl}=\emptyset^{E}$和$r_{ij}^{kl}=P$三种情况，且由$A_i$和$C_j$的状态共同确定，具体可参见表 5.9。特别地，当$r_{ij}^{kl}=P$，评价值为语言评价集$S^{\xi+1}=\{s_0, s_1, \cdots, s_{\xi}\}$上标准化后的 Lt-SFNs，记作$r_{ij}^{kl}=<s_{a_{ij}^{kl}}, s_{b_{ij}^{kl}}, s_{c_{ij}^{kl}}>$。假设专家$E_l(l=1, 2, \cdots, \ell)$在各个阶段认为$r_{ij}^{kl}$的取值状态一致，下面我们提出非固定方案集和指标集下的建筑垃圾资源化方案的多阶段评价模型，主要包括阶段权重的确定、专家的权重的确定和备选方案排序三部分，如图 5.2 所示，具体步骤如下。

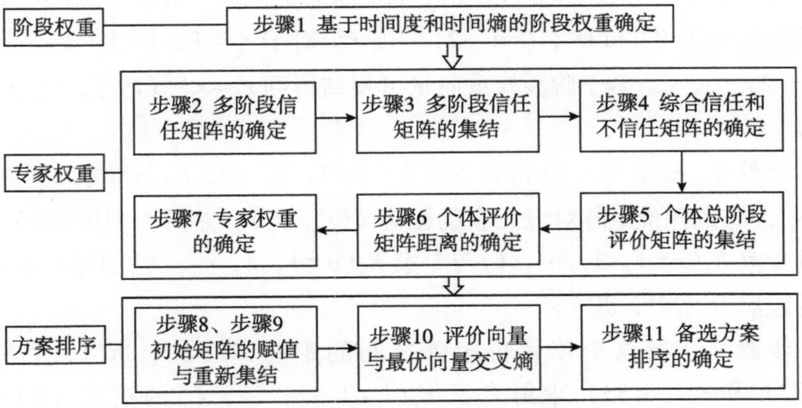

图 5.2　非固定方案集和指标集下建筑垃圾资源化方案的多阶段评价流程

步骤 1　利用式（5.7）建立基于时间度和时间熵的非线性规划模型，从而得到阶段权重向量$\vartheta=(\vartheta_1, \vartheta_2, \cdots, \vartheta_v)^T$。

步骤 2　考虑到不同阶段专家经验和知识的差异，建立第$k(k=1,$

2，…，v)个阶段专家 E_u 与 $E_v(u, v=1, 2, \cdots, \ell)$之间的信任矩阵 $\Omega^k=(\zeta_{uv}^k)_{l\times l}$，$k=1, 2, \cdots, v$，其中，$\zeta_{uv}^k=<\varsigma_{a_{uv}^k}, \varsigma_{b_{uv}^k}, \varsigma_{c_{uv}^k}>$为 Lt-SFNs，$\varsigma_{a_{uv}^k}$，$\varsigma_{b_{uv}^k}$，$\varsigma_{c_{uv}^k}\in M^{\eta+1}$，$M^{\eta+1}=\{\varsigma_0, \varsigma_1, \cdots, \varsigma_\eta\}$。

步骤 3 根据阶段权重向量 $\vartheta=(\vartheta_1, \vartheta_2, \cdots, \vartheta_v)^T$，将 $\Omega^k=(\zeta_{uv}^k)_{l\times l}$，$k=1, 2, \cdots, v$ 集结得到总阶段的专家信任矩阵 $\Omega=(\zeta_{uv})_{l\times l}$，且 $\zeta_{uv}=<S_a^{uv}(P_a^{uv}), S_b^{uv}(P_b^{uv}), S_c^{uv}(P_c^{uv})>$为 PLt-SFNs。其中，$S_a^{uv}(P_a^{uv})=\{(\varsigma_t, p_t^{uv})\mid t=0, 1, \cdots, \eta\}$，$S_b^{uv}(P_b^{uv})=\{(\varsigma_t, \dot{p}_t^{uv})\mid t=0, 1, \cdots, \eta\}$，$S_c^{uv}(P_c^{uv})=\{(\varsigma_t, \ddot{p}_t^{uv})\mid t=0, 1, \cdots, \eta\}$。$p_{ij}^t$，$\dot{p}_{ij}^t$ 和 $\ddot{p}_{ij}^t$ 分别为 $p_t^{uv}=\sum_{k\in K_{ij}^t}\vartheta_k$，$\dot{p}_t^{uv}=\sum_{k\in \dot{K}_{ij}^t}\vartheta_k$ 和 $\ddot{p}_t^{uv}=\sum_{k\in \ddot{K}_{ij}^t}\vartheta_k$，其中，$K_{ij}^t=\{k\mid a_{uv}^k=t\}$，$\dot{K}_{ij}^t=\{k\mid b_{uv}^k=t\}$ 和 $\ddot{K}_{ij}^t=\{k\mid c_{uv}^k=t\}$，$t=0, 1, \cdots, \eta$。

步骤 4 分别利用式（5.19）和式（5.20）得到专家 E_u 对 $E_v(u, v=1, 2, \cdots, \ell)$的综合信任度矩阵 $S_a^{uv}=(s_a^{uv})_{\ell\times\ell}$ 和不信任度矩阵 $S_c^{uv}=(s_c^{uv})_{\ell\times\ell}$。

步骤 5 将 v 个阶段的初始评价矩阵 $\mathfrak{R}^{kl}=(r_{ij}^{kl})_{m\times n}$，$k=1, 2, \cdots, v$ 融合，从而得到专家 $E_l(l=1, 2, \cdots, \ell)$在总时间阶段的评价矩阵 $\mathfrak{R}^l=(r_{ij}^l)_{m\times n}$。由于专家在不同阶段对 r_{ij}^{kl} 取值状态的判断一致，$\emptyset^N$ 和 $\emptyset^E$ 在集结后仍分别为 $\emptyset^N$ 和 $\emptyset^E$，$l=1, 2, \cdots, \ell$。对于 $r_{ij}^{kl}=P$，$k=1, 2, \cdots, v$，$l=1, 2, \cdots, \ell$，基于阶段权重向量可集结得到 $r_{ij}^l=<S_{al}^{ij}(P_{al}^{ij}), S_{bl}^{ij}(P_{bl}^{ij}), S_{cl}^{ij}(P_{cl}^{ij})>$。

步骤 6 根据表 5.10 得到专家 $E_u(u=1, 2, \cdots, \ell)$与专家 $E_v(v=1, 2, \cdots, \ell)$的评价矩阵对应元素的距离 $d(r_{ij}^u, r_{ij}^v)$。然后，利用式(5.31)得到专家 $E_u(u=1, 2, \cdots, \ell)$与专家 $E_v(v=1, 2, \cdots, \ell)$的评价矩阵之间的距离 D（$\mathfrak{R}^u$，$\mathfrak{R}^v$）。

步骤 7 根据个体评价矩阵之间的距离 D（$\mathfrak{R}^u$，$\mathfrak{R}^v$），利用式（5.32）和式（5.33）求得专家 $E_l(l=1, 2, \cdots, \ell)$的权重 $\lambda_l'(l=1, 2, \cdots, \ell)$，然后，利用公式 $\lambda_l=\lambda_l'/\sum_{l=1}^{\ell}\lambda_l'$得到标准化后的专家权重向量 $\lambda=(\lambda_1, \lambda_2, \cdots, \lambda_l)^T$。

步骤 8 对初始评价矩阵 $\mathfrak{R}^{kl}=(r_{ij}^{kl})_{m\times n}$ 中的 $r_{ij}^{kl}=\emptyset^E$ 和 $r_{ij}^{kl}=\emptyset^N$ 重新赋值。对于 $r_{ij}^{kl}=P$，令 $\overline{r}_{ij}^{kl}=r_{ij}^{kl}=<s_{a_{ij}^{kl}}, s_{b_{ij}^{kl}}, s_{c_{ij}^{kl}}>$；对于 $r_{ij}^{kl}=\emptyset^N$，令 $\overline{r}_{ij}^{kl}=0$；对

于 $r_{ij}^{kl}=\emptyset^E$，利用如下替代值来补全空缺的信任值：

$$\overline{r}_{ij}^{kl}=\bigoplus_{u\in U}\frac{s_a^{lu}}{\sum_{u\in U}s_a^{lu}}r_{ij}^{ku} \tag{5.36}$$

其中，$U=\{u\mid r_{ij}^{ku}=P\}$ 为参数 i，j，k 给定时满足 $r_{ij}^{ku}=P$，$u=1, 2, \cdots, \ell$ 的专家序号 u 的集合，s_a^{lu} 为专家 E_l 对专家 E_u 的信任度。式（5.36）的运算可借助 Liu 等（2020）提出的语言 T 球面模糊集加权平均算子（Lt-SFSWA）来完成。

由此，得到重新赋值后的评价矩阵 $\overline{\Re}^{kl}=(\overline{r}_{ij}^{kl})_{m\times n}$，其中，元素 $\overline{r}_{ij}^{kl}$ 表示为：

$$\overline{r}_{ij}^{kl}=\begin{cases}<s_{a_{ij}^{kl}},\ s_{b_{ij}^{kl}},\ s_{c_{ij}^{kl}}>, & \text{若 } r_{ij}^{kl}=P\\ \bigoplus_{u\in U}\frac{s_a^{lu}}{\sum_{u\in U}s_a^{lu}}r_{ij}^{ku}, & \text{若 } r_{ij}^{kl}=\emptyset^E\\ 0, & \text{若 } r_{ij}^{kl}=\emptyset^N\end{cases} \tag{5.37}$$

步骤 9　基于专家权重向量 $\boldsymbol{\lambda}$ 和阶段权重向量 $\boldsymbol{\vartheta}$，将矩阵 $\overline{\Re}^{kl}=(\overline{r}_{ij}^{kl})_{m\times n}$ 集结得到方案 $A_i(i=1, 2, \cdots, m)$ 针对指标 $C_j(j=1, 2, \cdots, n)$ 在总阶段内的综合评价矩阵 $\mathbb{R}=(\gamma_{ij})_{m\times n}$。对于 $\overline{r}_{ij}^{kl}=P$，对元素 $\overline{r}_{ij}^{kl}$ 赋予权重 $\boldsymbol{\varpi}_{kl}=\boldsymbol{\lambda}_l\boldsymbol{\vartheta}_k$ 进行集结，其中，$\boldsymbol{\lambda}_l(l=1, 2, \cdots, \ell)$ 为专家 $E_l(l=1, 2, \cdots, \ell)$ 的权重，$\boldsymbol{\vartheta}_k$ 第 $k(k=1, 2, \cdots, v)$ 个阶段的权重。集结后得到 $\boldsymbol{\gamma}_{ij}$ 的隶属度、犹豫度和非隶属度分别为 $S_a^{ij}(P_a^{ij})=\{(s_t, p_t^{ij})\mid t=0, 1, \cdots, \xi\}$，$S_b^{ij}(P_b^{ij})=\{(s_t, \dot{p}_t^{ij})\mid t=0, 1, \cdots, \xi\}$，$S_c^{ij}(P_c^{ij})=\{(s_t, \ddot{p}_t^{ij})\mid t=0, 1, \cdots, \xi\}$，其中，$p_t^{ij}=\sum_{(k,l)\in K_{ij}^t}\boldsymbol{\varpi}_{kl}$，$\dot{p}_t^{ij}=\sum_{(k,l)\in \dot{K}_{ij}^t}\boldsymbol{\varpi}_{kl}$，$\ddot{p}_t^{ij}=\sum_{(k,l)\in \ddot{K}_{ij}^t}\boldsymbol{\varpi}_{kl}$，且 $K_{ij}^t=\{(k, l)\mid a_{ij}^{kl}=t\}$，$\dot{K}_{ij}^t=\{(k, l)\mid b_{ij}^{kl}=t\}$，$\ddot{K}_{ij}^t=\{(k, l)\mid c_{ij}^{kl}=t\}$，$k=1, 2, \cdots, v$，$l=1, 2, \cdots, \ell$。那么，可将集结后的评价值 $\boldsymbol{\gamma}_{ij}$ 记为：

$$\boldsymbol{\gamma}_{ij}=\begin{cases}<\bigcup_{s_{a_o^{ij}}\in S_a^{ij}, p_{a_o}^{ij}\in P_a^{ij}}\{s_{a_0^{ij}}(p_{a_o}^{ij})\},\ \bigcup_{s_{b_k^{ij}}\in S_b^{ij}, p_{b_k}^{ij}\in P_b^{ij}}\{s_{b_k^{ij}}(p_{b_k}^{ij})\},\ \bigcup_{s_{c_t^{ij}}\in S_c^{ij}, p_{c_t}^{ij}\in P_c^{ij}}\{s_{c_t^{ij}}(p_{c_t}^{ij})\}>, & \overline{r}_{ij}^{kl}=P\\ 0, & \overline{r}_{ij}^{kl}=0\end{cases}$$

步骤 10　将综合评价矩阵 $\mathbb{R}=(\gamma_{ij})_{m\times n}$ 转化为方案 $A_i(i=1, 2, \cdots,$

m)的评价向量$\gamma_i=(\gamma_{i1},\ \gamma_{i2},\ \cdots,\ \gamma_{il})^T$，$i=1,\ 2,\ \cdots,\ m$。然后，基于指标权重向量$\omega=(\omega_1,\ \omega_2,\ \cdots,\ \omega_n)^T$，利用式(5.38)得到向量$\gamma_i(i=1,\ 2,\ \cdots,\ m)$与最优值$\gamma^+=<\{s_\xi(1.00)\},\ \{s_0(1.00)\},\ \{s_0(1.00)\}>$组成的向量$\gamma^+=(\gamma_1^+,\ \gamma_2^+,\ \cdots,\ \gamma_n^+)^T$的加权对称交叉熵为：

$$CE^*(\gamma_i,\ \gamma^+)=\sum_{j=1}^{n}\omega_j\left(A_{ij}\log_2\frac{A_{ij}}{\frac{1}{2}(A_{ij}+1)}+(1-A_{ij})\log_2\frac{1-A_{ij}}{1-\frac{1}{2}(A_{ij}+1)}+\log_2\frac{1}{\frac{1}{2}(A_{ij}+1)}\right)+$$
$$\sum_{j=1}^{n}\omega_j\left(B_{ij}+(1-B_{ij})\log_2\frac{1-B_{ij}}{1-\frac{1}{2}B_{ij}}+\log_2\frac{1}{1-\frac{1}{2}B_{ij}}\right)+$$
$$\sum_{j=1}^{n}\omega_j\left(C_{ij}+(1-C_{ij})\log_2\frac{1-C_{ij}}{1-\frac{1}{2}C_{ij}}+\log_2\frac{1}{1-\frac{1}{2}C_{ij}}\right)\qquad(5.38)$$

其中，$A_{ij}=\dfrac{\sum_{o=1}^{\#s_a^{ij}}(a_o^{ij})^q p_{a_o}^{ij}}{\xi^q}$，$B_{ij}=\dfrac{\sum_{k=1}^{\#s_b^{ij}}(b_k^{ij})^q p_{b_k}^{ij}}{\xi^q}$，$C_{ij}=\dfrac{\sum_{t=1}^{\#s_c^{ij}}(c_t^{ij})^q p_{c_t}^{ij}}{\xi^q}$，$q\geqslant1$。$\#s_a^{ij}$，$\#s_b^{ij}$和$\#s_c^{ij}$分别为$\gamma_{ij}$中隶属度、犹豫度和非隶属度中语言术语的个数。$\xi$为语言评价集$S^{\xi+1}$中最大语言术语的下标。

步骤11 根据加权对称交叉熵$CE^*(\gamma_i,\ \gamma^+)(i=1,\ 2,\ \cdots,\ m)$的大小对方案$A_i(i=1,\ 2,\ \cdots,\ m)$进行排序。$CE^*(\gamma_i,\ \gamma^+)$越小，则方案$A_i$越优。

四 算例分析

为了改善西安市内某城中村的居民住宅环境，有关部门计划对相关区域进行拆迁和重建，并对所产生的建筑拆除垃圾和装修垃圾进行资源化处理。经筛选确定了四个代表性建筑垃圾资源化处理方案，包括生产再生骨料(A_1)、生产再生砖(A_2)、生产再生骨料与再生砌块(A_3)、路基填埋与生产再生砖(A_4)。为了确定近十年内技术方面表现最优的方案，我们邀请专家E_1、E_2、E_3、E_4参与评价，并确定了六个参考指标，包括分拣破碎水平(C_{41-1})、资源化程度(C_{41-2})、系统负荷(C_{41-3})、再生制品质量(C_{42-4})、技术人员水平(C_{43-1})和信息技术利用水平(C_{43-2})，分别记为C_1、C_2、C_3、C_4、C_5和C_6。已知本算例评价时间段的划分同本章第二节第四部分所述，且指标权重向量为$\omega=(0.20,\ 0.15,\ 0.20,\ 0.20,\ 0.15,\ 0.10)^T$。针对方案$A_i(i=1,\ 2,\ 3,\ 4)$在第$k(k=1,\ 2,\ 3,\ 4)$个阶段实施的技术效果，专家 $E_l(l=1, 2, 3, 4)$ 基于语言评价集 $S^7=\{s_0, s_1, s_2, s_3, s_4, s_5, s_6\}=\{$“很低”，“低”，“较低”，“中等”，“较高”，“高”，“很高”$\}$ 进行评价，由此得到初始评价矩阵 $\Re^{kl}$，$l=1, 2, 3, 4$，$k=1, 2, 3, 4$。例如，专家 E_1 给出的四个时间阶段的方案初始评价矩阵为 $\Re^{k1}=(r_{ij}^{k1})_{4\times6}$，如表 5.11 所示。在评价过程中，每位专家对各个方案和指标的必要性的认同程度和熟悉程度不同，因此评价值的取值分为三种情形：$r_{ij}^{kl}=\varnothing^N$，$\varnothing^E$ 或 $\langle s_{a_{ij}^{kl}}, s_{b_{ij}^{kl}}, s_{c_{ij}^{kl}}\rangle$。此外，专家组基于语言评价集 $M^7=\{\varsigma_0, \varsigma_1, \cdots, \varsigma_6\}=\{$“很低”，“较低”，“低”，“中等”，“高”，“较高”，“很高”$\}$ 进行信任评价。下面运用非固定方案集和指标集下建筑垃圾资源化方案多阶段评价模型对备选方案进行排序，具体步骤如下。

表 5.11　　　　专家 E_1 给出的四个阶段的评价矩阵

		C_1	C_2	C_3	C_4	C_5	C_6
P_1	A_1	$\varnothing^N$	$\langle s_5, s_0, s_1\rangle$	$\langle s_3, s_0, s_2\rangle$	$\langle s_3, s_2, s_1\rangle$	$\langle s_4, s_0, s_2\rangle$	$\langle s_3, s_1, s_1\rangle$
	A_2	$\varnothing^N$	$\langle s_4, s_0, s_1\rangle$	$\varnothing^E$	$\langle s_3, s_0, s_1\rangle$	$\langle s_3, s_1, s_1\rangle$	$\langle s_4, s_0, s_1\rangle$
	A_3	$\varnothing^N$	$\varnothing^N$	$\varnothing^N$	$\varnothing^N$	$\varnothing^N$	$\varnothing^N$
	A_4	$\varnothing^N$	$\langle s_5, s_1, s_0\rangle$	$\langle s_4, s_1, s_0\rangle$	$\langle s_3, s_1, s_0\rangle$	$\langle s_3, s_1, s_1\rangle$	$\langle s_3, s_0, s_1\rangle$
P_2	A_1	$\varnothing^N$	$\langle s_4, s_0, s_1\rangle$	$\langle s_3, s_0, s_2\rangle$	$\langle s_2, s_2, s_1\rangle$	$\langle s_4, s_0, s_2\rangle$	$\langle s_2, s_1, s_2\rangle$
	A_2	$\varnothing^N$	$\langle s_4, s_1, s_1\rangle$	$\varnothing^E$	$\langle s_3, s_1, s_1\rangle$	$\langle s_3, s_2, s_1\rangle$	$\langle s_3, s_0, s_1\rangle$
	A_3	$\varnothing^N$	$\varnothing^N$	$\varnothing^N$	$\varnothing^N$	$\varnothing^N$	$\varnothing^N$
	A_4	$\varnothing^N$	$\langle s_4, s_1, s_0\rangle$	$\langle s_4, s_1, s_0\rangle$	$\langle s_3, s_1, s_0\rangle$	$\langle s_3, s_1, s_1\rangle$	$\langle s_4, s_1, s_1\rangle$
P_3	A_1	$\varnothing^N$	$\langle s_5, s_0, s_1\rangle$	$\langle s_3, s_0, s_2\rangle$	$\langle s_3, s_2, s_1\rangle$	$\langle s_4, s_0, s_2\rangle$	$\langle s_3, s_2, s_1\rangle$
	A_2	$\varnothing^N$	$\langle s_4, s_0, s_1\rangle$	$\varnothing^E$	$\langle s_3, s_0, s_1\rangle$	$\langle s_4, s_1, s_1\rangle$	$\langle s_4, s_0, s_1\rangle$
	A_3	$\varnothing^N$	$\varnothing^N$	$\varnothing^N$	$\varnothing^N$	$\varnothing^N$	$\varnothing^N$
	A_4	$\varnothing^N$	$\langle s_5, s_1, s_0\rangle$	$\langle s_5, s_0, s_0\rangle$	$\langle s_3, s_1, s_0\rangle$	$\langle s_3, s_1, s_1\rangle$	$\langle s_3, s_0, s_1\rangle$
P_4	A_1	$\varnothing^N$	$\langle s_4, s_1, s_1\rangle$	$\langle s_3, s_0, s_2\rangle$	$\langle s_1, s_2, s_1\rangle$	$\langle s_4, s_0, s_2\rangle$	$\langle s_3, s_1, s_2\rangle$
	A_2	$\varnothing^N$	$\langle s_4, s_1, s_1\rangle$	$\varnothing^E$	$\langle s_3, s_1, s_2\rangle$	$\langle s_3, s_2, s_0\rangle$	$\langle s_3, s_0, s_1\rangle$
	A_3	$\varnothing^N$	$\varnothing^N$	$\varnothing^N$	$\varnothing^N$	$\varnothing^N$	$\varnothing^N$
	A_4	$\varnothing^N$	$\langle s_3, s_1, s_2\rangle$	$\langle s_4, s_1, s_1\rangle$	$\langle s_3, s_1, s_0\rangle$	$\langle s_3, s_1, s_1\rangle$	$\langle s_4, s_0, s_1\rangle$

步骤 1　由于专家比较重视近期数据，利用式（5.7）求得四个阶段

权重向量为 $\vartheta=(0.10, 0.16, 0.28, 0.46)^T$。

步骤 2—步骤 4 建立各阶段内专家之间基于 Lt-SFNs 的信任矩阵 $\Omega^k=(\zeta_{uv}^k)_{4\times4}$，$k=1, 2, 3, 4$，如表 E1 所示。然后，根据阶段权重向量 $=(0.10, 0.16, 0.28, 0.46)^T$，对表 E1 集结得到整个时间段内基于 PLt-SFNs 的信任矩阵 $\Omega=(\zeta_{uv})_{4\times4}$，如表 5.12 所示。基于表 5.12，分别利用式(5.19)和式(5.20)得到综合信任度矩阵 $S_a^{uv}=(s_a^{uv})_{4\times4}$ 和不信任度矩阵 $S_c^{uv}=(s_c^{uv})_{4\times4}$：

$$S_a^{uv}=\begin{pmatrix} - & 0.5167 & 0.6400 & 0.5000 \\ 0.5767 & - & 0.6233 & 0.5000 \\ 0.4833 & 0.6400 & - & 0.6833 \\ 0.6400 & 0.7867 & 0.6667 & - \end{pmatrix}$$

$$S_c^{uv}=\begin{pmatrix} - & 0.3333 & 0.1667 & 0.1667 \\ 0.3333 & - & 0.1667 & 0.3333 \\ 0.0633 & 0.1667 & - & 0.1667 \\ 0.2300 & 0 & 0.1200 & - \end{pmatrix}$$

表 5.12　集结后总时间段内的专家信任矩阵

	E_1	E_2	E_3	E_4
E_1	—	$\langle\{\varsigma_3(0.9), \varsigma_4(0.1)\}, \{\varsigma_0(0.38), \varsigma_1(0.62)\}, \{\varsigma_2(1)\}\rangle$	$\langle\{\varsigma_3(0.16), \varsigma_4(0.84)\}, \{\varsigma_1(1)\}, \{\varsigma_1(1)\}\rangle$	$\langle\{\varsigma_3(1)\}, \{\varsigma_1(1)\}, \{\varsigma_1(1)\}\rangle$
E_2	$\langle\{\varsigma_3(0.54), \varsigma_4(0.46)\}, \{\varsigma_0(0.46), \varsigma_1(0.28), \varsigma_2(0.26)\}, \{\varsigma_2(1)\}\rangle$	—	$\langle\{\varsigma_3(0.26), \varsigma_4(0.74)\}, \{\varsigma_0(1)\}, \{\varsigma_1(1)\}\rangle$	$\langle\{\varsigma_3(1)\}, \{\varsigma_1(1)\}, \{\varsigma_2(1)\}\rangle$
E_3	$\langle\{\varsigma_2(0.1), \varsigma_3(0.9)\}, \{\varsigma_2(0.9), \varsigma_3(0.1)\}, \{\varsigma_0(0.62), \varsigma_1(0.38)\}\rangle$	$\langle\{\varsigma_3(0.16), \varsigma_4(0.84)\}, \{\varsigma_0(0.62), \varsigma_1(0.38)\}, \{\varsigma_1(1)\}\rangle$	—	$\langle\{\varsigma_4(0.9), \varsigma_5(0.1)\}, \{\varsigma_0(0.72), \varsigma_1(0.28)\}, \{\varsigma_1(1)\}\rangle$
E_4	$\langle\{\varsigma_3(0.16), \varsigma_4(0.84)\}, \{\varsigma_0(0.38), \varsigma_1(0.62)\}, \{\varsigma_1(0.62), \varsigma_2(0.38)\}\rangle$	$\langle\{\varsigma_4(0.28), \varsigma_5(0.72)\}, \{\varsigma_0(1)\}, \{\varsigma_0(1)\}\rangle$	$\langle\{\varsigma_4(1)\}, \{\varsigma_1(1)\}, \{\varsigma_0(0.28), \varsigma_1(0.72)\}\rangle$	—

步骤 5　根据阶段权重向量 ϑ 将四个阶段的初始评价矩阵 $\Re^{kl}=(r_{ij}^{kl})_{4\times6}$ 集结，得到专家 $E_l(l=1,2,3,4)$ 在总阶段内的评价矩阵 $\Re^{l}=(r_{ij}^{l})_{4\times6}$，$l=1,2,3,4$，如表 E2—表 E5 所示。

步骤 6　根据表 5.10 求得专家的评价矩阵对应元素之间的距离 $d(r_{ij}^{u},r_{ij}^{v})$，$u,v=1,2,3,4$，如表 E6 所示。对于同种状态的评价值，如 $r_{31}^{1}=r_{31}^{2}=\emptyset^{N}$，可得 $d(r_{31}^{1},r_{31}^{2})=d(\emptyset^{N},\emptyset^{N})=0$。再如，$r_{16}^{1}$ 和 r_{16}^{2} 都为 P，利用海明距离式(5.3)求得 $d(r_{16}^{1},r_{16}^{2})=d_{H}(r_{16}^{1},r_{16}^{2})=0.0146$。对于不同状态的评价数据，如 $r_{11}^{1}=\emptyset^{N}$ 和 $r_{11}^{2}=P$，$d(r_{11}^{1},r_{11}^{2})=d(\emptyset^{N},P)=1$；再如，对于 $r_{23}^{1}=\emptyset^{E}$ 和 $r_{23}^{2}=P$，此时专家 E_1 需寻找参考点，可以作为参考点的元素为 $r_{23}^{3}=P$ 和 $r_{23}^{4}=\emptyset^{N}$。根据式(5.30)中的存在参考点的情况，借助信任度矩阵 S_{a}^{uv} 和非信任度矩阵 S_{c}^{uv}，得到：

$$d_{E\to P}(r_{23}^{1},r_{23}^{2})=s_{c}^{12}\left(\frac{s_{a}^{14}}{\theta_{N}}+\frac{s_{a}^{13}d_{H}(r_{23}^{2},r_{23}^{3})}{\theta_{P}}\right)=0.3333\times\left(\frac{0.5}{1}+\frac{0.64\times0.0009}{1}\right)=$$

0.1668。

然后，基于表 E6 中矩阵之间对应元素的距离，利用式（5.31）求得专家评价矩阵之间的距离 $D(\Re^{u},\Re^{v})$，$u,v=1,2,3,4$，由此得到如下矩阵：

$$D=\begin{pmatrix}0 & 0.3616 & 0.6270 & 0.5479\\ 0.3616 & 0 & 0.5111 & 0.6174\\ 0.6270 & 0.5111 & 0 & 0.4706\\ 0.5479 & 0.6174 & 0.4706 & 0\end{pmatrix}$$

步骤 7　利用式（5.32）和式（5.33）求得 $\lambda'=(0.2412,0.2541,0.2375,0.2464)^{T}$，标准化后得到专家权重向量为 $\lambda=(0.2463,0.2596,0.2425,0.2516)^{T}$。

步骤 8—步骤 9　利用式（5.37）将初始评价矩阵 $\Re^{kl}=(r_{ij}^{kl})_{4\times6}$ 中的 $r_{ij}^{kl}=\emptyset^{E}$ 和 $r_{ij}^{kl}=\emptyset^{N}$ 重新赋值，转化后为矩阵 $\overline{\Re}^{kl}=(\overline{r}_{ij}^{kl})_{4\times6}$。然后，基于专家权重向量 λ 和阶段权重向量 ϑ，集结得到专家组在整个时间段的综合评价矩阵 $\mathbb{R}=(\gamma_{ij})_{4\times6}$，如表 E7 所示。

步骤 10—步骤 11　基于指标权重向量 $\omega=(0.20,0.15,0.20,0.20,0.15,0.10)^{T}$，利用式（5.38）计算表 E7 中向量 $\gamma_i(i=1,2,3,4)$ 与最优值向量 γ^{+} 的加权对称交叉熵，得到 $CE^{*}(\gamma_1,\gamma^{+})=0.0546$，

$CE^*(\gamma_2, \gamma^+)=0.0343$，$CE^*(\gamma_3, \gamma^+)=0.0386$，$CE^*(\gamma_4, \gamma^+)=0.0515$。因此，四个备选方案的排序为 $A_2 > A_3 > A_4 > A_1$。

若利用得分函数将表 E7 中整个阶段内专家组的综合评价矩阵都转化为实数形式，然后利用指标权重向量 $\omega=(0.20, 0.15, 0.20, 0.20, 0.15, 0.10)^T$ 集结，利用方案的综合评价值得到方案排序为 $A_3 > A_2 > A_4 > A_1$，且方案 A_2 与 A_3 的排序值非常接近。在运用得分函数计算时忽略了犹豫度部分的影响，只考虑了隶属度和非隶属度部分的作用，并且在将 PLt-SFNs 转化为实数过程中往往会造成数据丢失和扭曲。相比之下，利用概率语言 T 球面模糊交叉熵排序时能够同时考虑隶属度、非隶属度和犹豫度三个部分，全面判断评价值向量与最优值向量之间的差异从而获得方案排序，因此，相比基于得分函数的排序方法的可信度更高。此外，基于表 E7 中数据和权重向量，利用基于 PLt-SFNs 的 TOPSIS 法得到的排序为 $A_2 > A_3 > A_4 > A_1$，与本书所提出排序方法的结果一致。然而，TOPSIS 法在使用过程中需要比较同一指标下的评价值来确定正负理想解，然后由评价值向量与正负理想解向量之间的加权距离获得排序结果。相比而言，本书所提出的基于概率语言 T 球面模糊交叉熵的方案排序方法计算过程相对简单，通过比较各方案评价值向量与给定正理想解向量的差异就能确定方案排序。

第四节　本章小结

本章中，我们提出了 PLt-SFNs 的概念、标准化方法、距离测度以及相应的多粒度统一化方法。接着，在 PLt-SFNs 环境下分别提出了固定和非固定的方案集与指标集下的建筑垃圾资源化方案多阶段评价模型。对于前者，当方案集和指标集固定时，首先，利用时间度和时间熵建立最优化模型从而确定阶段权重；其次，利用 TOPSIS 法和 Shapley 值法建立最优化模型，从而求得指标的最优模糊测度；最后，提出基于 PLt-SFNs 的 Shapley-Choquet 概率超越算法对隶属度、犹豫度和非隶属度分别进行集结，从而得到方案的综合评价值并确定方案排序。对于后者，我们假设每个专家所选择的方案集和指标集不完全相同，但是同一专家在各个阶段对于各方案和指标的认知是固定的，包括认为必要且熟悉、必要但不熟悉和没有必要三种情形。在非固定方案集和指标集下，首先，通过多阶段信任评价和集结得到专家之间的综合信任度矩阵和不信任度矩阵；其次，借助信任关系确定个体评价矩阵的距离并求得专家的权重；最后，利用基于概率语言 T 球面模糊交叉熵通过衡量方案评价值向量与最优值向量之间的差异确定方案排序。

第六章 基于混合数据类型的建筑垃圾资源化方案评价模型

在建筑垃圾资源化方案的评价过程中，鉴于评价指标的多样性和差异性，其属性值的表达形式常常呈现出不一致的特点。对于一些容易量化或数据容易收集的指标，如成本、投资收益率等，可用精确数或者实数来表示；而对于一些定性指标如环保性、技术难度等，专家往往会根据自身习惯和偏好并结合不同数据的特点，采用不同类型的模糊数进行定性评价。此外，在面临决策时间紧迫或精确数据难以获取的情境下，专家常常倾向于运用模糊数进行评估。因此，在建筑垃圾资源化方案的多属性评价过程中，往往会面临含有多种混合数据类型的多属性决策问题。本章重点研究不确定环境下含有 TrPFZTLVs、PLt-SFNs、TFNs 和实数四种数据的建筑垃圾资源化方案多属性决策问题，分别在无样本方案和给定样本方案的前提下提出了相应的混合多属性建筑垃圾资源化方案评价模型。前者在考虑专家权重未知时，通过社会网络分析（SNA）来确定专家权重，然后提出将四种混合信息统一转化为粗数的方法，最后将双参数 TOPSIS 法拓展至粗数环境下获得方案排序。对于后者，在指标权重信息未知时，提出了 PFLN-BWM 法确定指标的主观权重，然后利用综合靶心距和信息熵来确定指标的客观权重，从而得到指标的组合权重。在该模型中，专家根据以往经验给出样本方案的评价向量作为正靶心，通过衡量备选方案与样本方案在各个指标下的相对靶心距，借助基于项链排列的蛛网灰靶决策方法来确定建筑垃圾资源化方案的排序。最后，本章以农村大规模建设中的建筑垃圾资源化方案评价与选择为例，说明了两种模型的具体实施过程及各自的优越性。

第一节　基于异质数据统一化的建筑垃圾资源化方案评价模型

本节提出了专家权重未知时基于异质数据统一化的多属性建筑垃圾资源化方案群决策模型，主要包括基于 SNA 的专家权重的确定，将异质评价信息统一为粗数和粗数环境下基于双参数 TOPSIS 法的方案排序三个部分。

一　基于 SNA 的专家权重的确定

在建筑垃圾资源化方案多属性决策过程中，为了保证评价结果的科学性，往往邀请行业内多位专家参与评价。然而，由于不同专家的知识和经验水平的差异，及在社会网络中影响力的差别，各专家的意见在群体决策中的重要性往往不同。本节借助 SNA 来确定群决策中个体专家的权重，该方法包括社会信任网络的建立、信任值的传播、集结及专家权重的确定四个部分。

（一）社会信任网络的建立

基于多位专家所构成的社会网络，可利用信任关系构建一个模糊社会矩阵 $S=(s_{ij})_{m\times m}$，其中，$s_{ij}\in[0,\ 1]$为专家 e_i 对专家 e_j 的信任值，且 i，$j=1,\ 2,\ \cdots,\ m$，$i\neq j$。当存在 $s_{ij}=\varnothing$，$i\neq j$ 时，模糊社会矩阵或信任矩阵 $S=(s_{ij})_{m\times m}$ 中存在未知的信任值，那么，矩阵 $S=(s_{ij})_{m\times m}$ 为不完全的信任矩阵（Wu et al.，2015）。在现实的信任评价中，不完全的信任矩阵是经常存在的，尤其是对于临时成立的专家组，由于专家 e_i 对专家 e_j 不熟悉等原因无法直接分配信任值。为了得到专家的权重向量，需根据已知的信任值，借助社会网络关系进行信任值的传播和集结，从而补全信任矩阵并求得专家权重。

（二）信任值的传播

为了获得完整的信任矩阵，可根据已知信任度利用三角范数来传播信任值。已知函数 T：$[0,\ 1]^2\rightarrow[0,\ 1]$为三角范数或 t-范数，当且仅当其满足交换律、结合律、单调性及有界性。当存在 n 个参数 $a_i(i=1,\ 2,\ \cdots,\ n)$时，$t$-范数表示如下（Victor et al.，2011）：

$$T(a_1,\ a_2,\ \cdots,\ a_n)=\frac{2\prod_{i=1}^{n}a_i}{\prod_{i=1}^{n}(2-a_i)+\prod_{i=1}^{n}a_i} \tag{6.1}$$

其中，$a_i\in[0,\ 1]$，并且满足 $T(a_1,\ a_2,\ \cdots,\ a_n)\leqslant\min\{a_1,\ a_2,\ \cdots,\ a_n\}$。

若 $e_i\xrightarrow{1}e_{\sigma(1)}\xrightarrow{2}e_{\sigma(2)}\xrightarrow{3}e_{\sigma(3)}\xrightarrow{4}\cdots\xrightarrow{q}e_{\sigma(q)}\xrightarrow{q+1}e_j$ 为一条从专家 e_i 到专家 e_j 的长为 $q+1$ 的路径，且该路径中的信任值依次为 $s_{i,\sigma(1)}$，$s_{\sigma(1),\sigma(2)}$，$s_{\sigma(2),\sigma(3)}$，$\cdots$，$s_{\sigma(q),j}$。那么，由 t-范数可得专家 e_i 对专家 e_j 的信任值 s_{ij} 为（Zhang et al.，2018）：

$$\begin{aligned}s_{ij}&=T(s_{i,\sigma(1)},\ s_{\sigma(1),\sigma(2)},\ \cdots,\ s_{\sigma(q),j})\\&=\frac{2\cdot s_{i,\ \sigma(1)}\cdot s_{\sigma(q),\ j}\prod_{k=1}^{q-1}s_{\sigma(k),\ \sigma(k+1)}}{(2-s_{i,\ \sigma(1)})(2-s_{\sigma(q),\ j})\prod_{k=1}^{q-1}(2-s_{\sigma(k),\ \sigma(k+1)})+s_{i,\ \sigma(1)}\cdot s_{\sigma(q),\ j}\prod_{k=1}^{q-1}s_{\sigma(k),\ \sigma(k+1)}}\end{aligned} \tag{6.2}$$

（三）信任值的集结和信任矩阵的补全

当专家 e_i 对专家 e_j 未直接分配信任值，且专家 e_i 到专家 e_j 存在多条路径时，需对多条路径上的信任值进行集结得到综合信任值。下面利用有序加权平均（OWA）算子求得专家 e_i 到专家 e_j 的综合信任值。假设专家 e_i 到专家 e_j 存在 N 条信任路径，借助信任值的传播可得各条路径上专家 e_i 对专家 e_j 的信任值依次为 $\{s_{ij}^1,\ s_{ij}^2,\ \cdots,\ s_{ij}^N\}$。那么，利用式（6.3）可集结得到专家 e_i 对专家 e_j 的综合信任值 s_{ij}^*，为：

$$s_{ij}^*=OWA(s_{ij}^1,\ s_{ij}^2,\ \cdots,\ s_{ij}^N)=\sum_{k=1}^{N}\pi_k\cdot s_{ij}^{\sigma(k)} \tag{6.3}$$

其中，$s_{ij}^{\sigma(k)}$ 为 $\{s_{ij}^1,\ s_{ij}^2,\ \cdots,\ s_{ij}^N\}$ 中第 k 大的值，且 $\pi=(\pi_1,\ \pi_2,\ \cdots,\ \pi_N)^T$ 为权重向量，满足 $\pi_k\geqslant0$，$\sum_{k=1}^{N}\pi_k=1$。权重 $\pi_k(k=1,\ 2,\ \cdots,\ N)$ 可由下式得到（Zadeh，1983）：

$$\pi_k=Q\left(\frac{k}{N}\right)-Q\left(\frac{k-1}{N}\right),\ k=1,\ 2,\ \cdots,\ N \tag{6.4}$$

其中，
$$Q(c)=\begin{cases}0, & c<a\\ \dfrac{c-a}{b-a}, & a\leqslant c\leqslant b\\ 1, & c>b\end{cases} \tag{6.5}$$

在式（6.5）中，参数 a 和 b 可由相应的语言量词确定，且 a，b，$c\in[0, 1]$。常用的语言量词包括“全部”“大部分”“至少一半”“尽可能多”，其对应参数 a 的取值分别为 0、0.3、0 和 0.5，参数 b 的取值分别为 1、0.8、0.5 和 1（Zadeh，1983）。通过信任的传播和集结，可将不完全的信任矩阵 $S=(s_{ij})_{m\times m}$ 转化为补全后的矩阵 $S^*=(s_{ij}^*)_{m\times m}$。

（四）专家权重的确定

基于补全后的矩阵 $S^*=(s_{ij}^*)_{m\times m}$，利用式（6.6）得到专家 e_k 所在节点的入度中心度为：

$$C(e_k)=\frac{1}{m-1}\sum\nolimits_{i=1,\ i\neq k}^{m} s_{ik}^*,\ k=1,\ 2,\ \cdots,\ m \tag{6.6}$$

其中，s_{ik} 为专家 e_i 对专家 e_k 的信任度。中心度 $C(e_k)$ 为其他专家对专家 e_k 的平均信任度，代表专家 e_k 在社会网络中重要性。$C(e_k)$ 越大，专家 e_k 的重要性越高。

基于专家 $e_k(k=1,\ 2,\ \cdots,\ m)$ 所在节点的入度中心度 $C(e_k)$，利用式(6.7)求得专家 $e_k(k=1,\ 2,\ \cdots,\ m)$ 的权重为：

$$\lambda_k=\frac{C(e_k)}{\sum\nolimits_{k=1}^{m} C(e_k)},\ k=1,\ 2,\ \cdots,\ m \tag{6.7}$$

可得专家的权重向量为 $\lambda=(\lambda_1,\ \lambda_2,\ \cdots,\ \lambda_m)^T$。

例 6.1　在表 2.1 所示的社会网络关系中，我们邀请五位专家以［0，1］上的信任值进行信任评价，得到如下不完全的信任矩阵 $S=(s_{ij})_{5\times5}$：

$$S=\begin{pmatrix} - & 0.75 & - & - & 0.85 \\ - & - & 0.80 & - & - \\ 0.90 & - & - & 0.70 & - \\ 0.95 & - & - & - & 0.65 \\ - & 1.00 & - & - & - \end{pmatrix}$$

下面以求解专家 e_2 对专家 e_1 的信任值为例，说明信任值的传播、集结和补全的过程。由于专家 e_2 至专家 e_1 存在两条信任路径：（一）$e_2\to e_3\to e_1$ 和(2)$e_2\to e_3\to e_4\to e_1$，利用式(6.2)可得以上两条路径专家 e_2 对专家 e_1 的信任值分别为 $s_{21}^1=T(s_{23},\ s_{31})=T(0.80,\ 0.90)=0.7059$ 和 $s_{21}^2=T(s_{23},\ s_{34},\ s_{41})=T(0.80,\ 0.70,\ 0.95)=0.4903$。此时，需对两条路径上获得的信任值 s_{21}^1 和 s_{21}^2 集结。当选用语言量词“大部分”时，式(6.5)中

的参数为 $a=0.3$，$b=0.8$，那么，利用式(6.4)可得$\pi_1=Q(0.5)-Q(0)=0.4$，$\pi_2=Q(1)-Q(0.5)=0.6$。然后，利用式(6.3)得到专家 e_2 对专家 e_1 的综合信任值为 $s_{21}^*=OWA(s_{21}^1, s_{21}^2)=OWA(0.7059, 0.4903)=0.4\times0.7059+0.6\times0.4903=0.5765$。类似地，可依次求得其他空缺的信任值，由此得到补全后的信任矩阵为：

$$S^*=\begin{pmatrix} - & 0.7500 & 0.6069 & 0.3804 & 0.8500 \\ 0.5765 & - & 0.8000 & 0.5283 & 0.3751 \\ 0.9000 & 0.5245 & - & 0.7000 & 0.5131 \\ 0.9500 & 0.6960 & 0.5042 & - & 0.6500 \\ 0.5765 & 1.0000 & 0.8000 & 0.5283 & - \end{pmatrix}$$

基于信任矩阵 S^*，利用式(6.6)求得专家 $e_k(k=1, 2, \cdots, 5)$所在节点的入度中心度为 $C(e_1)=0.7508$，$C(e_2)=0.7426$，$C(e_3)=0.6713$，$C(e_4)=0.5343$，$C(e_5)=0.5970$。最后，利用式(6.7)得到专家权重向量为 $\lambda=(0.2278, 0.2253, 0.2037, 0.1621, 0.1811)^T$。

二　将异质评价信息转化为粗数的方法

在建筑垃圾资源化方案混合多属性决策中，梯形模糊数（TrFNs）、TFNs、区间数和实数是较为常用的评价数据类型，形式相对简单也便于使用。在评价过程中，专家可根据自身偏好和表达需要，结合不同数据的特点选择合适的数据类型作出评价。考虑到决策本身的复杂性和认知的不确定性，我们将 TrPFZTLVs 和 PLt-SFNs 引入建筑垃圾资源化方案混合多属性评价中。本节着重研究异质多属性决策中将 TrPFZTLVs、PLt-SFNs、TFNs 和实数统一转化为粗数的方法。粗数可由已知数据的上近似和下近似直接得到，因此能够更加客观地反映数据本身的模糊程度（Zhai et al.，2008）。下面我们提出将这四种数据统一为粗数的方法，转化流程如图 6.1 所示。对于 TFNs，可将其转化为模糊集，再由模糊集转化为实数。对于 TrPFZTLVs，利用得分函数将其转化为实数，然后，将新转化得到的实数和原有实数统一转化为粗数。对于 PLt-SFNs，可将其转化为区间数，并将得到的区间数作为粗数使用。具体转化方法如下：

（一）将 TFNs 转化为粗数的方法

主要包括将 TFNs 转化为模糊集、将模糊集转化为实数、将实数转化为粗数三个步骤。

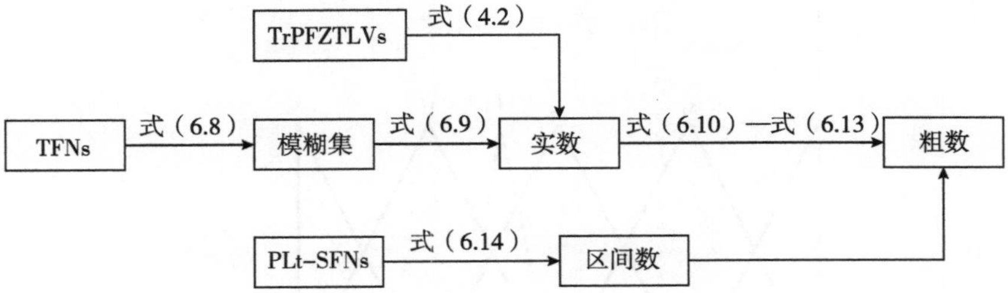

图 6.1　将四种混合数据转化为粗数的流程

步骤 1　将 TFNs 转化为模糊集。若 $F(S_T)$ 为语言评价集 $S_T=\{s_0, s_1, \cdots, s_g\}$ 上的一个的模糊集，I 为［0，1］上的一个 TFN，可利用以下函数 τ_{IS_T}：$I \rightarrow F(S_T)$ 将 I 转化为 S_T 上的模糊集（Herrera et al.，2000）：

$$\tau_{IS_T}(I)=\{(s_k, \gamma_k) \mid k \in \{0, 1, \cdots, g\}\} \tag{6.8}$$

其中，$\gamma_k=\max_y \min\{\mu_I(y), \mu_{s_k}(y)\}$，$\mu_I(y)$ 和 $\mu_{s_k}(y)$ 分别为与 I 和语言术语 s_k 相关的隶属度函数。若评价值 I 为 TrFNs，同样可利用式（6.8）将其转化为对应的模糊集。

步骤 2　将模糊集转化为实数。基于模糊集 $\tau_{IS_T}(I)=\{(s_k, \gamma_k) \mid k \in \{0, 1, \cdots, g\}\}$，利用以下函数 χ：$F(S_T) \rightarrow [0, g]$ 将 $\tau_{IS_T}(I)$ 转化为实数 $r \in [0, 1]$（Herrera and Martinez，2000b）：

$$\chi(\tau_{IS_T}(I))=\frac{\sum_{k=0}^{g} k\gamma_k}{g\sum_{k=0}^{g}\gamma_k}=r \tag{6.9}$$

例 6.2　已知 $I=(0.50, 0.60, 0.70)$ 为一个 TFN，如图 6.2 所示。利用式（6.8）将 $I=(0.50, 0.60, 0.70)$ 转化为语言评价集 $S_T=\{s_0, s_1, \cdots, s_4\}$ 上的模糊集 $\tau_{IS_T}(0.50, 0.60, 0.70)=\left\{(s_0, 0), (s_1, 0), \left(s_2, \frac{5}{7}\right), \left(s_3, \frac{4}{7}\right), (s_4, 0)\right\}$，或记为 $\{(s_2, 0.7143), (s_3, 0.5714)\}$。然后，利用式(6.9)将该模糊集转化为 $\chi(\tau_{IS_T}(I))=0.61$。

步骤 3　将实数转化为粗数。假设 $E=\{r_1, r_2, \cdots, r_l\}$ 为一组实数形式的评价值，且 $r_{i-1} \leqslant r_i$。若 P 是 U 中任意一个随机对象，利用式(6.10)和式(6.11)得到 $r_i(i=1, 2, \cdots, l)$ 的下近似和上近似分别为（Song and Cao，2017）：

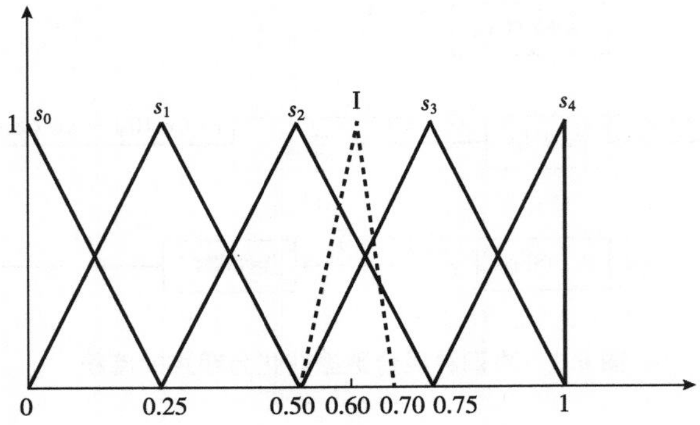

图 6.2　将（0.50，0.60，0.70）转化为 S_T 上的模糊集

$$Apr_L(r_i) = \cup\{P \in U/E(P) \leqslant r_i\} \tag{6.10}$$

$$Apr_U(r_i) = \cup\{P \in U/E(P) \geqslant r_i\} \tag{6.11}$$

若 x_i 和 y_i 分别为 $r_i(i=1, 2, \cdots, l)$ 的下近似 $Apr_L(r_i)$ 和上近似 $Apr_U(r_i)$ 中的元素，那么，$r_i(i=1, 2, \cdots, l)$ 的下界 $Lim_L(r_i)$ 和上界 $Lim_U(r_i)$ 分别为：

$$Lim_L(r_i) = \frac{\sum_{m=1}^{N_{iL}} x_i}{N_{iL}}, \quad i=1, 2, \cdots, l \tag{6.12}$$

$$Lim_U(r_i) = \frac{\sum_{m=1}^{N_{iU}} y_i}{N_{iU}}, \quad i=1, 2, \cdots, l \tag{6.13}$$

其中，N_{iL} 和 N_{iU} 分别为 $r_i(i=1, 2, \cdots, l)$ 的下近似 $Apr_L(r_i)$ 和上近似 $Apr_U(r_i)$ 中的元素数量。

由此，实数 r_i 可转化为粗数 $RN(r_i) = [Lim_L(r_i), Lim_U(r_i)]$。$Lim_U(r_i) - Lim_L(r_i)$ 代表粗数 $RN(r_i)$ 的模糊程度，$Lim_U(r_i) - Lim_L(r_i)$ 越小，粗数 $RN(r_i)$ 的精确程度越高。

例 6.3　对于集合 $E' = \{r_1, r_2, r_3, r_4\} = \{0.50, 0.80, 0.60, 0.70\}$，按照元素由小到大的顺序排列得 $E = \{r_1, r_3, r_4, r_2\} = \{0.50, 0.60, 0.70, 0.80\}$。对于 r_1，利用式(6.10)和式(6.11)可求得其下近似和上近似分别为 $Apr_L(r_1) = \{0.50\}$ 和 $Apr_U(r_1) = \{0.50, 0.60, 0.70, 0.80\}$。接着，利用式(6.12)和式(6.13)得到粗数 $RN(r_1)$ 的下界和上界分别为 $Lim_L(r_1) = 0.50/1 = 0.50$，$Lim_U(r_1) = (0.50+0.60+0.70+0.80)/4 =$

0.65。那么，r_1 对应的粗数为 $RN(r_1)=[0.50, 0.65]$。类似地，可以得到 r_2，r_3 和 r_4 对应的粗数分别为 $RN(r_2)=[0.65, 0.80]$，$RN(r_3)=[0.55, 0.70]$，$RN(r_4)=[0.60, 0.75]$。

（二）将 TrPFZTLVs 转化为粗数的方法

若 $x=<(s_a, s_b, s_c, s_d), (\mu, v); (\dot{s}_\theta, \alpha)>$ 为任意一个 TrPFZTLV，可利用得分函数式（4.2）将其转化为实数，然后利用式（6.10）至式（6.13）将其转化为粗数。

（三）将 PLt-SFNs 转化为粗数的方法

若 $x=<S_a(P_a), S_b(P_b), S_c(P_c)>$ 为标准化后的 PLt-SFNs，利用式（6.14）将其转化为区间数 $\bar{x}$：

$$\bar{x}=\left[\frac{A}{A+B+C}, \frac{A+B}{A+B+C}\right] \tag{6.14}$$

其中，$A=\sum_{j=1}^{\#s_a} a_j^q p_{a_j}$，$B=\sum_{k=1}^{\#s_b} b_k^q p_{b_k}$，$C=\sum_{t=1}^{\#s_c} c_t^q p_{c_t}$，$q\geqslant 1$。$j=1, 2, \cdots, \#s_a$，$k=1, 2, \cdots, \#s_b$，$t=1, 2, \cdots, \#s_c$，$\#s_a$，$\#s_b$ 和 $\#s_c$ 分别为 $S_a(P_a)$，$S_b(P_b)$ 和 $S_c(P_c)$ 中语言术语的个数。

由此，我们将 TrPFZTLVs、PLt-SFNs、TFNs 和实数组成的建筑垃圾资源化方案评价矩阵转化为基于粗数的评价矩阵。

三　专家权重未知时基于异质数据统一化的方案评价模型

假设在建筑垃圾资源化方案评价问题中，我们邀请 t 位专家 $e=\{e_1, e_2, \cdots, e_t\}$ 对 m 个建筑垃圾资源化方案 $A=\{A_1, A_2, \cdots, A_m\}$ 在 n 个指标 $C=\{C_1, C_2, \cdots, C_n\}$ 下的实施效果做出评价。指标集 $C=\{C_1, C_2, \cdots, C_n\}$ 可分为四个子集，包括 $\hat{C}_1=\{C_1, C_2, \cdots, C_{j_1}\}$，$\hat{C}_2=\{C_{j_1+1}, C_{j_2+2}, \cdots, C_{j_2}\}$，$\hat{C}_3=\{C_{j_2+1}, C_{j_2+2}, \cdots, C_{j_3}\}$ 和 $\hat{C}_4=\{C_{j_3+1}, C_{j_3+2}, \cdots, C_n\}$，其中，$1\leqslant j_1\leqslant j_2\leqslant j_3\leqslant n$，$\hat{C}_p\cap\hat{C}_l=\emptyset(p, l=1, 2, 3, 4; p\neq l)$，$\cup_{p=1}^4\hat{C}_p=C$，且 $\hat{C}_p(p=1, 2, 3, 4)$ 的评价值为 TrPFZTLVs、PLt-SFNs、TFNs 和实数中的一种。对于 TrPFZTLVs 和 PLt-SFNs，专家基于语言评价集 $S^{l+1}=\{s_0, s_1, \cdots, s_l\}$ 做出评价，并且在 TrPFZTLVs 中决策者基于语言评价集 $\dot{S}^{g+1}=\{\dot{s}_0, \dot{s}_1, \cdots, \dot{s}_g\}$ 做出可信度评价。由此，便构成了专家 $e_k(k=1, 2, \cdots, t)$ 给出的方案 $A_i(i=1, 2, \cdots, m)$ 针对指标 $C_j(j=1, 2, \cdots, n)$ 的初始评价矩阵 $R'^k=(r'^k_{ij})_{m\times n}$，$k=1, 2, \cdots, t$。下面介绍指标权重 $w=(w_1, w_2, \cdots, w_n)^T$ 已知，但专家权重 $\lambda=(\lambda_1, \lambda_2, \cdots, \lambda_t)^T$ 未

知时，基于异质数据统一化的建筑垃圾资源化方案评价模型，包括利用SNA求得专家权重、将异质数据统一为粗数和利用双参数TOPSIS法确定方案排序三个部分，具体步骤如下。

步骤1 建立专家$e_k(k=1, 2, \cdots, t)$之间的信任网络关系并确定信任矩阵$S=(s_{ij})_{t\times t}$，然后，利用式(6.2)至式(6.5)通过信任值的传播和集结得到补全后的信任矩阵$S^*=(s_{ij}^*)_{t\times t}$。接着，利用式(6.6)和式(6.7)得到专家$e_k(k=1, 2, \cdots, t)$的权重向量$\lambda=(\lambda_1, \lambda_2, \cdots, \lambda_t)^T$。

步骤2 将初始评价矩阵$R'^k=(r'^k_{ij})_{m\times n}$，$k=1, 2, \cdots, t$中元素$r'^k_{ij}$标准化，从而得到矩阵$R^k=(r^k_{ij})_{m\times n}$，$k=1, 2, \cdots, t$。若评价值为TrPFZTLVs，利用式（4.17）将其标准化；若评价值为PLt-SFNs，利用定义5.2和式（5.13）将其标准化；若评价值为实数与TFNs时，利用式（6.15）将其标准化：

$$r^k_{ij}=\begin{cases} r'^k_{ij}/r'^{k+}_j, & j\in N_1^b \\ r'^{k-}_j/r'^k_{ij}, & j\in N_1^c \\ (a'^k_{ij}, b'^k_{ij}, c'^k_{ij}), & j\in N_2^b \\ (1-c'^k_{ij}, b'^k_{ij}, 1-a'^k_{ij}), & j\in N_2^c \end{cases} \tag{6.15}$$

其中，N_1^b和N_1^c分别表示评价值为实数时所对应的效益型和成本型指标。若$j\in N_1^b$，$r'^{k+}_j=\max_{1\leq i\leq m} r'^k_{ij}$；若$j\in N_1^c$，$r'^{k-}_j=\min_{1\leq i\leq m} r'^k_{ij}$，$k=1, 2, \cdots, t$。$N_2^b$和$N_2^c$分别表示评价值为TFNs时所对应的效益型和成本型指标。

步骤3 根据流程图6.1依次将四种形式的评价值r^k_{ij}转化为粗数$\tilde{r}^k_{ij}=[\tilde{r}^{kL}_{ij}, \tilde{r}^{kU}_{ij}]$。对于TFNs，利用式（6.8）将其转化模糊集，再利用式（6.9）将得到的模糊集转化为实数。同时，利用式（4.2）将TrPFZTLVs转化为实数。接着，利用式（6.10）至式（6.13）将原有实数和新转化得到的实数都转化为粗数。对于PLt-SFNs，利用式（6.14）将其转化为区间数，并将其当作粗数使用。由此，可将矩阵$R^k=(r^k_{ij})_{m\times n}$转化为基于粗数的评价矩阵$\tilde{R}^k=(\tilde{r}^k_{ij})_{m\times n}$，$k=1, 2, \cdots, t$，其中，$\tilde{r}^k_{ij}=[\tilde{r}^{kL}_{ij}, \tilde{r}^{kU}_{ij}]$。

步骤4 将基于粗数的评价矩阵$\tilde{R}^k=(\tilde{r}^k_{ij})_{m\times n}$集结为专家组的评价矩阵$\tilde{R}=(\tilde{r}_{ij})_{m\times n}$，其中，$\tilde{r}_{ij}$可利用式（6.16）得到：

$$\tilde{r}_{ij}=[\tilde{r}^L_{ij}, \tilde{r}^U_{ij}]=\left[\sum\nolimits_{k=1}^t \lambda_k\tilde{r}^{kL}_{ij}, \sum\nolimits_{k=1}^t \lambda_k\tilde{r}^{kU}_{ij}\right] \tag{6.16}$$

其中，λ_k为专家$e_k(k=1, 2, \cdots, t)$的权重。

步骤 5　基于评价值矩阵 $\tilde{R}=(\tilde{r}_{ij})_{m\times n}$，借助区间数的可能度排序法确定指标 $C_j(j=1, 2, \cdots, n)$下的正理想解 $\tilde{r}_j^+(j=1, 2, \cdots, n)$和负理想解 $\tilde{r}_j^-(j=1, 2, \cdots, n)$。首先，对于粗数 $\tilde{r}_{ij}=[\tilde{r}_{ij}^L, \tilde{r}_{ij}^U]$和 $\tilde{r}_{lj}=[\tilde{r}_{lj}^L, \tilde{r}_{lj}^U]$，利用式(6.17)求得 $\tilde{r}_{ij}\geqslant\tilde{r}_{lj}$ 的可能度（徐泽水、达庆利，2003），为：

$$p_{il}^j=p(\tilde{r}_{ij}\geqslant\tilde{r}_{lj})=\frac{\min(l_{ij}+l_{lj}, \max(\tilde{r}_{ij}^U-\tilde{r}_{lj}^L, 0))}{l_{ij}+l_{lj}}, \ i, l=1, 2, \cdots, m \tag{6.17}$$

其中，$l_{ij}=\tilde{r}_{ij}^U-\tilde{r}_{ij}^L$，$l_{lj}=\tilde{r}_{lj}^U-\tilde{r}_{lj}^L$，$p(\tilde{r}_{ij}\geqslant\tilde{r}_{ij})=0.5$。

由此，可得指标 $C_j(j=1, 2, \cdots, n)$下的评价值两两比较构成的可能度矩阵 $P^j=(p_{il}^j)_{m\times m}$。接着，利用式(6.18)得到指标 $C_j(j=1, 2, \cdots, n)$下评价值 $\tilde{r}_{ij}=[\tilde{r}_{ij}^L, \tilde{r}_{ij}^U]$对应的排序值(徐泽水、达庆利，2003)，为：

$$\omega_{ij}=\frac{1}{m(m-1)}\left[\sum_{l=1}^{m}p_{il}^j+\frac{m}{2}-1\right] \tag{6.18}$$

其中，m 为备选方案的数量，p_{il}^j 为 $\tilde{r}_{ij}\geqslant\tilde{r}_{lj}$ 的可能度。排序值 ω_{ij} 越大，$\tilde{r}_{ij}=[\tilde{r}_{ij}^L, \tilde{r}_{ij}^U]$越大。由此，可求得正理想解向量 $\tilde{r}^+=([\tilde{r}_1^{L+}, \tilde{r}_1^{U+}], [\tilde{r}_2^{L+}, \tilde{r}_2^{U+}], \cdots, [\tilde{r}_n^{L+}, \tilde{r}_n^{U+}])^T$ 和负理想解向量 $\tilde{r}^-=([\tilde{r}_1^{L-}, \tilde{r}_1^{U-}], [\tilde{r}_2^{L-}, \tilde{r}_2^{U-}], \cdots, [\tilde{r}_n^{L-}, \tilde{r}_n^{U-}])^T$。

步骤 6　基于矩阵 $\tilde{R}=(\tilde{r}_{ij})_{m\times n}$ 分别利用式(6.19)和式(6.20)求得方案 $A_i(i=1, 2, \cdots, m)$的评价值向量 $\tilde{r}_i(i=1, 2, \cdots, m)$与正理想解向量 $\tilde{r}^+$和负理想解向量 $\tilde{r}^-$的加权距离：

$$D_i^+=\sum_{j=1}^{n}w_j\sqrt{(\tilde{r}_j^{L+}-\tilde{r}_{ij}^L)^2+(\tilde{r}_j^{U+}-\tilde{r}_{ij}^U)^2} \tag{6.19}$$

$$D_i^-=\sum_{j=1}^{n}w_j\sqrt{(\tilde{r}_j^{L-}-\tilde{r}_{ij}^L)^2+(\tilde{r}_j^{U-}-\tilde{r}_{ij}^U)^2} \tag{6.20}$$

其中，$w_j(j=1, 2, \cdots, n)$为指标 $C_j(j=1, 2, \cdots, n)$的权重。

步骤 7　基于双参数 TOPSIS 法，利用式（6.21）求得方案 $A_i(i=1, 2, \cdots, m)$的相对贴近度（Xian et al.，2019）：

$$cc_i=\frac{(\chi D_i^-)^{2-\kappa}}{(2-\kappa)\chi D_i^++\kappa(1-\chi)D_i^-}(0\leqslant\kappa\leqslant 2, 0<\chi<1) \tag{6.21}$$

其中，D_i^+ 和 D_i^- 分别为向量 $\tilde{r}_i(i=1, 2, \cdots, m)$与正理想解向量 $\tilde{r}^+$和负理想解向量 $\tilde{r}^-$的加权距离测度。χ 为风险收益偏好权重，表示决策者对风险和收益的偏好；当 $\chi=1/2$ 时，决策者对风险和收益没有偏好。当 $0<\chi<$

1/2 时，决策者倾向于风险；当 $1/2<\chi<1$ 时，决策者倾向于收益。此外，决策者乐观系数 κ 的取值标准如表 6.1 所示。

表 6.1　决策者乐观系数 κ 的取值参照

决策者倾向	决策者乐观系数 κ
最大乐观决策	2
倾向乐观决策	(1, 2)
中立决策	1
倾向悲观决策	(0, 1)
最小悲观决策	0

步骤 8　根据相对贴近度 $cc_i(i=1, 2, \cdots, m)$ 对方案 $A_i(i=1, 2, \cdots, m)$ 排序。相对贴近度 cc_i 越大，方案 A_i 越优。

四　算例分析

随着城乡融合步伐的不断迈进，众多乡镇正加速推进住房与基础设施的现代化建设。在这一过程中，不可避免地产生了大量的建筑废弃物。当前，这些废弃物的处理方式主要是传统的焚烧、作为农村住房或道路的填充材料以及就近堆放等。尽管有少数拾荒者会从中回收部分有价值的材料如钢筋和塑料，但大量的废旧混凝土、木材及砖块等难以得到有效再利用，造成了资源的极大浪费。为了促进北京市郊区某农村建设中建筑垃圾的资源化处理，有关部门决定对以下四个建筑垃圾资源化方案进行评价，包括现场破碎与生产再生砌块（A_1）、现场破碎与路基回填（A_2）、外运破碎与生产再生砖（A_3）和现场破碎与生产再生骨料（A_4）。为了确定最优方案，我们邀请五位专家 e_1、e_2、e_3、e_4 和 e_5 从环境指标（C_1）、社会指标（C_2）、经济指标（C_3）和技术指标（C_4）四个方面进行综合评价。专家选用了 TrPFZTLVs、PLt-SFNs、TFNs 和实数分别对指标 C_1、C_2、C_3 和 C_4 进行评价，且四个指标的权重向量为 $w=(0.2, 0.3, 0.3, 0.2)^T$。对于指标 C_1 和 C_2，专家组基于语言评价集 $S^5=\{s_0, s_1, s_2, s_3, s_4\}$ = {“差”，“较差”，“中等”，“较好”，“好”} 做出评价。对于 TrPFZTLVs，决策者基于语言评价集 $\dot{S}^5=\{\dot{s}_0, \dot{s}_1, \dot{s}_2, \dot{s}_3, \dot{s}_4\}$ = {“弱”，“较弱”，“中等”，“较强”，“强”} 做出可靠性评价。采用实数评价时，专家所参考的评价标度为“0”、“1”、“2”、“3”和“4”，分别表示“差”、“较差”、“中等”、“较好”和“好”。基于以上内容，五位专家给出了四个方案的初始评价矩阵 $R'^k=(r'^k_{ij})_{4\times4}$，$k=1, 2, \cdots, 5$，如表 F1 所示。下面我们利用基于异质数据统一化的评价模型对四个方案进行排序，具体步骤如下：

步骤 1　五位专家所构成的社会网络关系如图 2.1 所示，且专家之间的信任矩阵 $S=(s_{ij})_{5\times5}$ 是不完全，如例 6.1 所示。利用式(6.2)至式(6.7)可得专家的权重向量为 $\lambda=(0.2278, 0.2253, 0.2037, 0.1621, 0.1811)^T$。

步骤 2　由于所有评价指标均为效益型指标，可利用式（6.15）将表 F1 中指标 C_4 下实数形式的评价值标准化。例如，初始评价矩阵 $R'^1=(r'^1_{ij})_{4\times4}$ 中 $r'^1_{i4}(i=1, 2, 3, 4)$ 标准化后得到 $r^1_{14}=0.75$，$r^2_{14}=0.75$，$r^3_{14}=0.50$，$r^4_{14}=1$，其余数据标准化后保持不变。由此，可得标准化后的矩阵 $R^k=(r^k_{ij})_{4\times4}$，$k=1, 2, \cdots, 5$。

步骤 3　将标准化后的矩阵转化为基于粗数的评价矩阵。例如，对于矩阵 $R^1=(r^1_{ij})_{4\times4}$，利用式（6.8）和式（6.9）将 TFNs 转化为实数，再利用式（4.2）将 TrPFZTLVs 转化为实数，结果如表 6.2 所示。接着，利用式（6.10）至式（6.13）将表 6.2 中的实数转化为粗数，再利用式（6.14）将 PLt-SFNs 转化为粗数，由此得到统一化后的矩阵 $\widetilde{R}^1=(\widetilde{r}^1_{ij})_{m\times n}$，如表 6.3 所示。类似地，可将其他专家给出的标准化后的评价矩阵进行统一。

表 6.2　将 TrPFZTLVs 和 TFNs 转化为实数后专家 e_1 的评价矩阵

	C_1	C_2	C_3	C_4
A_1	0.2623	$<\{s_3(1)\}, \{s_1(1)\}, s_0(1)\}>$	0.5000	0.7500
A_2	0.2436	$<\{s_3(0.46), s_4(0.54)\}, \{s_0(1)\}, \{s_0(1)\}>$	0.7000	0.7500
A_3	0.2235	$<\{s_3(1)\}, \{s_0(1)\}, \{s_0(0.90), s_1(0.10)\}>$	0.5500	0.5000
A_4	0.3125	$<\{s_3(1)\}, \{s_0(0.28), s_1(0.72)\}, \{s_0(1)\}>$	0.6100	1.0000

表 6.3　基于粗数的专家 e_1 的评价矩阵

	C_1	C_2	C_3	C_4
A_1	[0.2431, 0.2874]	[0.9000, 1.000]	[0.5000, 0.5900]	[0.6700, 0.8300]
A_2	[0.2336, 0.2728]	[0.8701, 0.8701]	[0.5900, 0.7000]	[0.6700, 0.8300]

续表

	C_1	C_2	C_3	C_4
A_3	[0.2235, 0.2605]	[0.9890, 0.9890]	[0.5250, 0.6200]	[0.5000, 0.7500]
A_4	[0.2605, 0.3125]	[0.9259, 1.0000]	[0.5533, 0.6550]	[0.7500, 1.0000]

步骤 4 基于专家权重向量 $\lambda=(0.2278, 0.2253, 0.2037, 0.1621, 0.1811)^T$，利用式(6.16)将各专家统一化后的评价矩阵集结得到专家组的评价矩阵 $\tilde{R}=(\tilde{r}_{ij})_{4\times4}$，如表 6.4 所示。

步骤 5 利用式（6.17）和式（6.18）确定指标 $C_j(j=1, 2, 3, 4)$ 下评价值的排序。例如，对于表 6.4 中指标 C_2 下的评价值 $\tilde{r}_{i2}(i=1, 2, 3, 4)$，利用式（6.17）得到两两比较的可能度矩阵为：

$$P^2=\begin{pmatrix} 0.5000 & 0.1130 & 0.4116 & 0.0972 \\ 0.8870 & 0.5000 & 0.8883 & 0.5049 \\ 0.5884 & 0.1117 & 0.5000 & 0.0902 \\ 0.9028 & 0.4951 & 0.9098 & 0.5000 \end{pmatrix}$$

接着，利用式(6.18)得到指标 C_2 下评价值 $\tilde{r}_{i2}(i=1, 2, 3, 4)$ 对应的排序值分别为 $\omega_{12}=0.1768$，$\omega_{22}=0.3150$，$\omega_{32}=0.1909$，$\omega_{42}=0.3173$。那么，指标 C_2 下评价值的正理想解为 $\tilde{r}_2^+=\tilde{r}_{42}$，负理想解为 $\tilde{r}_2^-=\tilde{r}_{12}$。类似地，可得其他三个指标下的正负理想解，如表 6.4 所示。

表 6.4 专家组的评价矩阵及正负理想解

	C_1	C_2	C_3	C_4
A_1	[0.2245, 0.3228]	[0.7639, 0.9192]	[0.5788, 0.6433]	[0.6247, 0.8106]
A_2	[0.2106, 0.2827]	[0.8930, 0.9696]	[0.6148, 0.6873]	[0.7354, 0.9415]
A_3	[0.2065, 0.2755]	[0.8153, 0.9124]	[0.5371, 0.6406]	[0.5469, 0.7705]
A_4	[0.2683, 0.3995]	[0.8977, 0.9635]	[0.6166, 0.6895]	[0.6716, 0.8458]
$\tilde{r}_j^+$	[0.2683, 0.3995]	[0.8977, 0.9635]	[0.6166, 0.6895]	[0.7354, 0.9415]
$\tilde{r}_j^-$	[0.2065, 0.2755]	[0.7639, 0.9192]	[0.5371, 0.6406]	[0.5469, 0.7705]

步骤 6 基于指标权重向量 $w=(0.2, 0.3, 0.3, 0.2)^T$，利用式(6.19)得到向量 $\tilde{r}_i(i=1, 2, 3, 4)$ 与正理想解向量 $\tilde{r}^+$ 的加权距离分别为

$D_1^+=0.0145$，$D_2^+=0.0034$，$D_3^+=0.0222$ 和 $D_4^+=0.0026$。同时，利用式(6.20)得到向量 $\tilde{r}_i(i=1, 2, 3, 4)$ 与负理想解向量 $\tilde{r}^-$ 的加权距离分别为 $D_1^-=0.0026$，$D_2^-=0.0212$，$D_3^-=0.0008$ 和 $D_4^-=0.0167$。

步骤 7—步骤 8　当 $\chi=1/2$，$\kappa=1$ 时，利用式(6.21)求得相对贴近度 $cc_1=0.1520$，$cc_2=0.8618$，$cc_3=0.0348$ 和 $cc_4=0.8653$。此时，决策者对风险和收益没有偏好，且持有中立的态度。由此，得到四个备选方案的排序为 $A_4>A_2>A_1>A_3$。

为了验证方案排序结果的有效性，我们将标准化后的评价矩阵利用得分函数转化为基于实数的评价矩阵。然后，利用指标权重向量 $w=(0.2, 0.3, 0.3, 0.2)^T$ 加权后得到四个方案的综合评价值分别为 0.6340、0.6917、0.6158 和 0.6936，由此得到备选方案的排序为 $A_4>A_2>A_1>A_3$，与本书所提出模型得到的结果一致。此外，基于表 6.4 中统一为粗数的评价矩阵，利用 *VIKOR* 法得到的方案排序为 $A_4\sim A_2>A_1>A_3$。相比之下，在本书所提出的基于异质数据统一化的决策模型中，一方面，利用粗数来客观地描述数据本身的模糊程度，尽可能地减少了数据转化所造成的信息丢失。另一方面，本书所提出的模型利用双参数 TOPSIS 法获得方案排序结果，可通过调整参数 χ 和 κ 的取值来反映决策者倾向于风险或收益以及所持有的乐观或悲观的态度，因此更加符合实际决策情形。

下面我们研究双参数 TOPSIS 法在九种不同 χ 和 κ 的取值组合下，方案 $A_i(i=1, 2, 3, 4)$ 的相对贴近度 $cc_i(i=1, 2, 3, 4)$ 及对应的排序，如表 6.5 所示。具体包括以下情形：①在序号 1 到 3 的情形中，$\chi=0.50$，表示决策者对风险和收益持有中立态度，同时决策者乐观系数 κ 依次取 0.50、1.00 和 1.50，表示决策者分别持有悲观、中立和乐观的态度，三种情况下得到的最劣方案均为 A_3，最优方案为 A_2 或 A_4。②在序号 2、4 和 5 中，$\kappa=1$ 表示决策者既不乐观也不悲观，同时 χ 分别取 0.50、0.25 和 0.75，分别表示决策者中立、倾向于风险和倾向于收益三种情况，得到的最优方案均为 A_4，次优方案均为 A_2。③在序号 6 中，$0<\chi<1/2$，$0<\kappa<1$，表示决策者倾向于风险并持有悲观态度，此时方案排序为 $A_2>A_4>A_1>A_3$。④在序号 7 中，$0<\chi<1/2$，$1<\kappa<2$，表示决策者倾向于风险并持有乐观态度，此时方案排序为 $A_4>A_2>A_1>A_3$。⑤在序号 8 中，$1/2<\chi<1$，$0<\kappa<1$，决策者倾向于收益并持有悲观态度，此时方案的排序为 $A_2>A_4>A_1>A_3$。⑥在序号 9 中，$1/2<\chi<1$，$1<\kappa<2$，决策者倾向于收益并持

有乐观态度，此时方案的排序为$A_4>A_2>A_1>A_3$。在表6.5中，大多数情况下得到的最优方案为现场破碎与路基回填(A_2)或现场破碎与生产再生骨料(A_4)，最劣方案为外运破碎与生产再生砖(A_3)。在农村建筑垃圾资源化过程中，由于农村道路建设的需要以及本身有大片空地，并且路基回填的技术难度较低也易于操作，应用比较广泛。对于外运破碎与生产再生砖(A_3)，相对于现场破碎，外运破碎需要消耗更多的运输费用，经济性更差一些。

表6.5　　不同参数取值下方案的相对贴近度 cc_i 和排序

序号	χ	κ	参数含义	cc_1	cc_2	cc_3	cc_4	方案排序
1	0.50	0.50	倾向悲观决策	0.0041	0.1390	0.0005	0.1246	$A_2>A_4>A_1>A_3$
2	0.50	1.00	中立态度	0.1520	0.8618	0.0348	0.8653	$A_4>A_2>A_1>A_3$
3	0.50	1.50	倾向乐观决策	6.4674	6.1466	3.2520	6.9357	$A_4>A_1>A_2>A_3$
4	0.25	1.00	倾向风险	0.1166	0.3164	0.0325	0.3169	$A_4>A_2>A_1>A_3$
5	0.75	1.00	倾向收益	0.1692	2.0255	0.0356	2.0449	$A_4>A_2>A_3>A_1$
6	0.25	0.75	倾向风险和悲观决策	0.0173	0.1101	0.0032	0.1040	$A_2>A_4>A_1>A_3$
7	0.30	1.20	倾向风险和乐观决策	0.5762	0.9391	0.2118	0.9862	$A_4>A_2>A_1>A_3$
8	0.75	0.50	倾向收益和悲观决策	0.0009	0.1230	0.0001	0.1052	$A_2>A_4>A_1>A_3$
9	0.90	1.25	倾向收益和乐观决策	1.0521	10.381	0.2914	11.171	$A_4>A_2>A_1>A_3$

第二节　基于混合灰靶决策的建筑垃圾资源化方案评价模型

本节中，我们将灰靶决策理论应用于含有混合型数据的建筑垃圾资源化方案评价问题中，提出了指标权重未知时的建筑垃圾资源化方案混合灰靶决策模型。在该模型中，本书将最优最差法（BWM）拓展至毕达哥拉斯模糊语言集（PFLS）环境中，提出 PFLN-BWM 法来确定指标的主观权重。此外，我们将专家给出样本方案的评价向量作为正靶心，利用综合靶心距和信息熵求得指标的客观权重，由此可得指标的组合权重。最后，通过衡量备选方案与样本方案在各个指标下的相对靶心距，借助基于项链排列的蛛网灰靶决策方法来确定建筑垃圾资源化方案的排序。最后，我们将以上模型应用于农村建设背景下的建筑垃圾资源化方案评价问题，通过对比分析验证该模型的有效性。

一　基于 PFLN-BWM 的指标主观权重确定方法

本节将 BWM 拓展到 PFLS 环境中，提出 PFLN-BWM 法来确定指标的主观权重。毕达哥拉斯模糊语言数（PFLNs）允许隶属与非隶属于语言值程度的平方和小于 1，因此相对于直觉语言集应用更为广泛。PFLNs 可看作 TrPFZTLVs 的退化形式，相比 TrPFZTLVs，PFLNs 中仅包含专家以单个语言术语给出的评价值及度量不确定程度的毕达哥拉斯模糊数部分。虽然评价值中信息量相对缩小，但在评价过程中使用相对方便和灵活。PFLS 的定义如下（彭新东、杨勇，2016）：

定义 6.1　设 X 为一个给定论域，$A=\{<s_{\theta(x)}, \mu_A(x), v_A(x)> \mid x\in X\}$ 为毕达哥拉斯模糊语言集，三元组 $<s_{\theta(x)}, \mu_A(x), v_A(x)>$ 称为毕达哥拉斯模糊语言数（*PFLN*），其中，$s_{\theta(x)}\in \overline{S}$，$\overline{S}=\{s_i \mid i\in[0, g]\}$，$\mu_A(x): X\to[0, 1]$，$v_A(x): X\to[0, 1]$ 分别表示 x 隶属于和非隶属于 $s_{\theta(x)}$ 的程度，满足条件：$\forall x\in X$，$\mu_A^2(x)+v_A^2(x)\leqslant 1$。$\pi_A(x)=\sqrt{1-\mu_A^2(x)-v_A^2(x)}$ 表示 x 属于 $s_{\theta(x)}$ 的犹豫度。为了方便起见，可记为 $a=<s_{\theta(a)}, \mu_A(a), v_A(a)>$。

此外，彭新东和杨勇（2016）定义了 PFLNs 的加法和乘法运算规则，见式（6.22）和式（6.23）。受 Wang 等（2021）的启发，作为补充本书定义了 PFLNs 的除法与减法的运算规则。

定义 6.2　设 $a_1=<s_{\theta(a_1)}, \mu(a_1), v(a_1)>$ 和 $a_2=<s_{\theta(a_2)}, \mu(a_2), v(a_2)>$ 为任意两个 PFLNs，则：

$$a_1\oplus a_2=<s_{\theta(a_1)+\theta(a_2)}, \sqrt{\mu^2(a_1)+\mu^2(a_2)-\mu^2(a_1)\mu^2(a_2)}, v(a_1)v(a_2)> \tag{6.22}$$

$$a_1\otimes a_2=<s_{\theta(a_1)\times\theta(a_2)}, \mu(a_1)\mu(a_2), \sqrt{v^2(a_1)+v^2(a_2)-v^2(a_1)v^2(a_2)}> \tag{6.23}$$

$$a_1/a_2=<s_{\theta(a_1)/\theta(a_2)},\ \sqrt{\mu^2(a_1)+v^2(a_2)-\mu^2(a_1)v^2(a_2)},\ v(a_1)\mu(a_2)> \tag{6.24}$$

$$a_1-a_2=<s_{\theta(a_1)-\theta(a_2)},\ \mu(a_1)v(a_2),\ \sqrt{v^2(a_1)+\mu^2(a_2)-v^2(a_1)\mu^2(a_2)}> \tag{6.25}$$

基于以上运算规则，下面我们提出 PFLN-BWM 法来确定指标的主观权重。该方法在传统 BWM 的基础上利用 PFLNs 的减法和除法运算规则建立最优化模型，而不是将 PFLNs 转化为实数再利用 BWM 法进行求解，因此，大大地减少了数据转化造成的信息丢失和扭曲。具体步骤如下。

步骤 1 根据专家意见确定最优或最重要的指标 C_B 以及最劣或最不重要的指标 C_W。

步骤 2 利用 PFLNs 来评价 C_B 相对其他指标及其他指标相对 C_W 的偏好程度，分别用向量 $A_B=(\tilde{a}_{B1},\ \tilde{a}_{B2},\ \cdots,\ \tilde{a}_{Bn})^T$ 和 $A_W=(\tilde{a}_{1W},\ \tilde{a}_{2W},\ \cdots,\ \tilde{a}_{nW})^T$ 来表示，其中，$\tilde{a}_{Bj}=<s_{p_{Bj}},\ \mu_{Bj},\ v_{Bj}>$为 C_B 相对于 $C_j(j=1,\ 2,\ \cdots,\ n)$的偏好程度，$\tilde{a}_{jW}=<s_{p_{jW}},\ \mu_{jW},\ v_{jW}>$为指标 $C_j(j=1,\ 2,\ \cdots,\ n)$相对于 C_W 的偏好程度，其中，$s_{p_{Bj}},\ s_{p_{jW}}\in S^{l+1}=\{s_1,\ s_2,\ \cdots,\ s_l\}$，$s_1$ 表示前者相对于后者偏好程度相同，s_l 表示前者相对于后者极为偏好。同时，PFLNs 中的毕达哥拉斯模糊数部分用于表示所给语言术语的隶属和非隶属程度。

步骤 3 将指标 C_B 的权重 $\tilde{w}_B=<s_{p_B},\ \mu_B,\ v_B>$，指标 C_W 的权重 $\tilde{w}_W=<s_{p_W},\ \mu_W,\ v_W>$，指标 $C_j(j=1,\ 2,\ \cdots,\ n)$的主观权重 $\tilde{w}_j^s=<s_{p_j},\ \mu_j,\ v_j>$和偏好向量 $\tilde{a}_{Bj}=<s_{p_{Bj}},\ \mu_{Bj},\ v_{Bj}>$，$\tilde{a}_{jW}=<s_{p_{jW}},\ \mu_{jW},\ v_{jW}>$代入 Rezaei（2015）提出的如下 BWM 模型中：

$$(M-6.1)\begin{cases}\min\ \xi \\ \text{s. t. } \left|\dfrac{\tilde{w}_B}{\tilde{w}_j^s}-\tilde{a}_{Bj}\right|\leqslant\xi \\ \left|\dfrac{\tilde{w}_j^s}{\tilde{w}_W}-\tilde{a}_{jW}\right|\leqslant\xi \\ \sum_{j=1}^{n}\tilde{w}_j^s=1,\ \tilde{w}_j^s\geqslant 0,\ j=1,\ 2,\ \cdots,\ n\end{cases} \tag{6.26}$$

同时，利用 PFLNs 的除法和减法运算规则，将模型（$M-6.1$）转化为：

$$
(M\text{-}6.2)\begin{cases}
\min\ \xi \\
\text{s. t. } \left| < s_{\left|p_B/p_j - p_{Bj}\right|},\ \sqrt{\mu_B^2 + v_j^2 - \mu_B^2 v_j^2}\, v_{Bj} \right. \\
\left. \sqrt{v_B^2\mu_j^2 + \mu_{Bj}^2 - v_B^2\mu_j^2\mu_{Bj}^2} > \right| \leqslant \xi \\
\left| < s_{\left|p_j/p_W - p_{jW}\right|},\ \sqrt{\mu_j^2 + v_W^2 - \mu_j^2 v_W^2}\, v_{jW} \right. \\
\left. \sqrt{v_j^2\mu_W^2 + \mu_{jW}^2 - v_j^2\mu_W^2\mu_{jW}^2} > \right| \leqslant \xi \\
\sum_{j=1}^{n} S(\widetilde{w}_j^s) = 1 \\
S(\widetilde{w}_j^s) \geqslant 0,\ j = 1,\ 2,\ \cdots,\ n
\end{cases} \tag{6.27}
$$

根据 PFLNs 的得分函数，可得 $\widetilde{w}_j^s = <s_{p_j},\ \mu_j,\ v_j>$的得分为 $S(\widetilde{w}_j^s) = p_j(\mu_j^2 - v_j^2)/l$（彭新东、杨勇，2016）。受 Wang 等（2021）的启发，将其代入模型（M-6.2）可得：

$$
(M\text{-}6.3)\begin{cases}
\min\ \xi \\
\text{s. t. } \dfrac{\left|p_B/p_j - p_{Bj}\right|}{l}\sqrt{\mu_B^2 + v_j^2 - \mu_B^2 v_j^2}\, v_{Bj} \leqslant \xi \\
\dfrac{\left|p_B/p_j - p_{Bj}\right|}{l}\sqrt{v_B^2\mu_j^2 + \mu_{Bj}^2 - v_B^2\mu_j^2\mu_{Bj}^2} \leqslant \xi \\
\dfrac{\left|p_j/p_W - p_{jW}\right|}{l}\sqrt{\mu_j^2 + v_W^2 - \mu_j^2 v_W^2}\, v_{jW} \leqslant \xi \\
\dfrac{\left|p_j/p_W - p_{jW}\right|}{l}\sqrt{v_j^2\mu_W^2 + \mu_{jW}^2 - v_j^2\mu_W^2\mu_{jW}^2} \leqslant \xi \\
\sum_{j=1}^{n} \dfrac{p_j(\mu_j^2 - v_j^2)}{l} = 1 \\
\dfrac{p_j(\mu_j^2 - v_j^2)}{l} \geqslant 0 \\
0 \leqslant \mu_j^2 + v_j^2 \leqslant 1,\ j = 1,\ 2,\ \cdots,\ n
\end{cases} \tag{6.28}
$$

通过求解模型（M-6.3）得到指标 $C_j(j=1,\ 2,\ \cdots,\ n)$的主观权重 $\widetilde{w}_j^s = <s_{p_j},\ \mu_j,\ v_j>$，$j=1,\ 2,\ \cdots,\ n$ 以及 ξ^*。

步骤 4　一致性检验。若 $\widetilde{a}_{Bj} \times \widetilde{a}_{jW} = \widetilde{a}_{BW}$，$j=1,\ 2,\ \cdots,\ n$，则专家组给出的比较关系是完全一致的，其中，$\widetilde{a}_{Bj}$ 为最优指标 C_B 相对于指标 $C_j(j=1,\ 2,\ \cdots,\ n)$的偏好程度，$\widetilde{a}_{jW}$ 为指标 $C_j(j=1,\ 2,\ \cdots,\ n)$相对于最劣指

标 C_W 的偏好程度。根据最小一致性条件 $\tilde{a}_{Bj}=\tilde{a}_{jW}=\tilde{a}_{BW}$，可得（Rezaei，2015）：

$$(\tilde{a}_{Bj}-\xi)\times(\tilde{a}_{jW}-\xi)=\tilde{a}_{BW}+\xi\Rightarrow\xi^2-(1+2S(\tilde{a}_{BW}))\xi+(S(\tilde{a}_{BW})^2-S(\tilde{a}_{BW}))=0 \tag{6.29}$$

其中，$S(\tilde{a}_{BW})=p_{BW}(\mu_{BW}^2-v_{BW}^2)/l$ 为 $\tilde{a}_{BW}=<s_{BW},\ \mu_{BW},\ v_{BW}>$ 的得分。

通过求解式(6.29)可得给定 $\tilde{a}_{BW}$ 时 ξ 的最大可能值($\max\xi$)。将 $\max\xi$ 作为一致性指标(CI)的取值，可求得一致性比率为 $CR=\xi^*/CI$。若 $CR<0.1$，满足一致性条件。

步骤 5 利用权重 $\tilde{w}_j^s$ 的得分函数 $S(\tilde{w}_j^s)$，可得实数形式的指标 $C_j(j=1,\ 2,\ \cdots,\ n)$ 的权重，为：

$$w_j^s=\frac{S(\tilde{w}_j^s)}{\sum_{j=1}^{n}S(\tilde{w}_j^s)} \tag{6.30}$$

由此得到以实数表示的指标 $C_j(j=1,\ 2,\ \cdots,\ n)$ 的主观权重向量 $w^s=(w_1^s,\ w_2^s,\ \cdots,\ w_n^s)^T$。

二　基于项链排列的蛛网混合灰靶决策方案排序法

本节中，我们将蛛网灰靶决策法拓展到基于混合型数据的建筑垃圾资源化方案的排序中，通过比较方案在相邻轴上相对靶心距的点连线所围成图形（蛛网）的面积，从而获得备选方案排序。

我们所构建的蛛网以正靶心的相对靶心距向量作为原点，由该点往外辐射出几条轴，每条轴代表一个评价指标 $C_j(j=1,\ 2,\ \cdots,\ n)$，且轴与轴之间夹角相等，如图 6.3 所示。若 r_{ij} 为任一种混合型评价信息表示的方案 $A_i(i=1,\ 2,\ \cdots,\ m)$ 在指标 C_j 下的评价值，则 $r^+=(r_1^+,\ r_2^+,\ \cdots,\ r_n^+)^T$ 为给定样本方案对应的正靶心，$r^-=(r_1^-,\ r_2^-,\ \cdots,\ r_n^-)^T$ 为负靶心。在图 6.3 中，各轴的长度代表评价值 r_{ij} 与 $r_j^+(j=1,\ 2,\ \cdots,\ n)$ 的相对距离。若考虑指标权重 $w_j(j=1,\ 2,\ \cdots,\ n)$，则方案 A_i 在各轴上的相对靶心距为 $v_{ij}=w_jd(r_{ij},\ r_j^+)/d(r_j^+,\ r_j^-)$。那么，利用式(6.31)可得方案 $A_i(i=1,\ 2,\ \cdots,\ m)$ 相邻的相对靶心距点的连线所围成的图形面积为：

$$S_i'=\frac{1}{2}\sin\frac{2\pi}{n}\left(\sum_{j=1}^{n-1}v_{i,\ j}\cdot v_{i,\ j+1}+v_{i,\ 1}\cdot v_{i,\ n}\right) \tag{6.31}$$

其中，$v_{ij}=w_jd(r_{ij},\ r_j^+)/d(r_j^+,\ r_j^-)$，$i=1,\ 2,\ \cdots,\ m$，$j=1,\ 2,\ \cdots,\ n$。$w_j(j=1,\ 2,\ \cdots,\ n)$ 为指标 $C_j(j=1,\ 2,\ \cdots,\ n)$ 的权重。$d(r_{ij},\ r_j^+)$ 和

$d(r_j^+, r_j^-)$分别为 r_{ij} 与 r_j^+ 的距离和 r_j^+ 与 r_j^- 的距离。

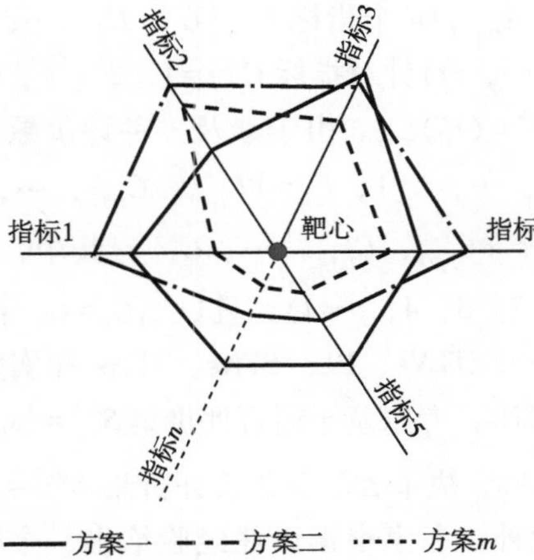

图 6.3　蛛网灰靶决策模型

然而，在蛛网模型中当各项评价指标 $C_j(j=1, 2, \cdots, n)$所在轴的位置做出改变时，方案 $A_i(i=1, 2, \cdots, m)$的蛛网面积 $S_i'(i=1, 2, \cdots, m)$也往往会发生变化，此时备选方案排序可能发生逆序现象(陈勇明、吴敏，2020)。对此，本书将指标集各种项链排列下的平均蛛网面积作为方案排序的依据，以此来消除可能出现的逆序问题。使用项链排列能够考虑指标集在蛛网中的各种摆放顺序，从而充分考虑各种排列的可能。对于 n 个不同指标 $C_j(j=1, 2, \cdots, n)$组成的项链排列共有$(n-1)!/2$ 种排列方法，我们将其依次记为第 p 个排列，$p=1, 2, \cdots, (n-1)!/2$，由此得到方案 $A_i(i=1, 2, \cdots, m)$在指标集所有项链排列下的平均蛛网面积为：

$$S_i=\frac{2}{(n-1)!}\sum_{p=1}^{(n-1)!/2}S'^{p}_{i},\ i=1, 2, \cdots, m \tag{6.32}$$

其中，$S'^{p}_{i}(i=1, 2, \cdots, m)$为方案 $A_i(i=1, 2, \cdots, m)$在指标集第 p 个项链排列中相对靶心距连线所围成的蛛网面积。n 为指标的数量。平均蛛网面积 S_i 越小，则方案 A_i 的评价值向量越接近正靶心，那么方案 A_i 也越优。

三 指标权重未知时基于混合蛛网灰靶决策的方案评价模型

假设在建筑垃圾资源化方案评价问题中，有 m 个建筑垃圾资源化方案 $A=\{A_1, A_2, \cdots, A_m\}$，$n$ 个指标 $C=\{C_1, C_2, \cdots, C_n\}$。专家组给出了方案 $A_i(i=1, 2, \cdots, m)$ 针对指标 $C_j(j=1, 2, \cdots, n)$ 的评价值，从而构成初始评价矩阵 $R'=(r'_{ij})_{m\times n}$。由于涉及多种评价数据类型，可将指标集分为 $\hat{C}_1=\{C_1, C_2, \cdots, C_{j_1}\}$，$\hat{C}_2=\{C_{j_1+1}, C_{j_1+2}, \cdots, C_{j_2}\}$，$\hat{C}_3=\{C_{j_2+1}, C_{j_2+2}, \cdots, C_{j_3}\}$ 和 $\hat{C}_4=\{C_{j_3+1}, C_{j_3+2}, \cdots, C_n\}$，其中，$1\leqslant j_1\leqslant j_2\leqslant j_3\leqslant n$，$\hat{C}_p\cap\hat{C}_l=\emptyset(p, l=1, 2, 3, 4; p\neq l)$，且 $\cup_{p=1}^{4}\hat{C}_p=C$。指标集 $\hat{C}_p(p=1, 2, 3, 4)$ 的评价值为 TrPFZTLVs、PLt-SFNs、TFNs 和实数中的一种。对于 TrPFZTLVs 和 PLt-SFNs，专家基于语言评价集 $S^{l+1}=\{s_0, s_1, \cdots, s_l\}$ 做出评价。对于 TrPFZTLVs，决策者基于语言评价集 $\dot{S}^{g+1}=\{\dot{s}_0, \dot{s}_1, \cdots, \dot{s}_g\}$ 做出可信度评价。此外，专家根据以往经验给出一个样本方案，已知该方案在各指标 $C_j(j=1, 2, \cdots, n)$ 下的评价值构成了正靶心 $r^+=(r_1^+, r_2^+, \cdots, r_n^+)^T$。下面介绍指标权重向量 $w=(w_1, w_2, \cdots, w_n)^T$ 未知时，基于混合数据类型的建筑垃圾资源化方案的蛛网灰靶决策模型。首先，利用 PFLN-BWM 法求得指标的主观权重。其次，利用综合靶心距和信息熵求得指标的客观权重，从而得到指标的组合权重。最后，建立基于项链排列的蛛网灰靶决策模型得到建筑垃圾资源化方案的排序。具体步骤如下。

步骤 1 利用式（6.28）建立 PFLN-BWM 模型，求得指标 $C_j(j=1, 2, \cdots, n)$ 的主观权重 $\tilde{w}_j^s=<s_{p_j}, \mu_j, v_j>$ 及 ξ^*。然后，利用式(6.29)得到 $\max\xi$ 作为 CI 的取值，并求得一致性比率 $CR=\xi^*/CI$。若 $CR<0.1$，则满足一致性条件。最后，利用式(6.30)得到实数形式的指标主观权重向量 $w^s=(w_1^s, w_2^s, \cdots, w_n^s)^T$。

步骤 2 利用本章第一节第三部分中的步骤 2 将矩阵 $R'=(r'_{ij})_{m\times n}$ 标准化得到矩阵 $R=(r_{ij})_{m\times n}$。接着，利用式(6.33)得到负靶心 $r^-=(r_1^-, r_2^-, \cdots, r_n^-)^T$，其中，$r_j^-$ 为：

$$r_j^-=\{r_{ij} \mid \min_i(S(r_{ij}))\}, \ j=1, 2, \cdots, n \tag{6.33}$$

其中，若 r_{ij} 为 TrPFZTLVs，可利用式（4.2）求得 $S(r_{ij})$；若 r_{ij} 为 PLt-SFNs，可利用式（5.1）求得下标 $S(r_{ij})$；若 r_{ij} 为实数，$S(r_{ij})=r_{ij}$；若 $r_{ij}=(a_{ij}, b_{ij}, c_{ij})$ 为 TFN，$S(r_{ij})=(a_{ij}+b_{ij}+c_{ij})/3$。

步骤 3　根据正靶心 $r^+=(r_1^+, r_2^+, \cdots, r_n^+)^T$ 和负靶心 $r^-=(r_1^-, r_2^-, \cdots, r_n^-)^T$，求得方案 $A_i(i=1, 2, \cdots, m)$ 的加权正靶心距 $\varepsilon_i^+(i=1, 2, \cdots, m)$、加权负靶心距 $\varepsilon_i^-(i=1, 2, \cdots, m)$ 及加权正负靶心距 $\varepsilon_i^0(i=1, 2, \cdots, m)$，分别为：

$$\varepsilon_i^+=\sum\nolimits_{j=1}^{n} w_j^o d(r_{ij}, r_j^+) \tag{6.34}$$

$$\varepsilon_i^-=\sum\nolimits_{j=1}^{n} w_j^o d(r_{ij}, r_j^-) \tag{6.35}$$

$$\varepsilon_i^0=\sum\nolimits_{j=1}^{n} w_j^o d(r_j^+, r_j^-) \tag{6.36}$$

其中，$w_j^o(j=1, 2, \cdots, n)$ 为指标 $C_j(j=1, 2, \cdots, n)$ 的客观权重。若 r_{ij} 为 TrPFZTLVs，可利用式（4.34）求得距离；若 r_{ij} 为 PLt-SFNs，可利用式（5.3）求得距离；若 r_{ij} 为实数，由二者差的绝对值求得距离；若 $r_{ij}=(a_{ij}, b_{ij}, c_{ij})$ 为 TFN，$d(r_{ij}, r_j^+)=\frac{\sqrt{3}}{3}\sqrt{(a_{ij}-a_j^+)^2+(b_{ij}-b_j^+)^2+(c_{ij}-c_j^+)^2}$。类似地，也可求得 $d(r_{ij}, r_j^+)$ 和 $d(r_j^+, r_j^-)$。

经证明方案 A_i（$i=1, 2, \cdots, m$）的评价值 r_{ij} 所在点与正负靶心 r_j^+、r_j^- 为空间内的三点，且三点共线或者围成三角形（宋捷等，2010；Fu et al.，2021），如图 6.4 所示。由余弦定理得到 $(\varepsilon_i^+)^2+(\varepsilon_i^0)^2-2\varepsilon_i^+\varepsilon_i^0\cos\theta=(\varepsilon_i^-)^2$，则 $\cos\theta=((\varepsilon_i^+)^2+(\varepsilon_i^0)^2-(\varepsilon_i^-)^2)/2\varepsilon_i^+\varepsilon_i^0$。那么，正靶心距在正负靶心连线上的投影或综合靶心距为：

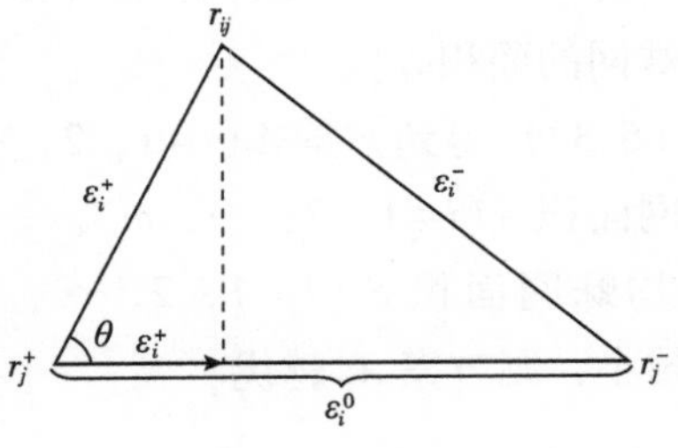

图 6.4　任意方案评价值的正负靶心和综合靶心距

$$\varepsilon_i^{+\prime}=\varepsilon_i^+\cos\theta=\frac{(\varepsilon_i^+)^2+(\varepsilon_i^0)^2-(\varepsilon_i^-)^2}{2\varepsilon_i^0} \tag{6.37}$$

其中，ε_i^+、ε_i^- 和 $\varepsilon_i^0(i=1, 2, \cdots, m)$ 分别为加权正靶心距、负靶心距及

正负靶心距。

步骤 4 根据极大熵原理，可调整指标 $C_j(j=1, 2, \cdots, n)$ 的客观权重 $w_j^o(j=1, 2, \cdots, n)$ 使客观权重的不确定性尽可能减小，意味着灰熵 $\Phi=-\sum_{j=1}^{n} w_j^o \ln w_j^o$ 极大化。同时，应调整 $w_j^o(j=1, 2, \cdots, n)$ 使总综合靶心距 $\varepsilon^{+\prime}=\sum_{i=1}^{n} \varepsilon_i^{+\prime}$ 最小。由此，可构建如下最优化模型：

$$(M\text{-}6.4)\begin{cases}\min z=\mu \sum_{i=1}^{m} \dfrac{(\varepsilon_i^{+})^2+(\varepsilon_i^{0})^2-(\varepsilon_i^{-})^2}{2\varepsilon_i^{0}}+(1-\mu) \sum_{j=1}^{n} w_j^o \ln w_j^o \\ \text{s.t.} \sum_{i=1}^{n} w_j^o=1,\ w_j^o \geqslant 0,\ j=1, 2, \cdots, n\end{cases} \tag{6.38}$$

其中，$0<\mu<1$。考虑目标函数的公平竞争，一般取 $\mu=0.5$。求解式(6.38)得到指标 $C_j(j=1, 2, \cdots, n)$ 的客观权重向量 $w^o=(w_1^o, w_2^o, \cdots, w_n^o)^T$。

步骤 5 利用式（6.39）得到指标 C_j（$j=1, 2, \cdots, n$）的组合权重，为：

$$w_j=\frac{w_j^s w_j^o}{\sum_{j=1}^{n} w_j^s w_j^o},\ j=1, 2, \cdots, n \tag{6.39}$$

其中，w_j^s 和 w_j^o 分别为指标 $C_j(j=1, 2, \cdots, n)$ 的主观和客观权重。

步骤 6 列出指标集的 $(n-1)!/2$ 种不同项链排列，然后，利用式(6.31)求得方案 $A_i(i=1, 2, \cdots, m)$ 在指标集所有可能的项链排列中相对靶心距连线所围成蛛网的面积 S'^{p}_i。

步骤 7 利用式（6.32）得到方案 $A_i(i=1, 2, \cdots, m)$ 在指标集所有项链排列下的平均蛛网面积 $S_i(i=1, 2, \cdots, m)$。

步骤 8 根据平均蛛网面积 $S_i(i=1, 2, \cdots, m)$ 对方案 $A_i(i=1, 2, \cdots, m)$ 排序。S_i 越小，则方案 A_i 越优。

四 算例分析

为了促进北京市郊区某农村建筑垃圾资源化处理进程，专家组筛选了四种建筑垃圾资源化处理方案，包括现场破碎与生产再生砌块（A_1）、现场破碎与路基回填（A_2）、外运破碎与生产再生砖（A_3）和现场破碎与生产再生骨料（A_4）。为了确定最优方案，专家组对备选方案从环境指标（C_1）、社会指标（C_2）、经济指标（C_3）和技术指标（C_4）四个方面进行综合评价，依次选用了 TrPFZTLVs、PLt-SFNs、TFNs 和实数分别对指标 C_1、C_2、C_3 和 C_4 进行评价。对于 TrPFZTLVs 和 PLt-SFNs，评价值的给出基于语言评价集 $S^5=\{s_0, s_1, s_2, s_3, s_4\}=\{$“差”，“较差”，“中等”，“较好”，“好”$\}$。对于 TrPFZTLVs，决策者基于语言评价集 $\dot{S}^5=\{\dot{s}_0, \dot{s}_1, \dot{s}_2, \dot{s}_3, \dot{s}_4\}=\{$“弱”，“较弱”，“中等”，“较强”，“强”$\}$做出可靠性评价。利用实数评价时，使用的标度为“0”、“1”、“2”、“3”和“4”，分别表示“差”“较差”“中等”“较好”“好”。基于以上内容，专家组给出的基于混合数据的初始评价矩阵 $R'=(r'_{ij})_{4\times4}$ 和样本方案的正靶心 r^+，如表 6.6 所示。下面在指标权重未知时利用蛛网混合灰靶决策理论对四个备选方案进行评价，具体步骤如下。

表 6.6　　四个方案的初始评价矩阵

	C_1	C_2	C_3	C_4
A_1	$<(s_4, s_5, s_6, s_6), (0.8, 0.3); (\dot{s}_3, 0.1)>$	$<\{s_5(0.90), s_6(0.10)\}, \{s_0(1)\}, \{s_0(1)\}>$	(0.45, 0.55, 0.65)	3
A_2	$<(s_3, s_4, s_5, s_6), (0.7, 0.1); (\dot{s}_4, -0.1)>$	$<\{s_3(0.46), s_4(0.54)\}, \{s_1(1)\}, \{s_1(1)\}>$	(0.60, 0.70, 0.80)	3
A_3	$<(s_3, s_3, s_4, s_4), (0.8, 0.3); (\dot{s}_3, 0.1)>$	$<\{s_3(0.10), s_4(0.90)\}, \{s_0(0.62), s_1(0.38)\}, \{s_0(1)\}>$	(0.45, 0.55, 0.65)	2
A_4	$<(s_3, s_4, s_4, s_5), (0.9, 0.1); (\dot{s}_4, 0)>$	$<\{s_4(1)\}, \{s_0(0.28), s_1(0.72)\}, \{s_0(1)\}>$	(0.60, 0.70, 0.80)	4
r_j^+	$<(s_3, s_3, s_4, s_4), (1.0, 0); (\dot{s}_4, 0)>$	$<\{s_5(1)\}, \{s_0(1)\}, \{s_0(1)\}>$	(0.80, 0.80, 0.80)	4

步骤 1　确定最优和最劣指标分别为环境指标（C_1）和经济指标（C_3）。然后，给出 C_1 相对其他指标的偏好向量及其他指标相对 C_3 的偏好向量，评价参考标度为$\{<s_1, 1, 0>=$同等重要，$<s_2, 1, 0>=$略微重要，$<s_3, 1, 0>=$明显重要，$<s_4, 1, 0>=$非常重要，$<s_5, 1, 0)>=$极为重要$\}$，结果如表 6.7 所示。接着，利用式（6.28）得到如下最优化模型：

表 6.7　　专家给出的比较偏好矩阵

C_j	最优指标 C_B	a_{Bj}	最劣指标 C_W	a_{jW}
C_1	C_1	<s_1, 1, 0>	C_3	<s_2, 1, 0>
C_2		<s_2, 0.8, 0.2>		<s_2, 0.8, 0>
C_3		<s_2, 1, 0>		<s_1, 1, 0>
C_4		<s_2, 0.9, 0.2>		<s_2, 0.9, 0.1>

$$(M\text{-}6.5)\begin{cases}\min \xi \\ \text{s.t. } \dfrac{p_1/p_2-2}{5}\sqrt{\mu_1^2+v_2^2-\mu_1^2v_2^2}\times 0.2\leqslant \xi \\ \dfrac{p_1/p_4-2}{5}\sqrt{\mu_1^2+v_4^2-\mu_1^2v_4^2}\times 0.2\leqslant \xi \\ \dfrac{p_1/p_2-2}{5}\sqrt{v_1^2\mu_2^2+0.64-v_1^2\mu_2^2\times 0.64}\leqslant \xi \\ \dfrac{p_1/p_3-2}{5}\sqrt{v_1^2\mu_3^2+1-v_1^2\mu_3^2\times 1}\leqslant \xi \\ \dfrac{p_1/p_4-2}{5}\sqrt{v_1^2\mu_4^2+0.81-v_1^2\mu_4^2\times 0.81}\leqslant \xi \\ \dfrac{p_4/p_3-2}{5}\sqrt{\mu_4^2+v_3^2-\mu_4^2v_3^2}\times 0.1\leqslant \xi \\ \dfrac{p_1/p_3-3}{5}\sqrt{v_1^2\mu_3^2+1-v_1^2\mu_3^2\times 1}\leqslant \xi \\ \dfrac{p_2/p_3-2}{5}\sqrt{v_2^2\mu_3^2+0.64-v_2^2\mu_3^2\times 0.64}\leqslant \xi \\ \dfrac{p_4/p_3-2}{5}\sqrt{v_4^2\mu_3^2+0.81-v_4^2\mu_3^2\times 0.81}\leqslant \xi \\ \sum_{j=1}^{4}p_j(\mu_j^2-v_j^2)=5 \\ \dfrac{p_j(\mu_j^2-v_j^2)}{5}\geqslant 0 \\ 0\leqslant \mu_j^2+v_j^2\leqslant 1,\ j=1,2,3,4\end{cases}\tag{6.40}$$

求解该模型得到指标权重向量 $\tilde{w}^s$ = ($s_{2.0624}$, 1, 0>, <$s_{1.1371}$, 1,

0>，<$s_{0.6461}$，1，0>，<$s_{1.1544}$，1，0>)^T，且 $\xi^*=0.0384$。由于 $\tilde{a}_{BW}$=<s_2，1，0>，将 $S(\tilde{a}_{BW})=0.4$ 代入式(6.29)得到 $\max\xi=1.9247$，即 $CI=1.9247$。$CR=\xi^*/CI=0.0384/1.9247=0.02<0.1$，故满足一致性。最后，利用式(6.30)求得实数形式的指标主观权重向量 $w^s=(0.4125, 0.2274, 0.1292, 0.2309)^T$。

步骤2 将表6.6中的初始评价矩阵标准化得到的矩阵 $R=(r_{ij})_{4\times4}$，如表6.8所示。然后，利用式（6.33）确定负靶心，见表6.8最后一行。

表6.8 标准化后的四个方案的评价矩阵

	C_1	C_2	C_3	C_4
A_1	<(s_4，s_5，s_6，s_6)，(0.8，0.3)；($\dot{s}_3$，0.1)>	<{$s_5(0.90)$，$s_6(0.10)$}，{$s_0(1)$}，{$s_0(1)$}>	(0.45，0.55，0.65)	0.75
A_2	<(s_3，s_4，s_5，s_6)，(0.7，0.1)；($\dot{s}_4$，-0.1)>	<{$s_3(0.46)$，$s_4(0.54)$}，{$s_1(1)$}，{$s_1(1)$}>	(0.60，0.70，0.80)	0.75
A_3	<(s_3，s_3，s_4，s_4)，(0.8，0.3)；($\dot{s}_3$，0.1)>	<{$s_3(0.10)$，$s_4(0.90)$}，{$s_0(0.62)$，$s_1(0.38)$}，{$s_0(1)$}>	(0.45，0.55，0.65)	0.50
A_4	<(s_3，s_4，s_4，s_5)，(0.9，0.1)；($\dot{s}_4$，0)>	<{$s_4(1)$}，{$s_0(0.28)$，$s_1(0.72)$}，{$s_0(1)$}>	(0.60，0.70，0.80)	1.00
r_j^+	<(s_3，s_3，s_4，s_4)，(1，0)；($\dot{s}_4$，0)>	<{$s_5(1)$}，{$s_0(1)$}，{$s_0(1)$}>	(0.80，0.80，0.80)	1.00
r_j^-	<(s_3，s_3，s_4，s_4)，(0.8，0.3)；($\dot{s}_3$，0.1)>	<{$s_3(0.46)$，$s_4(0.54)$}，{$s_1(1)$}，{$s_1(1)$}>	(0.45，0.55，0.65)	0.50

步骤3—步骤4 利用式（6.34）至式（6.36）得到四个方案的加权正靶心距：

$$\varepsilon_1^+=0.0229w_1^o+0.0211w_2^o+0.2630w_3^o+0.25w_4^o$$

$$\varepsilon_2^+=0.0334w_1^o+0.1852w_2^o+0.1291w_3^o+0.25w_4^o$$

$$\varepsilon_3^+=0.0519w_1^o+0.1506w_2^o+0.2630w_3^o+0.50w_4^o$$

$$\varepsilon_4^+=0.0242w_1^o+0.1429w_2^o+0.1291w_3^o$$

四个方案的加权负靶心距：

$$\varepsilon_1^-=0.0359w_1^o+0.2063w_2^o+0.75w_4^o$$

$\varepsilon_2^- = 0.0171w_1^o + 0.15w_3^o + 0.25w_4^o$

$\varepsilon_3^- = 0.0346w_2^o$

$\varepsilon_4^- = 0.0071w_1^o + 0.0424w_2^o + 0.15w_3^o + 0.50w_4^o$

加权正负靶心距：

$\varepsilon^o = 0.0519w_1^o + 0.1852w_2^o + 0.2630w_3^o + 0.50w_4^o$

将以上结果代入式(6.38)，求解得到指标 $C_j(j=1, 2, 3, 4)$的客观权重向量 $w^o=(0.3158, 0.2517, 0.1667, 0.2659)^T$。

步骤5 利用式（6.39）求得指标 $C_j(j=1, 2, 3, 4)$的组合权重向量 $w=(0.4817, 0.2116, 0.0796, 0.2270)^T$。

步骤6 指标 C_1、C_2、C_3 和 C_4 的项链排列共有(4−1)！/2=3 种，如表 6.9 所示。利用式(6.31)求得方案 $A_i(i=1, 2, 3, 4)$在第 p 个指标集的项链排列中相对靶心距连线所围成蛛网的面积 $S'^p_i(i=1, 2, 3, 4)$，如表 6.10 所示。

表 6.9　　四个指标的所有项链排列

序号	项链排列	序号	项链排列	序号	项链排列
1	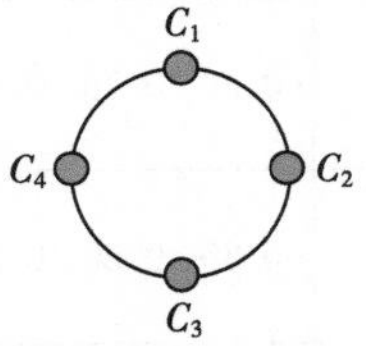	2	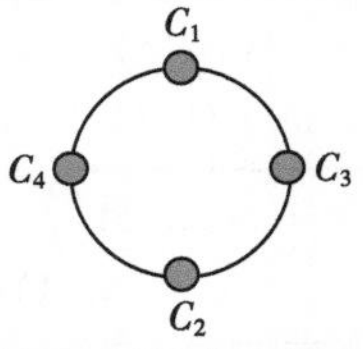	3	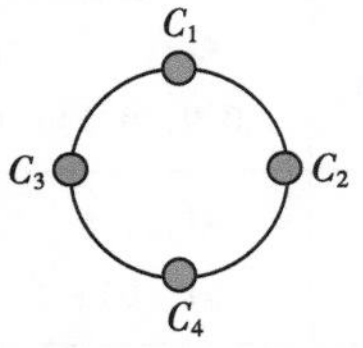

表 6.10　　在各种项链排列下方案的蛛网面积及平均蛛网面积

项链排列序号	A_1	A_2	A_3	A_4
1	0.0201	0.0567	0.1120	0.0215
2	0.0228	0.0398	0.1002	0.0076
3	0.0169	0.0531	0.0892	0.0227
平均蛛网面积 S_i	0.0199	0.0499	0.1005	0.0173

步骤7—步骤8 利用式（6.32）得到方案 $A_i(i=1, 2, 3, 4)$的平均蛛网面积 $S_i(i=1, 2, 3, 4)$，如表6.10 所示。根据 $S_i(i=1, 2, 3, 4)$对方案进行排序，得到 $A_4>A_1>A_2>A_3$。

为了验证排序结果的有效性，基于四个指标的组合权重向量 $w=(0.4817, 0.2116, 0.0796, 0.2270)^T$，利用式(6.37)求得四个方案的正靶心距在正负靶心连线上的投影或综合靶心距分别为 $\varepsilon_1^{+\prime}=0.0864$，$\varepsilon_2^{+\prime}=0.1221$，$\varepsilon_3^{+\prime}=0.1913$，$\varepsilon_4^{+\prime}=0.0584$。$\varepsilon_i^{+\prime}(i=1, 2, 3, 4)$越小，方案 $A_i(i=1, 2, 3, 4)$距离正靶心越接近，故排序结果为 $A_4 > A_1 > A_2 > A_3$，与基于项链排列的蛛网混合模型得到的排序结果一致。相比基于综合靶心距的排序方法，基于蛛网混合决策的排列方法更加可视化也便于理解。当备选方案较多时，可采用处理大数据的编程软件如 Python 语言或者 R 语言等来辅助进行数据处理。此外，为了验证 PFLN-BWM 法的有效性，我们运用传统 BWM 来进行计算，将表 6.7 中专家组给出的基于 PFLNs 的比较偏好矩阵都转化为实数。然后，利用式（6.26）求得指标主观权重向量为 $w_j^s=(0.3364, 0.2524, 0.1710, 0.2402)^T$，且经验证满足一致性条件。这与本书所提出的 PFLN-BWM 法得到的指标权重排序相同。然而，本书所提出的 PFLN-BWM 法可以利用 PFLNs 形式的信息直接计算，并输出基于 PFLNs 的指标主观权重向量，极大地减少了数据转化过程中的信息扭曲和丢失。

第三节　本章小结

本章针对含有异质评价信息的建筑垃圾资源化方案评价问题，分别提出了基于异质信息统一化的评价模型和蛛网混合灰靶决策模型。对于前者，我们借助 SNA 进行信任值的传播和集结，从而补全信任矩阵并确定专家权重，然后提出了将四种混合信息统一转化为粗数的方法，最后在粗数环境下利用双参数 TOPSIS 法获得方案排序。相对于传统异质决策中将混合数据统一为实数的方法，该模型利用了粗数本身的特点，在转化中尽量保留了数据的模糊性。此外，双参数 TOPSIS 法可以通过调整参数 χ 和 κ 的取值，反映了决策者倾向于风险或收益的程度以及乐观或悲观的态度。对于后者，本书提出了 PFLN-BWM 法来确定指标的主观权重，该方法可直接输出 PFLNs 形式的指标权重，并利用综合靶心距和信息熵建立非线性规划模型来确定指标的客观权重，从而得到指标的组合权重。然后，我们将样本方案的评价值向量作为正靶心，求得指标集的各种项链排列下备选方案的相对靶心距点所构成的平均蛛网面积，并以此作为备选方案排序的依据。此外，我们将传统蛛网模型中各轴代表的绝对距离用相对距离来代替，能够更好地反映方案在每个指标下评价值与样本方案评价值的差异程度。

第七章　行为理论视角下的建筑垃圾资源化方案评价模型

在建筑垃圾资源化方案的评价与选择过程中，由于决策者知识、经验和能力的相对局限性，以及所掌握信息的非完整性，他们往往难以全面且准确地把握与决策相关的所有信息。因此，建筑垃圾资源化方案的评价往往是在部分信息已知且有限认知的情形下进行的。在有限理性的前提下，决策者可能因未选中最优方案而后悔，或因选中最优方案而感到庆幸，并试图避免选择让自己感到后悔的方案。此外，决策者的乐观或悲观程度以及对风险和损失的态度等也会对决策结果产生影响。为了突破以往建筑垃圾资源化方案评价过程中“纯理性”的假设，本章将行为认知分析的方法和思路引入建筑垃圾资源化方案评价与选择问题中。一方面，为了更加准确地描述方案的评价值，本章将 PLt-SFS 拓展至双层语义下，提出了概率双层语言 T 球面模糊集（PDHLt-SFS），然后提出基于概率双层语言 T 球面模糊数（PDHLt-SFNs）的加权规范化投影后悔理论，最后利用方案在整个时间段内的感知效用值来确定方案排序。另一方面，考虑到行业或者企业标准的变化，有时需不成比例地缩小或者放大某些评价标度对应评估级别的范围，由此产生了非平衡语言术语集下方案的评价值。为此，本书首先提出不一致的平衡或非平衡语言评价集下的评价值语言标度的统一化方法，并将混合评价信息转化为信任区间（BI），然后利用 BI-TODIM 法获得方案排序，最后将上述模型应用于旧城改造背景下的建筑垃圾资源化方案评估中，以验证其有效性和科学性。

第一节　双层语义下基于投影后悔理论的建筑垃圾资源化方案多阶段评价模型

为了对各指标下的建筑垃圾资源化方案评价值进行精细描述，本节在双层语义的框架下，将 PLt-SFNs 进行了扩展，并创新性地提出了 PDHLt-SFNs 模型，以更加准确地表达方案的评价值。然后，提出基于双层语言 T 球面模糊数（DHLt-SFNs）的有序聚类法确定阶段权重。接着，提出基于 PDHLt-SFNs 加权规范化投影的效用函数、后悔—欣喜函数和感知效用函数。最后，利用方案评价值向量在正理想解向量上的加权规范化投影的感知效用值来确定备选方案的排序。

一　概率双层语言 T 球面模糊集

传统的模糊语言表现形式通常为一个或者多个简单的语言术语，如"高""较差""中等"之类的评价信息。然而，当需要表达更加详尽和精确的语言评价信息，如"特别地高""几乎完美""略低于中等"时，传统的语言评价形式常常难以准确传达这些附加的程度信息。为此，Gou 等（2017）在传统语言评价集的基础上，提出了双层语言评价集的概念。若第一层语言术语集为 $S=\{s_t \mid t=0,1,\cdots,l\}$，则双层语言评价集的定义如下。

定义 7.1　设 $S=\{s_t \mid t=0,1,\cdots,l\}$ 和 $\varphi=\{o_l \mid l=-\kappa,\cdots,-1,0,1,\cdots,\kappa\}$ 分别为两个独立的语言术语集，且 l 为偶数。第一层语言术语集 S 由一组形容词组成，用来粗略表示评价对象的优劣水平，第二层语言术语集 φ 对第一层语言术语集 S 中的语言术语做进一步说明，通常由表示修饰性的程度词组成。结合以上两个语言术语集，双层语言术语集（DHLTS）的定义如下：

$$S_\varphi=\{s_{t<o_l>} \mid t=0,1,\cdots,l;\ l=-\kappa,\cdots,-1,0,1,\cdots,\kappa\} \tag{7.1}$$

其中，$s_{t<o_l>}$ 为双层语言术语（DHLT），第二层语言术语 o_l 用来描述第一层语言术语 s_t 的强弱程度。当 $t\geqslant l/2$ 时，第二层语言术语集 φ 中的语言变量按照升序排列；当 $t\leqslant l/2$ 时，第二层语言术语集 φ 中的语言变量按照降序排列。并且，以上两种情况下第二层语言术语集始终为 $\varphi=\{o_l \mid l=-\kappa,\cdots,-1,0,1,\cdots,\kappa\}$，升序或降序排列时仅对 φ 中的语言短语顺序做出改变。特别地，若 $t=l$，第二层语言变量术语集中仅考虑 $\varphi=\{o_l \mid l=-\kappa, \cdots, -1, 0\}$；若 $t=0$，第二层语言变量术语集中仅考虑 $\varphi=\{o_l \mid l=0, 1, \cdots, \kappa\}$。

例 7.1　已知 $S_\varphi=\{s_{t<o_l>} \mid t=0, 1, 2, 3, 4; l=-2, -1, 0, 1, 2\}$ 为一个 DHLTS，且 $s_t \in S=\{s_0, s_1, s_2, s_3, s_4\}$ = {“很差”，“差”，“中等”，“优”，“很优”}，$o_l \in \varphi=\{o_{-2}, o_{-1}, o_0, o_1, o_2\}$ = {“极其不”，“有些不”，“正好”，“比较”，“非常”}，如图 7.1 所示。对于表示评价短语为“优”的第一层语言术语 s_3，可利用第二层语言术语集 φ 中的任意语言术语描述 s_3 的程度，如 $s_{3<o_1>}$ 表示“比较优”，$s_{3<o_{-1}>}$ 表示“有些不优”。值得注意的是，若 $t=2, 3$，对应的第二层语言术语集为 $\varphi=\{o_{-2}, o_{-1}, o_0, o_1, o_2\}$ = {“极其不”，“有些不”，“正好”，“比较”，“非常”}；若 $t=1$，对应的第二层语言术语集为 $\varphi=\{o_{-2}, o_{-1}, o_0, o_1, o_2\}$ = {“非常”，“比较”，“正好”，“有些不”，“极其不”}；若 $t=4$，对应的第二层语言术语集为 $\varphi=\{o_{-2}, o_{-1}, o_0\}$ = {“极其不”，“有些不”，“正好”}；若 $t=0$，对应的第二层语言评价集为 $\varphi=\{o_0, o_1, o_2\}$ = {“正好”，“有些不”，“极其不”}。

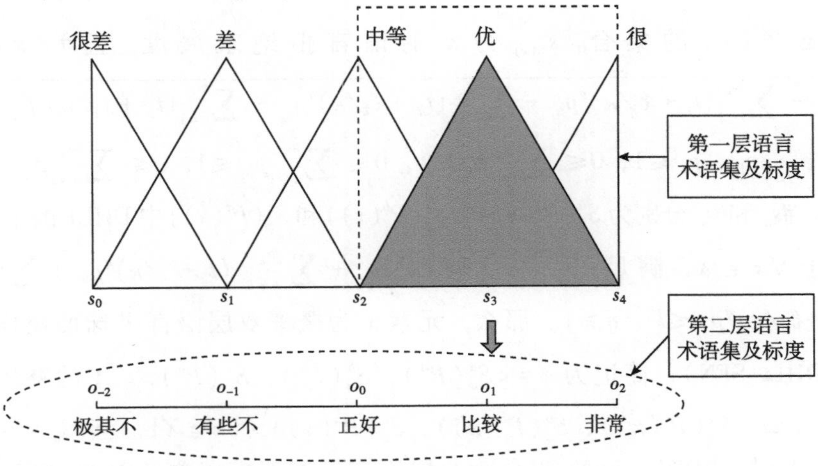

图 7.1　语言变量 s_3 及其第二层语言术语集

基于以上定义，可将 Lt-SFNs 中隶属度、非隶属度和犹豫度的语言术语都拓展为 DHLT，那么，Lt-SFNs 可拓展为双层语言 T 球面模糊数（DHLt-SFNs）。例如，若专家利用 DHLt-SFNs 给出了方案在三个阶段评价值分别为 $\overline{x}_1=<s_{2<o_0>}, s_{1<o_0>}, s_{1<o_0>}>$，$\overline{x}_2=<s_{1<o_1>}, s_{2<o_1>}, s_{0<o_0>}>$和 $\overline{x}_3=<s_{1<o_1>}, s_{1<o_0>}, s_{0<o_0>}>$。假设三个阶段权重相同，则依照概率分布的方式集结得到该方案在整个时间段内的综合评价值为 $x=<\{s_{1<o_1>}(0.67), s_{2<o_0>}(0.33)\}, \{s_{1<o_0>}(0.67), s_{2<o_1>}(0.33)\}, \{s_{0<o_0>}(0.67), s_{1<o_0>}(0.33)\}>$。相比 PLt-SFNs，这种数据形式能够更为精准地描述语言隶属度、犹豫度和非隶属度三部分。由此，我们将 PLt-SFNs 拓展为概率双层语言 T 球面模糊数（PDHLt-SFNs），定义如下。

定义 7.2 设 X 为非空集合，$S_\varphi=\{s_{t<o_\ell>} \mid t=0, 1, \cdots, l; \ell=-\kappa, \cdots, -1, 0, 1, \cdots, \kappa\}$ 为 *DHLTS*。$\dot{A}=\{<x, S_\varphi^a(P^a(x)), S_\varphi^b(P^b(x)), S_\varphi^c(P^c(x))> \mid x\in X\}$ 为集合 X 上的概率双层语言 T 球面模糊集（PDHLt-SFS），且 S_φ^a，S_φ^b，$S_\varphi^c\subseteq S_\varphi$。其中，$S_\varphi^a(P_a(x))=\cup\{s_{t_j<o_{\ell_j}>}(p_{a_j})\}$ 为所有可能的语言隶属度 $s_{t_j<o_{\ell_j}>}\in S_\varphi^a$ 及其相应的概率 $p_{a_j}\in P^a(x)$ 的集合；$S_\varphi^b(P_b(x))=\cup\{s_{t_k<o_{\ell_k}>}(p_{b_k})\}$ 为所有可能的语言犹豫度 $s_{t_k<o_{\ell_k}>}\in S_\varphi^b$ 及其相应的概率 $p_{b_k}\in P^b(x)$ 的集合；$S_\varphi^c(P_c(x))=\cup\{s_{t_u<o_{\ell_u}>}(p_{c_u})\}$ 为所有可能的语言非隶属度 $s_{t_u<o_{\ell_u}>}\in S_\varphi^c$ 及其相应的概率 $p_{c_u}\in P^c(x)$ 的集合。$s_{\pi(x)}$ 为 x 的语言拒绝隶属度，且 $\pi(x)=\sqrt[q]{l^q-\sum_{j=1}^{\#s_a}(t_j+\ell_j/\kappa)^q p_{a_j}-\sum_{k=1}^{\#s_b}(t_k+\ell_k/\kappa)^q p_{b_k}-\sum_{u=1}^{\#s_c}(t_u+\ell_u/\kappa)^q p_{c_u}}$，$0\leqslant p_{a_j}, p_{b_k}, p_{c_t}\leqslant 1$，$0\leqslant \sum_{j=1}^{\#s_a}p_{a_j}\leqslant 1$，$0\leqslant \sum_{k=1}^{\#s_b}p_{b_k}\leqslant 1$，$0\leqslant \sum_{u=1}^{\#s_u}p_{c_u}\leqslant 1$，$\#s_a$，$\#s_b$ 和$\#s_c$ 分别为 $S_\varphi^a(P^a(x))$，$S_\varphi^b(P^b(x))$和 $S_\varphi^c(P^c(x))$中 DHLT 的个数。对于 $\forall x\in X$，满足 $\sum_{j=1}^{\#s_a}(t_j+\ell_j/\kappa)^q p_{a_j}+\sum_{k=1}^{\#s_b}(t_k+\ell_k/\kappa)^q p_{b_k}+\sum_{u=1}^{\#s_c}(t_u+\ell_u/\kappa)^q p_{c_u}\leqslant l^q$，$q\geqslant 1$。那么，元素 x 为概率双层语言 T 球面模糊数（PDHLt-SFN），简记为 $x=<S_\varphi^a(P^a), S_\varphi^b(P^b), S_\varphi^c(P^c)>$。$\dot{A}$ 的补集为 $\dot{A}^C=\{<x, S_\varphi^c(P^c(x)), S_\varphi^b(P^b(x)), S_\varphi^a(P^a(x))> \mid x\in X\}$。当$\#s_a=\#s_b=\#s_c=1$ 时，PDHLt-SFNs 退化为双层语言 T 球面模糊数（DHLt-SFNs），记为 $\overline{x}=<s_{t<o_\ell>}, s_{\dot{t}<o_{\dot{\ell}}>}, s_{\ddot{t}<o_{\ddot{\ell}}>}>$。

定义 7.3 若 $x=<S_\varphi^a(P^a), S_\varphi^b(P^b), S_\varphi^c(P^c)>$为任意一个 PDHLt-SFN，且其语言隶属度、语言犹豫度和语言非隶属度的概率满足 $0\leqslant p_{a_j}$，

p_{b_k}，$p_{c_u} \leqslant 1$，$0 \leqslant \sum_{j=1}^{\#s_a} p_{a_j} < 1$，$0 \leqslant \sum_{k=1}^{\#s_b} p_{b_k} < 1$，$0 \leqslant \sum_{u=1}^{\#s_u} p_{c_u} < 1$。那么，$x$ 的标准化形式为：

$$\hat{x} = <S_{\varphi}^{a}(\hat{P}^{a}),\ S_{\varphi}^{b}(\hat{P}^{b}),\ S_{\varphi}^{c}(\hat{P}^{c})> \tag{7.2}$$

其中，$\hat{p}_{a_j} = p_{a_j} / \sum_{j=1}^{\#s_a} p_{a_j}$，$\hat{p}_{b_k} = p_{b_k} / \sum_{k=1}^{\#s_b} p_{b_k}$，$\hat{p}_{c_u} = p_{c_u} / \sum_{u=1}^{\#s_c} p_{c_u}$。

定义 7.4 若 $x = <S_{\varphi}^{a}(P^{a}),\ S_{\varphi}^{b}(P^{b}),\ S_{\varphi}^{c}(P^{c})>$ 为任意一个标准化的 PDHLt-SFN，S_{φ}^{a}，S_{φ}^{b}，$S_{\varphi}^{c} \subseteq S_{\varphi}$，$S_{\varphi} = \{ s_{t<o_{\ell}>} \mid t = 0, 1, \cdots, l;\ \ell = -\kappa, \cdots, -1, 0, 1, \cdots, \kappa \}$。那么，$x$ 的得分函数 $S_{Ls(x)}$ 和精确函数 $S_{Lh(x)}$ 的下标分别为：

$$Ls(x) = \left(\frac{1}{2}\left(l^{q} + \sum_{j=1}^{\#s_a} \left(t_j + \frac{\ell_j}{\kappa} \right)^{q} p_{a_j} - \sum_{u=1}^{\#s_c} \left(t_u + \frac{\ell_u}{\kappa} \right)^{q} p_{c_u} \right) \right)^{1/q},\ q \geqslant 1 \tag{7.3}$$

$$Lh(x) = \left(\sum_{j=1}^{\#s_a} \left(t_j + \frac{\ell_j}{\kappa} \right)^{q} p_{a_j} + \sum_{k=1}^{\#s_b} \left(t_k + \frac{\ell_k}{\kappa} \right)^{q} p_{b_k} + \sum_{u=1}^{\#s_c} \left(t_u + \frac{\ell_u}{\kappa} \right)^{q} p_{c_u} \right),\ q \geqslant 1 \tag{7.4}$$

其中，$\#s_a$，$\#s_b$ 和 $\#s_c$ 分别为 $S_{\varphi}^{a}(P^{a})$，$S_{\varphi}^{b}(P^{b})$ 和 $S_{\varphi}^{c}(P^{c})$ 中 DHLT 的个数。

定义 7.5 若 $x_1 = <S_{\varphi1}^{a}(P_1^{a}),\ S_{\varphi1}^{b}(P_1^{b}),\ S_{\varphi1}^{c}(P_1^{c})>$ 和 $x_2 = <S_{\varphi2}^{a}(P_2^{a}),\ S_{\varphi2}^{b}(P_2^{b}),\ S_{\varphi2}^{c}(P_2^{c})>$ 为任意两个标准化后的 PDHLt-SFNs，且 $S_{\varphi1}^{a}$，$S_{\varphi1}^{b}$，$S_{\varphi1}^{c}$，$S_{\varphi2}^{a}$，$S_{\varphi2}^{b}$，$S_{\varphi2}^{c} \subseteq S_{\varphi}$，可得：

（1）若 $S_{Ls(x_1)} > S_{Ls(x_2)}$，$x_1 > x_2$。

（2）若 $S_{Ls(x_1)} = S_{Ls(x_2)}$，则：

当 $S_{Lh(x_1)} > S_{Lh(x_2)}$ 时，$x_1 > x_2$；

当 $S_{Lh(x_1)} = S_{Lh(x_2)}$ 时，$x_1 = x_2$。

定义 7.6 若 $x_1 = <S_{\varphi1}^{a}(P_1^{a}),\ S_{\varphi1}^{b}(P_1^{b}),\ S_{\varphi1}^{c}(P_1^{c})> = <\cup\{ s_{t_j^1<o_{\ell_j^1}>}(p_{a_j}^{1}) \},\ \cup\{ s_{t_k^1<o_{\ell_k^1}>}(p_{b_k}^{1}) \},\ \cup\{ s_{t_u^1<o_{\ell_u^1}>}(p_{c_u}^{1}) \}>$ 和 $x_2 = <S_{\varphi2}^{a}(P_2^{a}),\ S_{\varphi2}^{b}(P_2^{b}),\ S_{\varphi2}^{c}(P_2^{c})> = <\cup\{ s_{t_j^2<o_{\ell_j^2}>}(p_{a_j}^{2}) \},\ \cup\{ s_{t_k^2<o_{\ell_k^2}>}(p_{b_k}^{2}) \},\ \cup\{ s_{t_u^2<o_{\ell_u^2}>}(p_{c_u}^{2}) \}>$ 为任意两个标准化后的 PDHLt-SFNs，且 $S_{\varphi1}^{a}$，$S_{\varphi1}^{b}$，$S_{\varphi1}^{c}$，$S_{\varphi2}^{a}$，$S_{\varphi2}^{b}$，$S_{\varphi2}^{c} \subseteq S_{\varphi}$。那么，$x_1$ 和 x_2 的海明距离 $d_{Hd}(x_1, x_2)$ 为：

$$d_{Hd}(x_1,\ x_2) = \frac{1}{2l^{q}}\left(|A_1 - A_2| + |B_1 - B_2| + |C_1 - C_2| \right),\ q \geqslant 1 \tag{7.5}$$

其中，$A_1=\sum_{j=1}^{\#s_a^1}(t_j^1+\ell_j^1/\kappa)^q p_{a_j}^1$，$B_1=\sum_{k=1}^{\#s_b^1}(t_k^1+\ell_k^1/\kappa)^q p_{b_k}^1$，$C_1=\sum_{u=1}^{\#s_c^1}(t_u^1+\ell_u^1/\kappa)^q p_{c_u}^1$，$A_2=\sum_{j=1}^{\#s_a^2}(t_j^2+\ell_j^2/\kappa)^q p_{a_j}^2$，$B_2=\sum_{k=1}^{\#s_b^2}(t_k^2+\ell_k^2/\kappa)^q p_{b_k}^2$，$C_2=\sum_{u=1}^{\#s_c^2}(t_u^2+\ell_u^2/\kappa)^q p_{c_u}^2$。$\#s_a^i$，$\#s_b^i$ 和 $\#s_c^i$ 分别为 $S_{\varphi i}^a(P_i^a)$，$S_{\varphi i}^b(P_i^b)$ 和 $S_{\varphi i}^c(P_i^c)$ 中 DHLT 的个数，$i=1$，2。

若 $\bar{x}_1=<s_{t_1<o_{\ell_1}>}, s_{\dot{t}_1<o_{\dot{\ell}_1}>}, s_{\ddot{t}_1<o_{\ddot{\ell}_1}>}>$ 和 $\bar{x}_2=<s_{t_2<o_{\ell_2}>}, s_{\dot{t}_2<o_{\dot{\ell}_2}>}, s_{\ddot{t}_2<o_{\ddot{\ell}_2}>}>$ 为 DHLt-SFNs，则 $\bar{x}_1$ 和 $\bar{x}_2$ 的海明距离 $d_{Hd}(\bar{x}_1, \bar{x}_2)$ 为：

$$d_{Hd}(\bar{x}_1, \bar{x}_2)=\frac{1}{2l^q}\left(\left|\left(t_1+\frac{\ell_1}{\kappa}\right)^q-\left(t_2+\frac{\ell_2}{\kappa}\right)^q\right|+\left|\left(\dot{t}_1+\frac{\dot{\ell}_1}{\kappa}\right)^q-\left(\dot{t}_2+\frac{\dot{\ell}_2}{\kappa}\right)^q\right|+\left|\left(\ddot{t}_1+\frac{\ddot{\ell}_1}{\kappa}\right)^q-\left(\ddot{t}_2+\frac{\ddot{\ell}_2}{\kappa}\right)^q\right|\right),\ q\geqslant 1 \tag{7.6}$$

二　基于 DHLt-SFNs 有序聚类法的阶段权重的确定

若专家给出的建筑垃圾资源化方案 $A_i(i=1, 2, \cdots, m)$ 在第 k 个阶段针对指标 $C_j(j=1, 2, \cdots, n)$ 的评价矩阵为 $\hat{\mathfrak{R}}^k=(x_{ij}^k)_{m\times n}$，$k=1, 2, \cdots, v$，其中，元素 $x_{ij}^k=<s_{t_{ij}^k<o_{\ell_{ij}^k}>}, s_{\dot{t}_{ij}^k<o_{\dot{\ell}_{ij}^k}>}, s_{\ddot{t}_{ij}^k<o_{\ddot{\ell}_{ij}^k}>}>$ 为基于 $S_\varphi=\{s_{t<o_l>}\mid t=0, 1, \cdots, l;\ l=-\kappa, \cdots, -1, 0, 1, \cdots, \kappa\}$ 的 DHLt-SFN。若将方案 $A_i(i=1, 2, \cdots, m)$ 在第 k 个阶段的评价向量记为 $\vec{X}_i^k=(x_{i1}^k, x_{i2}^k, \cdots, x_{ij}^k)^T$，$i=1, 2, \cdots, m$，$k=1, 2, \cdots, v$，那么，方案 $A_i(i=1, 2, \cdots, m)$ 各阶段的评价向量 $\vec{X}_i^k$ 构成了集合 $X_i=\{\vec{X}_i^1, \vec{X}_i^2, \cdots, \vec{X}_i^v\}$。划分的时间阶段越多，集合 X_i 的向量规模就越大。为了缩减信息的规模，降低数据的分散性，下面按照集合 $X_i=\{\vec{X}_i^1, \vec{X}_i^2, \cdots, \vec{X}_i^v\}$ 中向量 $\vec{X}_i^k$ 的时间顺序，利用有序聚类法对集合 X_i 分组聚类，从而求得各个阶段的权重，步骤如下。

步骤 1　利用式（7.7）得到方案 $A_i(i=1, 2, \cdots, m)$ 相邻两阶段向量 $\vec{X}_i^k$ 和 $\vec{X}_i^{k+1}$ 之间的偏差度，为：

$$d_{k,k+1}^i=\frac{1}{2l^q}\sum_{j=1}^n\omega_j\left(\left|\left(t_{ij}^k+\frac{\ell_{ij}^k}{\kappa}\right)^q-\left(t_{ij}^k+\frac{\ell_{ij}^k}{\kappa}\right)^q\right|+\left|\left(\dot{t}_{ij}^k+\frac{\dot{\ell}_{ij}^k}{\kappa}\right)^q-\left(\dot{t}_{ij}^k+\frac{\dot{\ell}_{ij}^k}{\kappa}\right)^q\right|+\left|\left(\ddot{t}_{ij}^k+\frac{\ddot{\ell}_{ij}^k}{\kappa}\right)^q-\left(\ddot{t}_{ij}^k+\frac{\ddot{\ell}_{ij}^k}{\kappa}\right)^q\right|\right) \tag{7.7}$$

其中，$\omega_j(j=1, 2, \cdots, n)$为指标 $C_j(j=1, 2, \cdots, n)$的权重，$q \geqslant 1$。那么，方案 A_i 相邻两个阶段向量的偏差度组成的集合为 $D^i = \{d^i_{1,2}, d^i_{2,3}, \cdots, d^i_{v-1,v}\}$，$i=1, 2, \cdots, m$。

步骤 2 基于相邻两个阶段的偏差度 $d^i_{k,k+1}$，利用式(7.8)求得方案 A_i $(i=1, 2, \cdots, m)$在各阶段评价向量集合 $X_i=\{\vec{X}^1_i, \vec{X}^2_i, \cdots, \vec{X}^v_i\}$的聚类阈值，为：

$$\lambda_i = \frac{1}{v-1}\sum_{k=1}^{v-1} d^i_{k,k+1}, \ i=1, 2, \cdots, m \tag{7.8}$$

若 $d^i_{k,k+1} > \lambda_i$，说明第 k 个阶段与第 $k+1$ 个阶段之间的决策向量偏差度过大，故从第 k 个阶段处断开。由此，将第 k 个阶段及之前阶段划分为一个聚类，第 k 个阶段以后划分为另外一个聚类。由此，决策矢量数据分为 $\bar{v}$ 个聚类，其中，第 $\bar{k}(\bar{k}=1, 2, \cdots, \bar{v})$个聚类 $X^{\bar{k}}_i$ 中矢量的个数为 $e^{\bar{k}}_i(i=1, 2, \cdots, m)$，满足 $\sum_{\bar{k}=1}^{\bar{v}} e^{\bar{k}}_i = v$。

接着，按照时间顺序对聚类 $X^{\bar{k}}_i(\bar{k}=1, 2, \cdots, \bar{v})$中向量重新编号，将方案 $A_i(i=1, 2, \cdots, m)$的第 $\bar{k}$ 个聚类中第 g 个向量记为 $\vec{Y}^i_{\bar{k}g} = (y^{i1}_{\bar{k}g}, y^{i2}_{\bar{k}g}, \cdots, y^{in}_{\bar{k}g})^T$，$i=1, 2, \cdots, m$，$\bar{k}=1, 2, \cdots, \bar{v}$，$g=1, 2, \cdots, e^{\bar{k}}_i$，其中，$y^{ij}_{\bar{k}g} = \langle s_{t^{ij}_{\bar{k}g}} \langle o_{\ell^{ij}_{\bar{k}g}} \rangle, s_{\dot{t}^{ij}_{\bar{k}g}} \langle o_{\dot{\ell}^{ij}_{\bar{k}g}} \rangle, s_{\ddot{t}^{ij}_{\bar{k}g}} \langle o_{\ddot{\ell}^{ij}_{\bar{k}g}} \rangle \rangle$。

步骤 3 根据方案 $A_i(i=1, 2, \cdots, m)$的聚类 $X^{\bar{k}}_i$ 中向量的数量对该聚类赋权，则聚类 $X^{\bar{k}}_i(\bar{k}=1, 2, \cdots, \bar{v})$的权重为：

$$\varpi^{\bar{k}}_i = e^{\bar{k}}_i / v, \tag{7.9}$$

其中，$e^{\bar{k}}_i$ 为方案 A_i 的聚类 $X^{\bar{k}}_i(\bar{k}=1, 2, \cdots, \bar{v})$中向量个数，$v$ 为评价时间段总数。

步骤 4 利用式(7.10)求得方案 $A_i(i=1, 2, \cdots, m)$的聚类 $X^{\bar{k}}_i(\bar{k}=1, 2, \cdots, \bar{v})$中第 $g(g=1, 2, \cdots, e^{\bar{k}}_i)$个向量与其他向量之间的平均距离，为：

$$d^{i\bar{k}}_g = \frac{1}{e^{\bar{k}}_i - 1}\sum_{h=1, h \neq g}^{e^{\bar{k}}_i} d_{Hd}(\vec{Y}^i_{\bar{k}g}, \vec{Y}^i_{\bar{k}h}) \tag{7.10}$$

其中，$d_{Hd}(\vec{Y}^i_{\bar{k}g}, \vec{Y}^i_{\bar{k}h})$为聚类 $X^{\bar{k}}_i(\bar{k}=1, 2, \cdots, \bar{v})$中第 g 个向量 $\vec{Y}^i_{\bar{k}g}$ 与第 h

个向量 $\vec{Y}^{i}_{\bar{k}h}$ 之间的加权距离，计算公式为：

$$d_{Hd}(\vec{Y}^{i}_{\bar{k}g},\ \vec{Y}^{i}_{\bar{k}h})=\frac{1}{2l^{q}}\sum_{j=1}^{n}\omega_j\left(\left|\left(t^{ij}_{\bar{k}g}+\frac{\ell^{ij}_{\bar{k}g}}{\kappa}\right)^{q}-\left(t^{ij}_{\bar{k}h}+\frac{\ell^{ij}_{\bar{k}h}}{\kappa}\right)^{q}\right|+\left|\left(\dot{t}^{ij}_{\bar{k}g}+\frac{\dot{\ell}^{ij}_{\bar{k}g}}{\kappa}\right)^{q}-\left(\dot{t}^{ij}_{\bar{k}h}+\frac{\dot{\ell}^{ij}_{\bar{k}h}}{\kappa}\right)^{q}\right|+\left|\left(\ddot{t}^{ij}_{\bar{k}g}+\frac{\ddot{\ell}^{ij}_{\bar{k}g}}{\kappa}\right)^{q}-\left(\ddot{t}^{ij}_{\bar{k}h}+\frac{\ddot{\ell}^{ij}_{\bar{k}h}}{\kappa}\right)^{q}\right|\right) \tag{7.11}$$

其中，$q\geqslant 1$，$\omega_j(j=1,\ 2,\ \cdots,\ n)$为指标 $C_j(j=1,\ 2,\ \cdots,\ n)$的权重。

步骤 5 设方案 $A_i(i=1,\ 2,\ \cdots,\ m)$的聚类 $X^{\bar{k}}_i(\bar{k}=1,\ 2,\ \cdots,\ \bar{v})$中第 g 个阶段权重为 $w^{i\bar{k}}_g$，$g=1,\ 2,\ \cdots,\ e^{\bar{k}}_i$，那么，以聚类 $X^{\bar{k}}_i$ 中所有向量的距离平方和最小为目标，构建如下模型：

$$(M-7.1)\begin{cases}\min z=\sum_{g=1}^{e^{\bar{k}}_i}(w^{i\bar{k}}_g d^{i\bar{k}}_g)^2\\ \text{s.t. } \sum_{g=1}^{e^{\bar{k}}_i}w^{i\bar{k}}_g=1,\ 0\leqslant w^{i\bar{k}}_g\leqslant 1\end{cases} \tag{7.12}$$

通过求解模型（M−7.1），得到聚类 $X^{\bar{k}}_i(\bar{k}=1,\ 2,\ \cdots,\ \bar{v})$中第 g 个阶段的局部权重，为 $w^{i\bar{k}}_g$，$g=1,\ 2,\ \cdots,\ e^{\bar{k}}_i$。

步骤 6 利用式（7.13）求得方案 $A_i(i=1,\ 2,\ \cdots,\ m)$在第 k 个阶段的全局权重，为：

$$\dot{\vartheta}^{k}_i=\varpi^{\bar{k}}_i w^{i\bar{k}}_g,\ k=1,\ 2,\ \cdots,\ v \tag{7.13}$$

其中，$\varpi^{\bar{k}}_i$ 为聚类 $X^{\bar{k}}_i(\bar{k}=1,\ 2,\ \cdots,\ \bar{v})$的权重，$w^{i\bar{k}}_g$ 为聚类 $X^{\bar{k}}_i$ 中第 g 个阶段的局部权重。

由此，求得方案 $A_i(i=1,\ 2,\ \cdots,\ m)$在各阶段的权重向量 $\dot{\vartheta}_i=(\dot{\vartheta}^1_i,\ \dot{\vartheta}^2_i,\ \cdots,\ \dot{\vartheta}^v_i)^T$。该权重由评价矩阵本身确定，可将基于有序聚类法得到的阶段权重视为客观阶段权重。在第五章第二第一部分中，由于专家主观决定了近期与远期数据相对重要程度，我们将基于时间度和时间熵得到的阶段权重向量 $\vartheta=(\vartheta_1,\ \vartheta_2,\ \cdots,\ \vartheta_v)^T$ 视为主观阶段权重向量。结合阶段权重的主观性和客观性，可得到方案 $A_i(i=1,\ 2,\ \cdots,\ m)$在第 k 个阶段的组合权重，为：

$$\zeta^k_i=\frac{\vartheta_k\dot{\vartheta}^k_i}{\sum_{k=1}^{v}\vartheta_k\dot{\vartheta}^k_i},\ k=1,\ 2,\ \cdots,\ v \tag{7.14}$$

其中，$\dot{\vartheta}_i^k$ 为方案 $A_i(i=1, 2, \cdots, m)$ 在第 k 个阶段的客观权重，ϑ_k 为第 k 个阶段的主观权重。

三　基于规范化投影的感知效用函数

在复杂的不确定信息环境下，由于难以确定属性值的分布情况，利用概率密度函数来计算方案的效用值往往会造成一些困难。为此，Wang 等（2020）利用方案评价值向量的投影来表达感知效用函数，并建立了复杂不确定信息下基于投影值后悔理论的决策模型。本节，我们将后悔理论拓展到 PDHLt-SFS 环境下，提出了基于 PDHLt-SFNs 的加权规范化投影测度，并在此基础上定义了新的效用函数，后悔—欣喜函数和感知效用函数。首先，利用定义 4.8 中的向量规范化投影，我们提出如下基于 PDHLt-SFNs 的加权规范化投影测度。

定义 7.7　若 $\gamma_i=<S_{\varphi i}^a(P_i^a), S_{\varphi i}^b(P_i^b), S_{\varphi i}^c(P_i^c)>$，$\overline{\gamma}_i=<\overline{S}_{\varphi_i}^a(\overline{P}_i^a), \overline{S}_{\varphi_i}^b(\overline{P}_i^b), \overline{S}_{\varphi_i}^c(\overline{P}_i^c)>$，$i=1, 2, \cdots, n$ 为任意两组标准化后的 PDHLt-SFNs，分别构成向量 $\boldsymbol{\gamma}=(\gamma_1, \gamma_2, \cdots, \gamma_n)^T$ 与 $\overline{\boldsymbol{\gamma}}=(\overline{\gamma}_1, \overline{\gamma}_2, \cdots, \overline{\gamma}_n)^T$，且 $S_{\varphi i}^a$，$S_{\varphi i}^b$，$S_{\varphi i}^c$，$S_{\varphi i}^a$，$S_{\varphi i}^b$，$S_{\varphi i}^c \subseteq S_\varphi$，$S_\varphi=\{s_{t<o_\ell>} \mid t=0, 1, \cdots, l;\ \ell=-\kappa, \cdots, -1, 0, 1, \cdots, \kappa\}$。$\gamma_i$ 与 $\overline{\gamma}_i(i=1, 2, \cdots, n)$ 的隶属度、犹豫度和非隶属度的表达式见表 7.1。已知二者对应的权重向量为 $\omega=(\omega_1, \omega_2, \cdots, \omega_n)^T$，那么，向量 $\boldsymbol{\gamma}$ 在向量 $\overline{\boldsymbol{\gamma}}$ 上的加权规范化投影为：

表 7.1　γ_i 与 $\overline{\gamma}_i$ 中隶属度、犹豫度和非隶属度的表达式

数据名称		表达式
γ_i	隶属度	$S_{\varphi i}^a(P_i^a)=\cup\{s_{t_\tau^i<o_{\ell_\tau^i}>}(p_{a_\tau}^i)\}$，$s_{t_\tau^i<o_{\ell_\tau^i}>}\in S_{\varphi i}^a$，$p_{a_\tau}^i\in P_i^a$
$\overline{\gamma}_i$	隶属度	$\overline{S}_{\varphi i}^a(\overline{P}_i^a)=\cup\{s_{t_{\overline{\tau}}^i<o_{\ell_{\overline{\tau}}^i}>}(p_{a_{\overline{\tau}}}^i)\}$，$s_{t_{\overline{\tau}}^i<o_{\ell_{\overline{\tau}}^i}>}\in \overline{S}_{\varphi i}^a$，$p_{a_{\overline{\tau}}}^i\in \overline{P}_i^a$
γ_i	犹豫度	$S_{\varphi i}^b(P_i^b)=\cup\{s_{t_k^i<o_{\ell_k^i}>}(p_{b_k}^i)\}$，$s_{t_k^i<o_{\ell_k^i}>}\in S_{\varphi i}^b$，$p_{b_k}^i\in P_i^b$
$\overline{\gamma}_i$	犹豫度	$\overline{S}_{\varphi i}^b(\overline{P}_i^b)=\cup\{s_{t_{\overline{k}}^i<o_{\ell_{\overline{k}}^i}>}(p_{b_{\overline{k}}}^i)\}$，$s_{t_{\overline{k}}^i<o_{\ell_{\overline{k}}^i}>}\in \overline{S}_{\varphi i}^b$，$p_{b_{\overline{k}}}^i\in \overline{P}_i^b$
γ_i	非隶属度	$S_{\varphi i}^c(P_i^c)=\cup\{s_{t_u^i<o_{\ell_u^i}>}(p_{c_u}^i)\}$，$s_{t_u^i<o_{\ell_u^i}>}\in S_{\varphi i}^c$，$p_{c_u}^i\in P_i^c$

续表

数据名称		表达式
$\overline{\gamma}_i$	非隶属度	$\overline{S}^c_{\varphi i}(\overline{P}^c_i)=\cup\{s_{t^i_{\overline{u}}<o_{\ell^i_{\overline{u}}}>}(p^i_{c_{\overline{u}}})\}$，$s_{t^i_{\overline{u}}<o_{\ell^i_{\overline{u}}}>}\in\overline{S}^c_{\varphi i}$，$p^i_{c_{\overline{u}}}\in\overline{P}^c_i$

$$Nproj_{\overline{\gamma}}(\gamma)_\omega=\frac{\gamma\overline{\gamma}}{\gamma\overline{\gamma}+\left|\,|\overline{\gamma}|^2-\gamma\overline{\gamma}\right|} \tag{7.15}$$

其中，$|\overline{\gamma}|^2=\sum_{i=1}^{n}\omega_i^2(\overline{A}_i^2+\overline{B}_i^2+\overline{C}_i^2)$，$\gamma\overline{\gamma}=\sum_{i=1}^{n}\omega_i^2(A_i\overline{A}_i+B_i\overline{B}_i+C_i\overline{C}_i)$，$A_i=\sum_{\tau=1}^{\#s^i_a}(t^i_\tau+l^i_\tau/\kappa)^q p^i_{a_\tau}$，$B_i=\sum_{k=1}^{\#s^i_b}(t^i_k+l^i_k/\kappa)^q p^i_{b_k}$，$C_i=\sum_{u=1}^{\#s^i_c}(t^i_u+\ell^i_u/\kappa)^q p^i_{c_u}$，$\overline{A}_i=\sum_{\overline{\tau}=1}^{\#\overline{s}^i_a}(t^i_{\overline{\tau}}+\ell^i_{\overline{\tau}}/\kappa)^q p^i_{a_{\overline{\tau}}}$，$\overline{B}_i=\sum_{\overline{k}=1}^{\#\overline{s}^i_b}(t^i_{\overline{k}}+\ell^i_{\overline{k}}/\kappa)^q p^i_{b_{\overline{k}}}$，$\overline{C}_i=\sum_{\overline{u}=1}^{\#\overline{s}^i_c}(t^i_{\overline{u}}+\ell^i_{\overline{u}}/\kappa)^q p^i_{c_{\overline{u}}}$，$\#s^i_a$，$\#s^i_b$ 和 $\#s^i_c$ 分别为 $S^a_{\varphi i}(P^a_i)$，$S^b_{\varphi i}(P^b_i)$ 和 $S^c_{\varphi i}(P^c_i)$ 中 DHLT 的个数，$\#\overline{s}^i_a$，$\#\overline{s}^i_b$ 和 $\#\overline{s}^i_c$ 分别为 $\overline{S}^a_{\varphi i}(\overline{P}^a_i)$，$\overline{S}^b_{\varphi i}(\overline{P}^b_i)$ 和 $\overline{S}^c_{\varphi i}(\overline{P}^c_i)$ 中 DHLT 的个数。

下面我们将 PDHLt-SFNs 的加权规范化投影与后悔理论相结合，从而得到基于 PDHLt-SFNs 加权规范化投影的效用函数、后悔—欣喜函数和感知效用函数。方案 $A_i(i=1, 2, \cdots, m)$ 在指标 $C_j(j=1, 2, \cdots, n)$ 下基于 PDHLt-SFNs 的评价值所构成的向量为 $\gamma_i=(\gamma_{i1}, \gamma_{i2}, \cdots, \gamma_{in})^T$，指标权重向量为 $\omega=(\omega_1, \omega_2, \cdots, \omega_n)^T$。已知正理想解向量为 $\gamma^+=(\gamma_1^+, \gamma_2^+, \cdots, \gamma_n^+)^T$，其中，$\gamma_j^+=<s_{l<o_0>}, s_{0<o_0>}, s_{0<o_0>}>$，$j=1, 2, \cdots, n$。下面利用向量 $\gamma_i(i=1, 2, \cdots, m)$ 在正理想解向量 γ^+ 上的加权规范化投影来得到方案 $A_i(i=1, 2, \cdots, m)$ 的感知效用，具体步骤如下：

步骤 1 利用式（7.16）求得方案 $A_i(i=1, 2, \cdots, m)$ 的向量 γ_i 在正理想解向量 γ^+ 上的加权规范化投影，为：

$$Nproj_{\gamma^+}(\gamma_i)_\omega=\frac{\gamma_i\gamma^+}{\gamma_i\gamma^++\left|\,|\gamma_i{}^+|^2-\gamma_i\gamma^+\right|} \tag{7.16}$$

其中，$|\gamma^+|^2=\sum_{j=1}^{n}\omega_j^2 l^{2q}$，$\gamma_i\gamma^+=\sum_{j=1}^{n}\omega_j^2\sum_{\tau=1}^{\#s^{ij}_a}(t^{ij}_\tau+\ell^{ij}_\tau/\kappa)^q p^{ij}_{a_\tau} l^q$，$\#s^{ij}_a$ 为评价值 γ_{ij} 的语言隶属度部分 $S^a_{\varphi ij}(P^a_{ij})$ 中 DHLT 的个数。

步骤 2 基于向量 γ_i 在正理想解向量 γ^+ 的加权规范化投影 $Nproj_{\gamma^+}$

$(\gamma_i)_\omega$，利用式(7.17)求得方案 $A_i(i=1, 2, \cdots, m)$ 的效用值，为：

$$v(\gamma_i)=(Nproj_{\gamma^+}(\gamma_i)_\omega)^\alpha \tag{7.17}$$

其中，$\gamma_j^+=<s_{l<o_0>}, s_{0<o_0>}, s_{0<o_0>}>(j=1, 2, \cdots, n)$，$\alpha$ 为决策者的风险规避系数，$0<\alpha<1$。

步骤 3 若以正理想解向量 $\gamma^+=(\gamma_1^+, \gamma_2^+, \cdots, \gamma_n^+)^T$ 在自身的加权规范化投影的效用值 $(Nproj_{\gamma^+}(\gamma^+))^\alpha$ 为参考点，那么，决策者选择方案 A_i $(i=1, 2, \cdots, m)$ 的后悔—欣喜函数为：

$$R(\gamma_i, \gamma^+)=1-e^{-\delta\Delta v} \tag{7.18}$$

其中，$\Delta v=(Nproj_{\gamma^+}(\gamma_i))^\alpha-(Nproj_{\gamma^+}(\gamma^+))^\alpha=(Nproj_{\gamma^+}(\gamma_i))^\alpha-1$。$\delta$ 为决策者的后悔规避系数，$0<\delta<1$，δ 越大，决策者的后悔规避程度越大。

步骤 4 利用式（7.19）求得方案 $A_i(i=1, 2, \cdots, m)$ 的感知效用函数，包括方案本身的效用值 $v(\gamma_i)$ 和后悔—欣喜值 $R(\gamma_i, \gamma^+)$ 两个部分，表达式如下：

$$\begin{aligned} U(\gamma_i) &= v(\gamma_i)+R(\gamma_i, \gamma^+) \\ &= (Nproj_{\gamma^+}(\gamma_i))\alpha+1-e^{-\delta((Nproj_{\gamma^+}(\gamma_i))^\alpha-1)} \end{aligned} \tag{7.19}$$

其中，δ 和 α 分别为决策者的后悔规避系数和风险规避系数。

四 阶段权重未知时基于投影感知效用函数的方案评价模型

现需对建筑垃圾资源化方案 $A_i(i=1, 2, \cdots, m)$ 在过去相对较长时间段内的实施效果进行评价，为此，我们将总时间段划分为 v 个阶段，邀请专家给出方案 $A_i(i=1, 2, \cdots, m)$ 在第 $k(k=1, 2, \cdots, v)$ 个阶段针对指标 $C_j(j=1, 2, \cdots, n)$ 的评价矩阵 $\hat{X}^k=(\hat{x}_{ij}^k)_{m\times n}$，其中，$x_{ij}^k$ 为专家给出的基于双层语言评价集 $S_\varphi=\{s_{t<o_l>} \mid t=0, 1, \cdots, l; \ell=-\kappa, \cdots, -1, 0, 1, \cdots, \kappa\}$ 的 DHLt-SFN，表示为 $<s_{t_{ij}^k<o_{\ell_{ij}^k}>}, s_{\dot{t}_{ij}^k<o_{\dot{\ell}_{ij}^k}>}, s_{\ddot{t}_{ij}^k<o_{\ddot{\ell}_{ij}^k}>}>$。已知指标权重向量为 $\omega=(\omega_1, \omega_2, \cdots, \omega_n)^T$，下面给出基于 PDHLt-SFNs 加权规范化投影感知效用函数的建筑垃圾资源化方案多阶段评价模型，具体步骤如下：

步骤 1 将初始评价矩阵 $\hat{X}^k=(\hat{x}_{ij}^k)_{m\times n}$ 标准化得到矩阵 $X^k=(x_{ij}^k)_{m\times n}$，其中，$x_{ij}^k$ 为：

$$x_{ij}=\begin{cases} <s_{t_{ij}^k<o_{\ell_{ij}^k}>}, s_{\dot{t}_{ij}^k<o_{\dot{\ell}_{ij}^k}>}, s_{\ddot{t}_{ij}^k<o_{\ddot{\ell}_{ij}^k}>}>, & j\in N_b \\ <s_{\ddot{t}_{ij}^k<o_{\ddot{\ell}_{ij}^k}>}, s_{\dot{t}_{ij}^k<o_{\dot{\ell}_{ij}^k}>}, s_{t_{ij}^k<o_{\ell_{ij}^k}>}>, & j\in N_c \end{cases} \tag{7.20}$$

其中，N_b 为效益型指标，N_c 为成本型指标。

步骤 2 基于有序聚类的阶段权重的确定方法，利用式（7.7）到式（7.13）得到方案 $A_i(i=1, 2, \cdots, m)$的阶段权重向量 $\dot{\vartheta}_i=(\dot{\vartheta}_i^1, \dot{\vartheta}_i^2, \cdots, \dot{\vartheta}_i^v)^T$。

步骤 3 利用概率分布的方式对矩阵 $X^k=(x_{ij}^k)_{m\times n}$ 集结，从而得到建筑垃圾资源化方案 $A_i(i=1, 2, \cdots, m)$针对指标 $C_j(j=1, 2, \cdots, n)$在整个评价时间段的评价矩阵 $\mathbb{R}=(\gamma_{ij})_{m\times n}$，其中，$\gamma_{ij}=<S_{\varphi_{ij}}^a(P_{ij}^a), S_{\varphi_{ij}}^b(P_{ij}^b), S_{\varphi_{ij}}^c(P_{ij}^c)>$为 PDHLt-SFN。

步骤 4 利用式（7.16）得到向量 $\gamma_i=(\gamma_{i1}, \gamma_{i2}, \cdots, \gamma_{in})^T$ 在正理想解向量 $\gamma^+=(\gamma_1^+, \gamma_2^+, \cdots, \gamma_n^+)^T$ 上的加权规范化投影 $Nproj_{\gamma^+}(\gamma_i)_\omega$，其中，$\gamma_j^+=<s_{l<o_0>}, s_{0<o_0>}, s_{0<o_0>}>$，$j=1, 2, \cdots, n$。

步骤 5 利用式（7.19）可以得到方案 $A_i(i=1, 2, \cdots, m)$的感知效用函数 $U(\gamma_i)(i=1, 2, \cdots, m)$。

步骤 6 根据感知效用 $U(\gamma_i)$对方案 A_i 排序，$U(A_i)$越大，则方案 A_i 越优。

五 算例分析

为改善市民的生产与生活环境，某市针对存在显著安全隐患的旧村旧城进行了全面改造。然而，这一过程中产生的大量建筑废弃物成为亟待解决的问题，需要采取有效措施进行处理。为此，相关部门拟对三种建筑垃圾资源化方案进行评价与优选，包括利用废砂浆制备再生骨料(A_1)、利用废旧混凝土制备再生骨料(A_2)和利用废砖块制备再生骨料(A_3)。针对这三种方案在近八年内的实施效果，我们邀请专家组从再生制品质量(C_{41-4})、技术可推广性(C_{42-1})和技术人员水平(C_{43-1})三个方面进行技术层面的综合评价，并重新记为 C_1、C_2 和 C_3。此外，我们将近八年中每相邻两年作为一个阶段，按照由远及近的时间顺序记作 P_1、P_2、P_3 和 P_4。基于双层语言术语集 $S_\varphi=\{s_{t<o_\ell>} \mid t=0, 1, 2, 3, 4; \ell=-2, -1, 0, 1, 2\}$，专家组给出方案在各个阶段基于 DHLt-SFNs 的评价值，由此得到初始评价矩阵 $\hat{X}^k=(\hat{x}_{ij}^k)_{3\times 3}$，$k=1, 2, 3, 4$，如表 7.2 所示。已知指标权重向量为 $\omega=(0.35, 0.30, 0.35)^T$，下面利用基于 PDHLt-SFNs 加权规范化投影的后悔理论模型对备选方案排序，具体步骤如下。

表 7.2 方案在四个阶段内的初始评价矩阵

		C_1	C_2	C_3
P_1	A_1	$<s_{3<o_0>}, s_{0<o_0>}, s_{1<o_0>}>$	$<s_{2<o_1>}, s_{0<o_0>}, s_{1<o_0>}>$	$<s_{1<o_1>}, s_{0<o_1>}, s_{0<o_1>}>$
	A_2	$<s_{3<o_1>}, s_{0<o_0>}, s_{0<o_0>}>$	$<s_{3<o_2>}, s_{0<o_0>}, s_{0<o_0>}>$	$<s_{2<o_{-1}>}, s_{0<o_0>}, s_{0<o_0>}>$
	A_3	$<s_{2<o_1>}, s_{0<o_0>}, s_{1<o_0>}>$	$<s_{1<o_0>}, s_{0<o_0>}, s_{1<o_0>}>$	$<s_{2<o_1>}, s_{0<o_0>}, s_{1<o_0>}>$
P_2	A_1	$<s_{3<o_0>}, s_{0<o_0>}, s_{1<o_0>}>$	$<s_{2<o_{-1}>}, s_{0<o_0>}, s_{1<o_0>}>$	$<s_{2<o_1>}, s_{0<o_1>}, s_{0<o_1>}>$
	A_2	$<s_{2<o_0>}, s_{0<o_0>}, s_{0<o_0>}>$	$<s_{3<o_2>}, s_{0<o_0>}, s_{0<o_0>}>$	$<s_{2<o_{-1}>}, s_{0<o_0>}, s_{0<o_0>}>$
	A_3	$<s_{2<o_1>}, s_{0<o_0>}, s_{1<o_0>}>$	$<s_{1<o_0>}, s_{0<o_0>}, s_{0<o_0>}>$	$<s_{2<o_1>}, s_{1<o_0>}, s_{0<o_0>}>$
P_3	A_1	$<s_{2<o_1>}, s_{0<o_0>}, s_{1<o_0>}>$	$<s_{2<o_1>}, s_{0<o_0>}, s_{1<o_0>}>$	$<s_{2<o_1>}, s_{0<o_1>}, s_{0<o_1>}>$
	A_2	$<s_{3<o_1>}, s_{0<o_0>}, s_{0<o_0>}>$	$<s_{2<o_1>}, s_{0<o_0>}, s_{0<o_0>}>$	$<s_{2<o_{-1}>}, s_{0<o_0>}, s_{0<o_0>}>$
	A_3	$<s_{2<o_1>}, s_{0<o_0>}, s_{1<o_0>}>$	$<s_{1<o_0>}, s_{0<o_0>}, s_{1<o_0>}>$	$<s_{3<o_{-1}>}, s_{0<o_0>}, s_{1<o_0>}>$
P_4	A_1	$<s_{2<o_1>}, s_{0<o_0>}, s_{1<o_0>}>$	$<s_{2<o_1>}, s_{0<o_0>}, s_{1<o_0>}>$	$<s_{2<o_1>}, s_{0<o_1>}, s_{0<o_1>}>$
	A_2	$<s_{3<o_0>}, s_{0<o_0>}, s_{0<o_0>}>$	$<s_{3<o_2>}, s_{0<o_0>}, s_{0<o_0>}>$	$<s_{2<o_2>}, s_{0<o_0>}, s_{0<o_0>}>$
	A_3	$<s_{3<o_1>}, s_{0<o_0>}, s_{1<o_{-1}>}>$	$<s_{1<o_2>}, s_{0<o_0>}, s_{1<o_0>}>$	$<s_{2<o_1>}, s_{0<o_0>}, s_{1<o_0>}>$

步骤 1 利用式（7.20）将表 7.2 中的初始评价矩阵标准化得到矩阵 $X^k=(x_{ij}^k)_{3\times3}$，$k=1$，2，3，4。由于所有评价指标均为效益型指标，故标准化后的评价矩阵保持不变。

步骤 2 利用式（7.7）得到方案 $A_i(i=1，2，3)$ 相邻两阶段向量之间的偏差度 $d_{k-1,k}^i$，如表 7.3 所示。然后，利用式(7.8)得到方案 $A_i(i=1，2，3)$ 各阶段评价向量的聚类阈值 $\lambda_i(i=1，2，3)$，如表 7.3 所示。接着，根据阈值 $\lambda_i(i=1，2，3)$ 对方案 $A_i(i=1，2，3)$ 评价向量组成的集合 $X_i=\{\vec{X}_i^1，\vec{X}_i^2，\vec{X}_i^3，\vec{X}_i^4\}$ 进行聚类。例如，对于方案 A_1，由于 $d_{1,2}^1$，$d_{2,3}^1>\lambda_1$，$d_{3,4}^1<\lambda_1$，故可划分为 $\{\vec{X}_1^1\}$、$\{\vec{X}_1^2\}$ 和 $\{\vec{X}_1^3，\vec{X}_1^4\}$ 三个聚类，利用式(7.9)求得这三个聚类的权重为 $\varpi_1^1=\varpi_1^2=0.25$，$\varpi_1^3=0.5$。类似地，可得其他方案的聚类权重，如表 7.4 所示。然后，利用式(7.10)至式(7.12)求得方案 $A_i(i=1，2，3)$ 各聚类中第 g 个阶段的局部权重 $w_g^{i\bar{k}}(g=1，2，\cdots，e_i^{\bar{k}})$，结果如表 7.4 所示。最后，利用式(7.13)求得方案 $A_i(i=1，2，3)$ 在各阶段的全局权重 $\dot{\vartheta}_i^k$，如表 7.4 所示。

步骤 3 基于各阶段的全局权重向量，利用概率分布的方式对表 7.2 中的评价信息集结，从而得到方案 $A_i(i=1，2，3)$ 在整个时间段的评价矩阵$\mathbb{R}=(\gamma_{ij})_{3\times3}$，如表 7.5 所示。

表 7.3　　各方案相邻两个阶段评价值向量的偏差度和阈值

	$d_{1,2}^{i}$	$d_{2,3}^{i}$	$d_{3,4}^{i}$	λ_i
A_1	0.0622	0.0598	0	0.0407
A_2	0.0954	0.2087	0.0656	0.1232
A_3	0.0078	0.0078	0.0276	0.0144

表 7.4　　三种方案各阶段的聚类权重、局部权重和全局权重

	A_1				A_2				A_3			
	P_1	P_2	P_3	P_4	P_1	P_2	P_3	P_4	P_1	P_2	P_3	P_4
向量聚类	$\{\vec{X}_1^1\}$	$\{\vec{X}_1^2\}$	$\{\vec{X}_1^3, \vec{X}_1^4\}$		$\{\vec{X}_2^1, \vec{X}_2^2\}$		$\{\vec{X}_2^3, \vec{X}_2^4\}$		$\{\vec{X}_3^1, \vec{X}_3^2, \vec{X}_3^3\}$			$\{\vec{X}_3^4\}$
聚类权重	0.25	0.25	0.50		0.50		0.50		0.75			0.25
局部权重	1.00	1.00	0.50	0.50	0.50	0.50	0.50	0.50	0.44	0.12	0.44	1.00
全局权重	0.25	0.25	0.25	0.25	0.25	0.25	0.25	0.25	0.33	0.09	0.33	0.25

表 7.5　　三种方案在整个时间段内的综合评价矩阵

	C_1	C_2	C_3
A_1	$\langle\{s_{3\langle o_0\rangle}(0.50), s_{2\langle o_1\rangle}(0.50)\},$ $\{s_{0\langle o_0\rangle}(1.00)\},$ $\{s_{1\langle o_0\rangle}(1.00)\}\rangle$	$\langle\{s_{2\langle o_{-1}\rangle}(0.25), s_{2\langle o_1\rangle}(0.75)\},$ $\{s_{0\langle o_0\rangle}(1.00)\},$ $\{s_{1\langle o_0\rangle}(1.00)\}\rangle$	$\langle\{s_{1\langle o_1\rangle}(0.25), s_{2\langle o_1\rangle}(0.75)\},$ $\{s_{0\langle o_1\rangle}(1.00)\},$ $\{s_{0\langle o_1\rangle}(1.00)\}\rangle$
A_2	$\langle\{s_{2\langle o_0\rangle}(0.25), s_{3\langle o_0\rangle}(0.25),$ $s_{3\langle o_1\rangle}(0.50)\},$ $\{s_{0\langle o_0\rangle}(1.00)\},$ $\{s_{0\langle o_0\rangle}(1.00)\}\rangle$	$\langle\{s_{2\langle o_1\rangle}(0.25), s_{3\langle o_2\rangle}(0.75)\},$ $\{s_{0\langle o_0\rangle}(1.00)\},$ $\{s_{0\langle o_0\rangle}(1.00)\}\rangle$	$\langle\{s_{2\langle o_{-1}\rangle}(0.75), s_{2\langle o_2\rangle}(0.25)\},$ $\{s_{0\langle o_0\rangle}(1.00)\},$ $\{s_{0\langle o_0\rangle}(1.00)\}\rangle$
A_3	$\langle\{s_{2\langle o_1\rangle}(0.75), s_{3\langle o_1\rangle}(0.25)\},$ $\{s_{0\langle o_0\rangle}(1.00)\},$ $\{s_{1\langle o_{-1}\rangle}(0.25), s_{1\langle o_0\rangle}(0.75)\}\rangle$	$\langle\{s_{1\langle o_0\rangle}(0.75), s_{1\langle o_2\rangle}(0.25)\},$ $\{s_{0\langle o_0\rangle}(1.00)\},$ $\{s_{0\langle o_0\rangle}(0.09), s_{1\langle o_0\rangle}(0.91)\}\rangle$	$\langle\{s_{2\langle o_1\rangle}(0.67), s_{3\langle o_{-1}\rangle}(0.33)\},$ $\{s_{0\langle o_0\rangle}(0.91), s_{1\langle o_0\rangle}(0.09)\},$ $s_{0\langle o_0\rangle}(0.09), s_{1\langle o_0\rangle}(0.91)\}\rangle$

步骤 4　利用式（7.16）得到方案 $A_i(i=1, 2, 3)$的评价值向量 $\gamma_i=(\gamma_{i1}, \gamma_{i2}, \gamma_{i3})^T$ 在正理想解向量 $\gamma^+=(\langle s_{4\langle o_0\rangle}, s_{0\langle o_0\rangle}, s_{0\langle o_0\rangle}\rangle, \langle s_{4\langle o_0\rangle},$

$s_{0<o_0>}$，$s_{0<o_0>}$>，<$s_{4<o_0>}$，$s_{0<o_0>}$，$s_{0<o_0>}$>$)^T$ 上的加权规范化投影，分别为 $Nproj_{\gamma^+}(\gamma_1)_\omega=0.2463$，$Nproj_{\gamma^+}(\gamma_2)_\omega=0.4434$，$Nproj_{\gamma^+}(\gamma_3)_\omega=0.2242$。

步骤5　当 $\alpha=0.88$，$\delta=0.3$ 时，利用式(7.19)得到三个方案的感知效用值分别为 $U(\gamma_1)=0.1018$，$U(\gamma_2)=0.3674$ 和 $U(\gamma_3)=0.0695$。

步骤6　根据方案的感知效用值 $U(\gamma_i)(i=1, 2, 3)$，可得方案的排序为 $A_2>A_1>A_3$。

为了验证所提出模型的有效性，基于表7.5中的综合评价矩阵和指标权重向量 $\omega=(0.35, 0.30, 0.35)^T$，我们利用TOPSIS法得到方案的排序为 $A_2>A_1>A_3$。此外，基于表7.2中的初始评价矩阵对应的得分矩阵，利用离平均方案（平均解）距离的评价（EDAS）方法得到方案的排序结果仍为 $A_2>A_1>A_3$，与本算例中基于PDHLt-SFNs加权规范化投影的后悔理论模型得到的方案排序一致。然而，这两种方法中前者需要先确定正负理想解并求得距离，因此计算量比较大，而后者涉及数据转化故容易导致信息失真，且未能考虑决策者的态度对于决策结果的影响。为了衡量参数δ和α的取值对于方案排序的影响，我们分别对其赋予0到1上不同的取值，计算不同情形下方案的感知效用值和备选方案的排序。一方面，若决策者的风险规避系数 α 为0.88，当后悔规避系数 δ 从0.1、0.2逐渐增加到0.9时，备选方案的感知效用值 $U(\gamma_i)(i=1, 2, 3)$ 逐步减小但方案排序结果保持不变，如图7.2所示。由于 $0\leqslant Nproj_{\gamma^+}(\gamma_3)_\omega<Nproj_{\gamma^+}(\gamma_1)_\omega<Nproj_{\gamma^+}(\gamma_2)_\omega\leqslant 1$，且风险规避系数 $\alpha\in[0, 1]$ 为常数，效用函数 $v(\gamma_i)=(Nproj_{\gamma^+}(\gamma_i)_\omega)^\alpha$ 为常量且满足 $0\leqslant v(\gamma_3)<v(\gamma_1)<v(\gamma_2)\leqslant 1$。随着后悔规避系数 δ 的增加，方案 $A_i(i=1, 2, 3)$ 的后悔—欣喜函数 $R(\gamma_i, \gamma^+)$ 的取值逐渐减小，并且对于同样的后悔规避系数 δ，满足 $R(\gamma_3, \gamma^+)<R(\gamma_1, \gamma^+)<R(\gamma_2, \gamma^+)$。因此，当后悔规避系数 δ 逐渐增大时，感知效用函数 $U(\gamma_i)(i=1, 2, 3)$ 随之减小，且 $U(\gamma_3)<U(\gamma_1)<U(\gamma_2)$。另一方面，若决策者的后悔规避系数 δ 为0.3，当风险规避系数 α 从0.1、0.2逐渐增加到0.9时，三个方案的感知效用值 $U(\gamma_i)(i=1, 2, 3)$ 的变化如图7.3所示。类似地，随着风险规避系数 α 的增大，三个方案的感知效用值 $U(\gamma_i)(i=1, 2, 3)$ 也都逐步减小但三者排序不变。并且，风险规避系数 α 取值越小，方案 A_2 和 A_3 的感知效用值越接近。

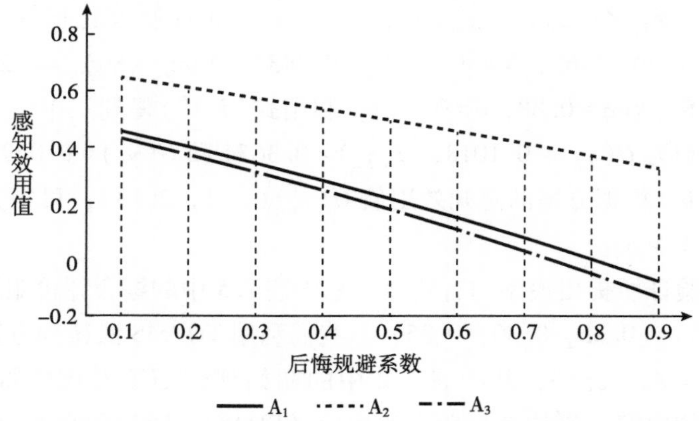

图 7.2　不同后悔规避系数 δ 下三种方案的感知效用值

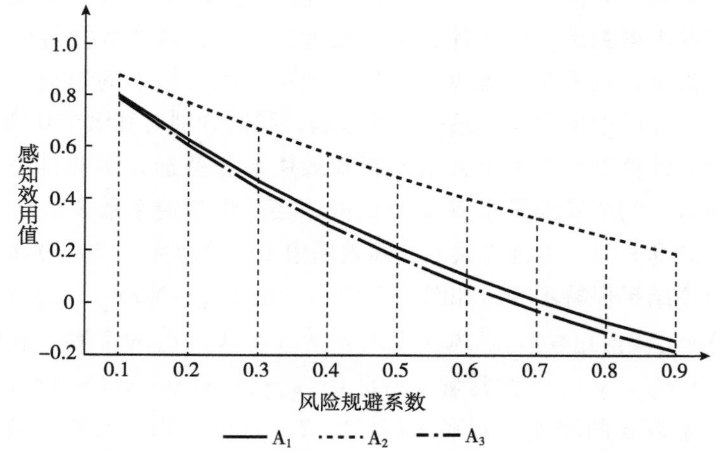

图 7.3　不同风险规避系数 α 下三种方案的感知效用值

第二节　非平衡语义下基于 BI-TODIM 的建筑垃圾资源化方案评价模型

在建筑垃圾资源化方案评价中，由于行业或者企业标准的变化，有时候需要对传统语言评价集进行调整，缩小或者放大相应评估级别的范围，这样就不可避免地导致非平衡语言术语及相关评价值的产生。当专家给出的语言术语基于不同的非平衡语言评价集，或者语言评价集中，既包含非平衡语言评价集又包含平衡语言评价集时，需要进行评价值中语言标度衡量标准的统一。此外，在建筑垃圾资源化方案的评价过程中，专家能够基于多种数据特性的考量，结合预设的评价信息详尽程度以及个人偏好，灵活确定评价数据的形式。因此，在同一评价矩阵中，可能会出现多种类型的数据，这进而产生了在非平衡语言评价集背景下基于混合评价数据开展建筑垃圾资源化方案评价的复杂问题。本节中，首先，在不同非平衡语言术语下，将基准不同的语言术语转化为目标语言评价集下的对应值；其次，利用混合数据下的 MEREC 法求得指标权重；再次，将混合数据转化为信任区间（BI），然后利用 BI-TODIM 法得到方案排序；最后，为了验证评价模型的有效性，本节以旧城改造背景下建筑垃圾资源化方案评价为例，通过调整损失厌恶系数对方案的整体占优度和排序结果进行敏感度分析。

一　非平衡语义下混合评价值语言粒度的统一

当专家使用语言标度对方案进行评价时，通常采用均匀且对称分布的语言评价集。随着专家知识库的不断扩充与行业标准的动态调整，对语言标度的适用范围有时需进行必要的修正，进而使语言评价集在某些情境下呈现出不对称或非等距分布的形态（Herrera-Viedma and Lopez-Herrera, 2007）。例如，建筑垃圾资源化方案在传统语言评价集下经济性的评价值为“较好”，然而，由于项目整体经济性标准的提高，决策者将原本语言标度中表示“好”和“较好”的范围缩小，将表示“比较差”和“差”的范围放大，从而产生了非均匀分布的语言评价集。此时，传统语言评价集下的“较好”在新的非平衡语言术集下的对应值可能变为“较差”或其他情形。

定义 7.8　若 $S^U=\{s_0^u, s_1^u, \cdots, s_n^u\}$ 是粒度为 $n+1$ 的语言评价集，且语言标度 s_i^u 代表$[0, 1]$上的一个模糊数，满足条件：①S^U 中的语言标度 s_i^u 是非均匀的、不对称分布的。②$\mu_{s_i^u}(f)\in[0, 1]$为 s_i^u 的隶属度函数，其中，f 为在$[0, 1]$上规范化后偏好的取值，且 $\max(\mu_{s_i^u}(f))=1$。③$f_i\in[0, 1]$是 s_i^u 的中心取值，且 $\mu_{s_i^u}(f_i)=1$。f_{i-1} 和 f_{i+1} 分别为 s_i^u 的左、右极限，同时也是 s_{i-1}^u 和 s_{i+1}^u 的中心取值。④$s_i^u=s_{iL}\cup s_{iC}\cup s_{iR}$，其中，$s_{iL}$、$s_{iC}$ 和 s_{iR} 分别为 s_i^u 的左半部分、中心和右半部分。那么，$S^U=\{s_0^u, s_1^u, \cdots, s_n^u\}$ 为非平衡语言评价集（Herrera et al., 2008；蔡玫等，2017）。

为了方便专家在非均匀非对称分布的语言评价集下给出方案评价值，我们将 TrPFZTLVs 和 PLt-SFNs 拓展到非平衡语义环境下，提出了基于非平衡语言评价集的 TrPFZTLVs 和 PLt-SFNs。然而，当专家使用不同的非平衡语言评价集进行评价或所参考的语言评价集既有平衡又有非平衡语言评价集时，评价值往往不能直接比较或者集结，需将评价值统一为某个平衡或非平衡语言评价集下的对应值。受 Liu 等（2018）的启发，我们针对基于不一致的平衡或非平衡语言评价集下的 TrPFZTLVs 和 PLt-SFNs 进行语言标度基准的统一。假设专家基于非平衡语言评价集 $S^{p+1}=\{s_0, s_1, \cdots, s_p\}$ 给出评价，其中，$s_t\in S^{p+1}$ 代表一个三角模糊数 $\mu_{s_t}=(a_t, b_t, c_t)$。在评价过程中，专家可利用非平衡语言评价集 S^{p+1} 中离散的语言标度 $s_t(t=0, 1, \cdots, p)$ 进行评价，也可利用中间值 $s_t(t\in[0, p])$ 给出评价。下面将语言术语 s_t 转化为目标语言评价集 $L^{g+1}=\{l_0, l_1, \cdots, l_g\}$ 下的对应值 s_t'，其中，L^{g+1} 为平衡或非平衡语言评价集。具体转化过程如下。

步骤 1 若 $s_t(t\in[0, p])$ 为 S^{p+1} 上的任意中间值，可将语言术语 s_t 转化为 (s_k, α_k)，其中，$k=[t]$，$\alpha_k=t-k$。

步骤 2 利用式（7.21）将 (s_k, α_k) 转化为二元组 (u_t, v_t)：

$$\varphi(s_k, \alpha_k)=\left(\frac{\sum_{j=0}^{k}(c_j-a_j)+(c_t-a_t)}{\sum_{j=0}^{p}(c_j-a_j)+(c_t-a_t)}, b_k+\frac{\alpha_k}{p}\right)=(u_t, v_t) \tag{7.21}$$

其中，u_t 为隶属度 μ_{s_t} 标准化的累计面积，v_t 为隶属度 μ_{s_t} 的核。特别地，当 $s_t(t=0, 1, \cdots, p)$ 为 S^{p+1} 中的标度时，s_t 转化为 $\varphi(s_t, 0)=\left(\sum_{j=0}^{t}(c_j-a_j)/\sum_{j=0}^{p}(c_j-a_j), b_t\right)$。

对于目标语言评价集 $L^{g+1}=\{l_0, l_1, \cdots, l_g\}$，同样利用式(7.21)可将语言术语 $l_e(e=0, 1, \cdots, g)$ 转化为对应的二元组 (u_e, v_e)。

步骤 3 基于 $s_t\in S^{p+1}$ 转化得到的二元组 (u_t, v_t) 和目标语言评价集 L^{g+1} 中 $l_e(e=0, 1, \cdots, g)$ 转化得到的二元组 (u_e, v_e)，利用式(7.22)求得 s_t 与 l_e 的相似度：

$$\mathbb{C}_{te}=\max\left\{\min\left\{\frac{u_e}{u_t}, \frac{u_t}{u_e}\right\}, \min\left\{\frac{v_e}{v_t}, \frac{v_t}{v_e}\right\}\right\}, e=0, 1, \cdots, g \tag{7.22}$$

其中，$\mathbb{C}_{te}\in[0,\ 1]$。当 $u_e=u_t$，$v_e=v_t$ 时，s_t 与 l_e 的相似度为$\mathbb{C}_{te}=1$。

然后，利用式（7.23）求得目标语言评价集 L^{g+1} 中与 s_t 最为接近语言术语：

$$l_e'=\min\{l_e\in L_g \mid \mathbb{C}_{te}=\max\{\mathbb{C}_{t0},\ \mathbb{C}_{t1},\ \cdots,\ \mathbb{C}_{tg}\}\} \tag{7.23}$$

步骤 4　将 $s_t\in S^{p+1}$ 转化为目标语言评价集 $L^{g+1}=\{l_0,\ l_1,\ \cdots,\ l_g\}$ 中对应的语言术语 s_t'，下标 t'计算如下：

$$t'=\left(e'+\left(\max\left\{\frac{u_e'}{u_t},\ \frac{v_e'}{v_t}\right\}\times v_t-v_e'\right)\right)g \tag{7.24}$$

其中，（u_e'，v_e'）为语言术语 l_e'对应的二元组，（u_t，v_t）为语言术语 s_t 对应的二元组。

由此，当方案评价值基于不同的平衡或非平衡语言评价集时，可以设定某个平衡或非平衡语言评价集为目标语言评价集，然后将 TrPFZTLVs 和 PLt-SFNs 中的语言术语利用以上步骤分别转化为目标语言评价集下对应的语言术语，从而完成评价值语义标准的统一。

二　基于 MEREC 的指标权重确定方法

假设专家给出了方案 $A_i(i=1,\ 2,\ \cdots,\ m)$针对指标 $C_j(j=1,\ 2,\ \cdots,\ n)$的评价值，构成基于 TrPFZTLVs、PLt-SFNs 和区间数三种数据的评价矩阵 $R=(r_{ij})_{m\times n}$。下面我们将 Keshavarz Ghorabaee 等（2021）提出的 MEREC 法拓展至混合型数据环境中，从而求得指标 $C_j(j=1,\ 2,\ \cdots,\ n)$的权重，具体步骤如下。

步骤 1　将初始评价矩阵 $R=(r_{ij})_{m\times n}$ 转化为得分矩阵 $N'=(n_{ij}')_{m\times n}=(S(r_{ij}))_{m\times n}$。若 r_{ij} 为 TrPFZTLVs，可利用式（4.2）求得 $S(r_{ij})$；若 r_{ij} 为 PLt-SFNs，利用式（5.1）求得下标 $S(r_{ij})$；若 $r_{ij}=[a_{ij},\ b_{ij}]$，$S(r_{ij})=(a_{ij}+b_{ij})/2$。

步骤 2　利用式（7.25）将矩阵 $N'=(n_{ij}')_{m\times n}$ 负向标准化得到矩阵 $N=(n_{ij})_{m\times n}$，其中，元素 n_{ij} 为：

$$n_{ij}=\begin{cases}\min\limits_k n_{kj}'/n_{ij}', & j\in N^b\\ n_{ij}'/\max\limits_k n_{ij}', & j\in N^c\end{cases} \tag{7.25}$$

其中，N^b 和 N^c 分别表示效益型指标和成本型指标。

步骤 3　假设指标 $C_j(j=1,\ 2,\ \cdots,\ n)$同等重要，利用式(7.26)得到方案 $A_i(i=1,\ 2,\ \cdots,\ m)$的综合评价值：

$$T_i = \ln\left(1 + \left(\frac{1}{n}\sum_{j=1}^{n} |\ln n_{ij}|\right)\right) \tag{7.26}$$

其中，n_{ij} 为负向标准化后的矩阵 $N=(n_{ij})_{m\times n}$ 中的元素。n_{ij} 越小则方案 A_i $(i=1, 2, \cdots, m)$ 的综合评价值 $T_i(i=1, 2, \cdots, m)$ 越大。

步骤 4 利用式（7.27）求得去掉指标 $C_j(j=1, 2, \cdots, n)$ 时方案 A_i $(i=1, 2, \cdots, m)$ 的综合评价值：

$$T'_{ij} = \ln\left(1 + \left(\frac{1}{n}\sum_{k=1,\ k\neq j}^{n} |\ln n_{ik}|\right)\right) \tag{7.27}$$

步骤 5 利用式（7.28）得到指标 $C_j(j=1, 2, \cdots, n)$ 的效果值：

$$E_j = \sum_{i=1}^{m} |T'_{ij} - T_i| \tag{7.28}$$

其中，T_i 和 T'_{ij} 分别为去掉指标 $C_j(j=1, 2, \cdots, n)$ 前与去掉后方案 $A_i(i=1, 2, \cdots, m)$ 的综合评价值。

步骤 6 利用式（7.29）得到指标 $C_j(j=1, 2, \cdots, n)$ 的权重：

$$\omega_j = E_j / \sum_{k=1}^{n} E_k \tag{7.29}$$

其中，$E_j(j=1, 2, \cdots, n)$ 为指标 $C_j(j=1, 2, \cdots, n)$ 的效果值。由此，求得指标的权重向量为 $\omega=(\omega_1, \omega_2, \cdots, \omega_n)^T$。

三　指标权重未知时混合数据下基于 BI-TODIM 的方案评价模型

假设在建筑垃圾资源化方案评价问题中，有 m 个建筑垃圾资源化备选方案 $A=\{A_1, A_2, \cdots, A_m\}$ 和 n 个指标 $C=\{C_1, C_2, \cdots, C_n\}$。专家给出了方案 $A_i(i=1, 2, \cdots, m)$ 针对 $C_j(j=1, 2, \cdots, n)$ 的初始评价矩阵 $\hat{R}=(\hat{r}_{ij})_{m\times n}$。由于涉及三种形式的评价数据，可将指标集分为 $\hat{C}_1=\{C_1, C_2, \cdots, C_{j_1}\}$、$\hat{C}_2=\{C_{j_1+1}, C_{j_1+2}, \cdots, C_{j_2}\}$ 和 $\hat{C}_3=\{C_{j_2+1}, C_{j_2+2}, \cdots, C_n\}$，其中，$1\leqslant j_1\leqslant j_2\leqslant n$，$\hat{C}_p\cap\hat{C}_l=\varnothing(p, l=1, 2, 3;\ p\neq l)$ 且 $\cup_{p=1}^{3}\hat{C}_p=C$。指标集 $\hat{C}_p(p=1, 2, 3)$ 的评价值为 TrPFZTLVs、PLt-SFNs 和区间数中的一种。在评价过程中专家参考的平衡语言评价集为 $L_g=\{l_0, l_1, \cdots, l_g\}$，也可根据实际需要对该语言评价集做出调整。下面介绍指标权重未知时，非平衡语义下基于 BI-TODIM 的建筑垃圾资源化方案混合多属性决策模型，主要包括不一致的平衡或非平衡语言术语集下评价值的统一、基于 MEREC 法的指标权重的确定和基于 BI-TODIM 法的方案排序的确定三部分，具体步骤如下。

步骤 1 利用式（7.21）至式（7.24）将初始评价矩阵 $\hat{R}=(\hat{r}_{ij})_{m\times n}$

中所有的语言术语转化为目标语言评价集 L_g 下的语言术语，从而将初始评价矩阵 $\hat{R}=(\hat{r}_{ij})_{m\times n}$ 转化为目标语言评价集下的矩阵 $R'=(r'_{ij})_{m\times n}$。

步骤 2　若 r'_{ij}为 TrPFZTLVs，利用式（4.17）将其标准化；若 r'_{ij}为 PLt-SFNs，利用定义 5.2 和式（5.13）将其标准化；若 r'_{ij}为区间数$[a'_{ij}, b'_{ij}]$，利用式（7.30）将其标准化：

$$r_{ij}=\begin{cases}[a'_{ij},\ b'_{ij}], & j\in N^b\\ [1-b'_{ij},\ 1-a'_{ij}], & j\in N^c\end{cases} \tag{7.30}$$

其中，N^b 和 N^c 分别表示效益型和成本型指标。由此，可将矩阵 $R'=(r'_{ij})_{m\times n}$ 标准化为矩阵 $R=(r_{ij})_{m\times n}$。

步骤 3　将矩阵 $R=(r_{ij})_{m\times n}$ 转化为得分矩阵 $N'=(n'_{ij})_{m\times n}=(S(r_{ij}))_{m\times n}$。然后，利用式(7.25)至式(7.29)求得指标权重向量 $\omega=(\omega_1,\ \omega_2,\ \cdots,\ \omega_n)^T$。

步骤 4　基于评价矩阵 $R=(r_{ij})_{m\times n}$，求得指标 $C_j(j=1,\ 2,\ \cdots,\ n)$下方案 $A_i(i=1,\ 2,\ \cdots,\ m)$的正证据支持和负证据支持，分别为（李双明等，2021）：

$$Sup_j(A_i)\triangleq\sum\nolimits_{k\in\{1,\ 2,\ \cdots,\ m\}\mid S(r_{kj})\leqslant S(r_{ij})}d(r_{ij},\ r_{kj}) \tag{7.31}$$

$$Inf_j(A_i)\triangleq-\sum\nolimits_{k\in\{1,\ 2,\ \cdots,\ m\}\mid S(r_{kj})\geqslant S(r_{ij})}d(r_{ij},\ r_{kj}) \tag{7.32}$$

其中，$S(r_{ij})$和$S(r_{kj})$分别为 r_{ij} 与 r_{kj} 的得分函数。$d(r_{ij},\ r_{kj})$为 r_{ij} 与 r_{kj} 的距离，若 r_{ij} 与 r_{kj} 为 TrPFZTLVs，可利用式（4.34）求得；若为 PLt-SFNs，可利用式（5.3）求得；若 $r_{ij}=[a_{ij},\ b_{ij}]$和 $r_{kj}=[a_{kj},\ b_{kj}]$为区间数，则 $d(r_{ij},\ r_{kj})=\frac{\sqrt{2}}{2}\sqrt{(a_{ij}-a_{kj})^2+(b_{ij}-b_{kj})^2}$。$Sup_j(A_i)$和 $Inf_j(A_i)$分别衡量指标 $C_j(j=1,\ 2,\ \cdots,\ n)$下方案 $A_i(i=1,\ 2,\ \cdots,\ m)$的评价值优于和劣于其他方案的程度。

步骤 5　如果 $A^j_{\max}$ 和 $A^j_{\min}(j=1,\ 2,\ \cdots,\ n)$都不为零，那么，指标 $C_j(j=1,\ 2,\ \cdots,\ n)$下方案 $A_i(i=1,\ 2,\ \cdots,\ m)$的信任区间（BI）为：

$$\bar{r}_{ij}=[Bel_{ij}(A_i),\ Pl_{ij}(A_i)]\triangleq[Sup_j(A_i)/A^j_{\max},\ 1-Inf_j(A_i)/A^j_{\min}] \tag{7.33}$$

其中，$A^j_{\max}\triangleq\max\limits_i Sup_j(A_i)$、$A^j_{\min}\triangleq\min\limits_i Inf_j(A_i)$、$Sup_j(A_i)/A^j_{\max}$ 表示对方案 $A_i(i=1,\ 2,\ \cdots,\ m)$的信任程度，$1-Inf_j(A_i)/A^j_{\min}$ 表示对方案 $A_i(i=1,\ 2,\ \cdots,\ m)$的不否定程度。

由此，可将含有混合数据的矩阵 $R=(r_{ij})_{m\times n}$ 转化为基于信任区间的矩阵 $\overline{R}=(\overline{r}_{ij})_{m\times n}$。

步骤 6 利用式（7.34）求得指标 $C_j(j=1, 2, \cdots, n)$ 相对参考指标 C_r 的相对权重 ω_{jr}：

$$\omega_{jr}=\omega_j/\omega_r, \ j=1, 2, \cdots, n \tag{7.34}$$

其中，$\omega_r=\max\{\omega_j \mid j=1, 2, \cdots, n\}$。

步骤 7 利用式（7.35）求得指标 $C_j(j=1, 2, \cdots, n)$ 下方案 $A_i(i=1, 2, \cdots, m)$ 相对于 $A_p(p=1, 2, \cdots, m)$ 的感知占优度：

$$\phi_j(A_i, A_p)=\begin{cases}\sqrt{\dfrac{\omega_{jr}}{\sum_{j=1}^{n}\omega_{jr}}d(\overline{r}_{ij}, \overline{r}_{pj})}, & 若\ \overline{r}_{ij}>\overline{r}_{pj}\\ 0, & 若\ \overline{r}_{ij}>\overline{r}_{pj}\\ -\dfrac{1}{\theta}\sqrt{\dfrac{\sum_{j=1}^{n}\omega_{jr}}{\omega_{jr}}d(\overline{r}_{ij}, \overline{r}_{pj})}, & 若\ \overline{r}_{ij}>\overline{r}_{pj}\end{cases} \tag{7.35}$$

其中，$d(\overline{r}_{ij}, \overline{r}_{pj})$ 为 $\overline{r}_{ij}=[\overline{r}_{ij}^{L}, \overline{r}_{ij}^{U}]$ 与 $\overline{r}_{pj}=[\overline{r}_{pj}^{L}, \overline{r}_{pj}^{U}]$ 之间的距离。如果 $\overline{r}_{ij}>\overline{r}_{pj}$，$\phi_j(A_i, A_p)$ 表示指标 C_j 下方案 A_i 相对于 A_p 的收益度；如果 $\overline{r}_{ij}<\overline{r}_{pj}$，$\phi_j(A_i, A_p)$ 表示指标 C_j 下方案 A_i 相对于 A_p 的损失度；如果 $\overline{r}_{ij}=\overline{r}_{pj}$，$\phi_j(A_i, A_p)$ 表示指标 C_j 下方案 A_i 相对于 A_p 无收益也无损失。$\theta(\theta>0)$ 为损失衰减系数。决策者可以根据主观偏好对参数 θ 的取值进行调整。当 $\theta>1$ 时，表示损失是衰减的；当 $\theta<1$ 时，表示损失是放大的。

步骤 8 利用式（7.36）求得方案 $A_i(i=1, 2, \cdots, m)$ 相对于 $A_p(p=1, 2, \cdots, m)$ 关于所有指标的感知占优度：

$$\delta(A_i, A_p)=\sum_{j=1}^{n}\phi_j(A_i, A_p) \tag{7.36}$$

其中，$\phi_j(A_i, A_p)$ 为指标 C_j（$j=1, 2, \cdots, n$）下方案 A_i 相对于 A_p 的感知占优度。

步骤 9 利用式（7.37）求得方案 $A_i(i=1, 2, \cdots, m)$ 正规化的综合感知占优度：

$$\xi(A_i)=\frac{\delta(A_i)-\min\limits_{1\leqslant i\leqslant m}\delta(A_i)}{\max\limits_{1\leqslant i\leqslant m}\delta(A_i)-\min\limits_{1\leqslant i\leqslant m}\delta(A_i)}, \ i=1, 2, \cdots, m \tag{7.37}$$

其中，$\delta(A_i)=\sum_{p=1}^{m}\delta(A_i, A_p)$ 为方案 $A_i(i=1, 2, \cdots, m)$ 的综合感知占

优度。

步骤 10　根据正规化的综合感知占优度 $\xi(A_i)(i=1, 2, \cdots, m)$ 对方案 $A_i(i=1, 2, \cdots, m)$ 排序。$\xi(A_i)(i=1, 2, \cdots, m)$ 越大，则方案 $A_i(i=1, 2, \cdots, m)$ 越优。

四　算例分析

某市拟对集中成片危旧住房进行整体改造，预计改造过程会产生了大量的建筑垃圾。为了提高建筑垃圾资源化处理效率和资源化率，相关部门拟对三种建筑垃圾资源化方案进行评价并确定最优方案，包括生产再生骨料（A_1）、生产再生砌块（A_2）和生产再生混凝土（A_3）。针对以上三个方案，我们邀请专家 E_1、E_2、E_3 和 E_4 依次从环境指标（C_1）、社会指标（C_2）、经济指标（C_3）和技术指标（C_4）四个方面进行评价。对于指标 C_1，专家 E_1 采用 TrPFZTLVs 做出评价；对于指标 C_2，专家 E_2 采用 PLt-SFNs 做出评价；其余两位专家利用 0 到 1 的区间数对指标 C_3 和 C_4 做出评价。已知 $S^5=\{s_0, s_1, s_2, s_3, s_4\}$ = {“差”，“较差”，“中等”，“较好”，“好”} 为一个平衡语言评价集，如图 7.4 所示。由于企业标准的提高，专家对 S^5 进行修正并给出非平衡语言评价集 S_1^5 用于指标 C_1 的评价，其隶属函数如图 7.5 所示。此外，决策者基于语言评价集 $\dot{S}^5=\{\dot{s}_0, \dot{s}_1, \dot{s}_2, \dot{s}_3, \dot{s}_4\}$ = {“弱”，“较弱”，“中等”，“较强”，“强”} 作出可靠性评价，其隶属度分布与图 7.4 相同。基于以上内容，四位专家给出了备选方案的初始评价矩阵 $\hat{R}=(\hat{r}_{ij})_{3\times4}$，如表 7.6 所示。下面在指标权重 $\omega=(\omega_1, \omega_2, \cdots, \omega_n)^T$ 未知时，利用非平衡语义下基于 BI-TODIM 的混合多属性评价模型对备选方案进行评价，步骤如下：

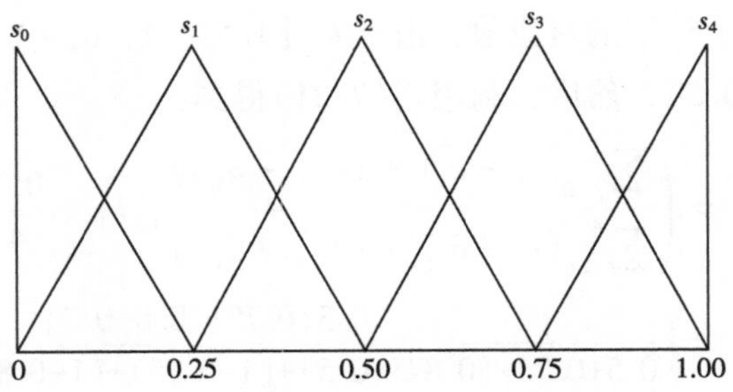

图 7.4　语言评价集 $S^5=\{s_0, s_1, s_2, s_3, s_4\}$

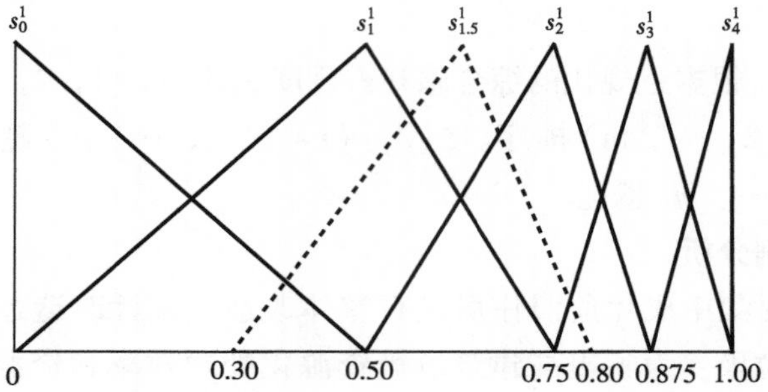

图 7.5　非平衡语言评价集 $S_1^5=\{s_0^1, s_1^1, s_2^1, s_3^1, s_4^1\}$

表 7.6　专家组给出的初始评价矩阵

	C_1	C_2	C_3	C_4
A_1	$<(s_{1.5}^1, s_2^1, s_3^1, s_4^1)$, $(0.9, 0.1); (\dot{s}_4, -0.1)>$	$<\{s_2(1)\}, \{s_0(0.20), s_1(0.80)\}, \{s_0(1)\}>$	[0.35, 0.55]	[0.40, 0.55]
A_2	$<(s_2^1, s_2^1, s_3^1, s_4^1)$, $(0.8, 0.3); (\dot{s}_3, 0.1)>$	$<\{s_2(1)\}, \{s_{0.5}(1)\}, \{s_1(1)\}>$	[0.35, 0.40]	[0.30, 0.40]
A_3	$<(s_2^1, s_3^1, s_4^1, s_4^1)$, $(0.7, 0.2); (\dot{s}_3, 0.1)>$	$<\{s_3(0.50), s_4(0.50)\}, \{s_0(1)\}, \{s_0(1)\}>$	[0.35, 0.45]	[0.35, 0.40]

步骤 1—步骤 2　在表 7.6 中，指标 C_1 和指标 C_2 下的评价值分别基于非平衡语言评价集 S_1^5 和平衡语言评价集 S^5。我们将 S^5 作为目标语言评价集，将指标 C_1 下基于 S_1^5 的语言术语转化为 S^5 下的对应值。下面以 $s_{1.5}^1$ 为例将其转化为 S^5 下的对应值。由于 $k=[1.5]=1$，$\alpha_k=1.5-1=0.5$，$s_{1.5}^1$ 可转化为$(s_1^1, 0.5)$，然后，利用式(7.21)得到：

$$\varphi(s_1^1, 0.5)=\left(\frac{\sum_{j=0}^{1}(c_j-a_j)+(c_{1.5}-a_{1.5})}{\sum_{j=0}^{4}(c_j-a_j)+(c_{1.5}-a_{1.5})}, b_1+\frac{0.5}{4}\right)$$

$$=\left(\frac{0.5+0.75+(0.8-0.3)}{0.5+0.75+(0.875-0.5)+(1-0.75)+(1-0.875)+(0.8-0.3)}\right.$$

$$\left.0.5+\frac{0.5}{4}\right)$$

$=(0.7, 0.625)$

再以 s_1^1 为例进行转化，可得：

$$\varphi(s_1^1)=\left(\frac{\sum_{j=0}^{1}(c_j-a_j)}{\sum_{j=0}^{4}(c_j-a_j)}, b_1\right)$$

$$=\left(\frac{0.5+0.75}{0.5+0.75+(0.875-0.5)+(1-0.75)+(1-0.875)}, 0.5\right)$$

$$=(0.625, 0.5)$$

类似地，将表 7.6 中指标 C_1 下的其他语言术语依次转化为二元组，可得 $\varphi(s_2^1)=(0.8125, 0.75)$，$\varphi(s_3^1)=(0.9375, 0.875)$，$\varphi(s_4^1)=(1, 1)$。同时，将目标语言评价集 S^5 中的语言标度也转化二元组，可得 $\varphi(s_0)=(0.125, 0)$，$\varphi(s_1)=(0.375, 0.25)$，$\varphi(s_2)=(0.625, 0.5)$，$\varphi(s_3)=(0.875, 0.75)$，$\varphi(s_4)=(1, 1)$。

接着，利用式(7.22)得到表 7.6 中非平衡语言术语 s_t^1 与目标语言术语 s_e，$e=0, 1, \cdots, 4$ 之间的相似度$\mathbb{C}_{te}$。以 $s_{1.5}^1$ 为例，可求得$\mathbb{C}_{1.5,0}=0.179$，$\mathbb{C}_{1.5,1}=0.536$，$\mathbb{C}_{1.5,2}=0.893$，$\mathbb{C}_{1.5,3}=0.833$，$\mathbb{C}_{1.5,4}=0.7$。$\max\{\mathbb{C}_{1.5,0}, \mathbb{C}_{1.5,1}, \cdots, \mathbb{C}_{1.5,4}\}=\mathbb{C}_{1.5,2}$，利用式(7.23)可得 $e'=2$。最后，利用式(7.24)将 $s_{1.5}^1$ 转化语言术语 s_{t}'，下标 t'计算如下：

$$t'=2+\left(\max\left\{\frac{u_2}{u_{1.5}^1}, \frac{v_2}{v_{1.5}^1}\right\}\times v_{1.5}^1-v_2\right)\times 4$$

$$=2+\left(\max\left\{\frac{0.625}{0.7}, \frac{0.5}{0.625}\right\}\times 0.625-0.5\right)\times 4$$

$$=2.23$$

由此，将 $s_{1.5}^1$ 转化为目标语言评价集 S^5 下的语言术语 $s_{2.23}$。类似地，S_1^5 中其他语言术语依次转化为 $s_1^1\to s_2$，$s_2^1\to s_{3.23}$，$s_3^1\to s_4$，$s_4^1\to s_4$。那么，表 7.6 中指标 C_1 下评价值可转化 S^5 下的对应值，得到 $r_{11}'=<(s_{2.23}, s_{3.23}, s_4, s_4), (0.9, 0.1); (\dot{s}_4, -0.1)>$，$r_{21}'=<(s_{3.23}, s_{3.23}, s_4, s_4), (0.8, 0.3); (\dot{s}_3, 0.1)>$，$r'_{31}=<(s_{3.23}, s_4, s_4, s_4), (0.7, 0.2); (\dot{s}_3, 0.1)>$。由此可得统一后的矩阵 $R'=(r_{ij}')_{3\times4}$，如表 7.7 所示，且标准化后的矩阵 $R=(r_{ij})_{3\times4}$ 仍为表 7.7。

步骤 3　将表 7.7 中矩阵 $R=(r_{ij})_{3\times4}$ 转化为得分矩阵，并将其负向标准化后得到：

表 7.7　　统一粒度后专家组的评价矩阵

	C_1	C_2	C_3	C_4
A_1	$<(s_{2.23},\ s_{3.23},\ s_4,\ s_4),\ (0.9,\ 0.1);\ (\dot{s}_4,\ -0.1)>$	$<\{s_2(1)\},\ \{s_0(0.20),\ s_1(0.80)\},\ \{s_0(1)\}>$	[0.35, 0.55]	[0.40, 0.55]
A_2	$<(s_{3.23},\ s_{3.23},\ s_4,\ s_4),\ (0.8,\ 0.3);\ (\dot{s}_3,\ 0.1)>$	$<\{s_2(1)\},\ \{s_{0.5}(1)\},\ \{s_1(1)\}>$	[0.35, 0.40]	[0.30, 0.40]
A_3	$<(s_{3.23},\ s_4,\ s_4,\ s_4),\ (0.7,\ 0.2);\ (\dot{s}_3,\ 0.1)>$	$<\{s_3(0.50),\ s_4(0.50)\},\ \{s_0(1)\},\ \{s_0(1)\}>$	[0.35, 0.45]	[0.35, 0.40]

$$
\begin{array}{c} \\ A_1 \\ N=A_2 \\ A_3 \end{array}
\begin{array}{c} \begin{array}{cccc} C_1 & C_2 & C_3 & C_4 \end{array} \\ \begin{pmatrix} 0.6424 & 0.9954 & 0.8333 & 0.7368 \\ 0.9076 & 1.0000 & 1.0000 & 1.0000 \\ 1.0000 & 0.8682 & 0.9375 & 0.9333 \end{pmatrix} \end{array}
$$

然后，利用式(7.26)可得方案 $A_i(i=1, 2, 3)$ 的综合评价值分别为 $T_1=0.21$，$T_2=0.0239$，$T_3=0.0665$。利用式(7.27)求得去掉指标 $C_j(j=1, 2, 3, 4)$ 时方案 $A_i(i=1, 2, 3)$ 的综合评价值矩阵：

$$
\begin{array}{c} \\ A_1 \\ T'=A_2 \\ A_3 \end{array}
\begin{array}{c} \begin{array}{cccc} C_1 & C_2 & C_3 & C_4 \end{array} \\ \begin{pmatrix} 0.1161 & 0.2091 & 0.1724 & 0.1462 \\ 0 & 0.0239 & 0.0239 & 0.0239 \\ 0.0665 & 0.0328 & 0.0513 & 0.0502 \end{pmatrix} \end{array}
$$

接着，利用式(7.28)得到指标 $C_j(j=1, 2, 3, 4)$ 的效果值为 $E_1=0.1178$，$E_2=0.0346$，$E_1=0.0528$，$E_1=0.0801$。那么，利用式(7.29)得到指标的权重向量 $\omega=(0.4129, 0.1213, 0.1851, 0.2808)^T$。

步骤 4—步骤 5　基于表 7.7 中的矩阵，利用式（7.31）和式（7.32）分别得到在指标 $C_j(j=1, 2, 3, 4)$ 下方案 $A_i(i=1, 2, 3)$ 的正证据支持 $Sup_j(A_i)$ 和负证据支持 $Inf_j(A_i)$。然后，求得最大的正证据支持 $Sup_j(A_i)$ 和最小的负证据支持 $Inf_j(A_i)$，如表 7.8 所示。接着，利用式（7.33）求得表 7.7 中的评价值对应的信任区间，如表 7.9 所示。

步骤 6　由于 $\max\{\omega_j \mid j=1, 2, 3, 4\}=\omega_1$，利用式(7.34)求得指标 $C_j(j=1, 2, 3, 4)$ 相对于参考指标 C_1 的相对权重向量 $\omega_{j1}=(1.0000,$

0.2938, 0.4483, 0.6801)^T。

表 7.8　　方案在各指标下的正负证据支持

	$Sup_j(A_i)$					$Inf_j(A_i)$			
	C_1	C_2	C_3	C_4		C_1	C_2	C_3	C_4
A_1	0.2051	0.0131	0.1768	0.2393	A_1	0	−0.2992	0	0
A_2	0.0641	0	0	0	A_2	−0.0958	−0.3148	−0.1768	−0.2393
A_3	0	0.3148	0.0354	0.0354	A_3	−0.2051	0	−0.0707	−0.1118
A^j_{max}	0.2051	0.3148	0.1768	0.2393	A^j_{min}	−0.2051	−0.3148	−0.1768	−0.2393

表 7.9　　方案在各评价指标下的信任区间

	C_1	C_2	C_3	C_4
A_1	[1, 1]	[0.0416, 0.0496]	[1, 1]	[1, 1]
A_2	[0.3125, 0.5329]	[0, 0]	[0, 0]	[0, 0]
A_3	[0, 0]	[1, 1]	[0.2002, 0.6001]	[0.1479, 0.5328]

步骤 7　令损失衰减系数 $\theta=1$，利用式(7.35)求得指标 $C_j(j=1, 2, 3, 4)$下方案 $A_i(i=1, 2, 3)$相对于 $A_p(p=1, 2, 3)$的感知占优度矩阵：

$$\phi_1=\begin{array}{c} \\ A_1 \\ A_2 \\ A_3 \end{array}\begin{array}{c} \begin{array}{ccc} A_1 & A_2 & A_3 \end{array} \\ \begin{pmatrix} 0 & 0.4926 & 0.6425 \\ -0.4926 & 0 & 0.4247 \\ -0.6425 & -0.4247 & 0 \end{pmatrix} \end{array}$$

$$\phi_2=\begin{array}{c} \\ A_1 \\ A_2 \\ A_3 \end{array}\begin{array}{c} \begin{array}{ccc} A_1 & A_2 & A_3 \end{array} \\ \begin{pmatrix} 0 & 0.0745 & -0.3402 \\ -0.0745 & 0 & -0.3483 \\ 0.3402 & 0.3483 & 0 \end{pmatrix} \end{array}$$

$$\phi_3=\begin{array}{c} \\ A_1 \\ A_2 \\ A_3 \end{array}\begin{array}{c} \begin{array}{ccc} A_1 & A_2 & A_3 \end{array} \\ \begin{pmatrix} 0 & 0.4302 & 0.3421 \\ -0.4302 & 0 & -0.2877 \\ -0.3421 & 0.2877 & 0 \end{pmatrix} \end{array}$$

$$\phi_4 = \begin{matrix} & A_1 & A_2 & A_3 \\ A_1 & 0 & 0.5299 & 0.4213 \\ A_2 & -0.5299 & 0 & -0.3544 \\ A_3 & -0.4213 & 0.3544 & 0 \end{matrix}$$

步骤 8 利用式（7.36）求得方案 $A_i(i=1, 2, 3)$ 对于 $A_p(p=1, 2, 3)$ 关于所有指标的感知占优度矩阵：

$$\delta = \begin{matrix} & A_1 & A_2 & A_3 \\ A_1 & 0 & 1.5272 & 1.0657 \\ A_2 & 1.5272 & 0 & -0.5657 \\ A_3 & -1.0657 & 0.5657 & 0 \end{matrix}$$

步骤 9—步骤 10 利用式（7.37）求得方案 $A_i(i=1, 2, 3)$ 正规化的综合感知占优度分别为 $\xi(A_1)=1$，$\xi(A_2)=0$ 和 $\xi(A_3)=0.3399$。由此，得到三个方案的排序为 $A_1 > A_3 > A_2$，即生产再生骨料(A_1)为最优方案。

为了验证评价结果的有效性，我们采用以下方法进行比较分析：①基于步骤 3 中负向标准化的得分矩阵 N，首先利用指标权重向量 $\omega=(0.4129, 0.1213, 0.1851, 0.2808)^T$ 获得加权矩阵，然后，利用式(7.26)中基于对数的计算方法求得方案的综合评价值从而得到方案的排序为 $A_1 > A_3 > A_2$。②基于表 7.9 中信任区间矩阵，利用指标权重对其加权集结，然后利用基于区间数可能度的排序方法得到评价结果为 $A_1 > A_3 > A_2$。③基于表 7.9 中信任区间矩阵和指标权重向量，利用全乘比例分析多目标优化（MULTIMOORA）法得到的方案排序为 $A_1 > A_3 > A_2$。采用该方法得到的结果与本书所提出的混合数据下基于 BI-TODIM 的评价模型得到的结果一致。本书所提出的模型将混合评价数据转化为信任区间，然后利用基于区间数的 TODIM 法进行评价，可以较大程度地保留模糊数据信息。TODIM 法考虑了决策者损失厌恶程度对于评价结果的影响，因此更加符合现实的决策情形。此外，我们针对损失衰减系数 θ 对方案的排序结果进行敏感度分析。为此，我们将损失衰减系数 θ 依次赋予 0.25 到 15 的九种不同取值，并利用式(7.35)至式(7.37)求得备选方案正规化的综合感知占优度 $\xi(A_i)(i=1, 2, 3)$ 及方案排序，得到的结果如图 7.6 所示。在损失衰减系数 θ 任一种取值情况下，方案的排序始终为 $A_1 > A_3 > A_2$，并且最优和最差方案正规化的综合感知占优度分别为 $\xi(A_1)=1$ 和 $\xi(A_2)=0$。对

于方案 A_3，随着损失衰减系数 θ 的增大，$\xi(A_3)$ 呈现缓慢增长的趋势，此时决策者对损失的规避程度或厌恶程度逐渐减弱，相应地，感知占优度 $\xi(A_3)$ 逐渐增加。

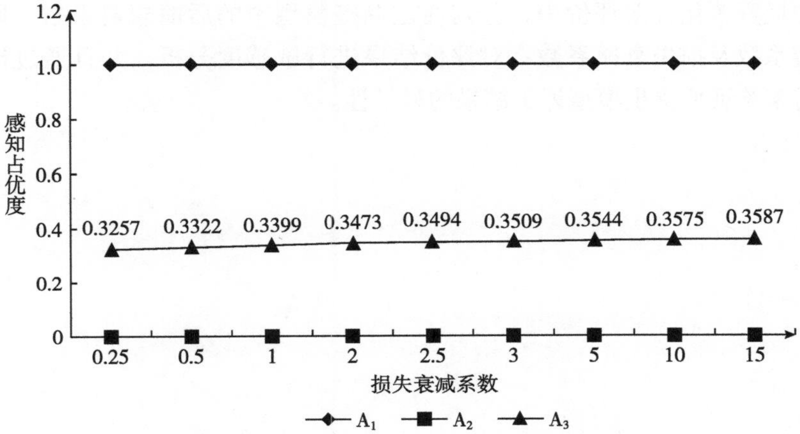

图 7.6　不同损失衰减系数下方案规范化的综合感知占优度

第三节　本章小结

本章首先从行为决策的视角出发，在建筑垃圾资源化方案评价模型构建中考虑了决策者对风险的态度、对后悔的规避程度及对损失的厌恶程度，分别提出了双层语义下基于 PDHLt-SFNs 加权规范化投影后悔理论的建筑垃圾资源化方案多阶段评价模型和非平衡语义下基于 BI-TODIM 的建筑垃圾资源化方案混合多属性评价模型。对于前者，我们将 PLt-SFS 拓展至双层语义下，定义了 PDHLt-SFS 及其距离测度和标准化方法。其次，针对多阶段评价提出了基于 DHLt-SFNs 的有序聚类法，从而得到各时间阶段的客观权重。最后，提出了基于 PDHLt-SFNs 加权规范化投影的后悔理论，通过求得备选方案的感知效用值来得到方案的排序。对于后者，考虑到当行业或者企业标准的变化时，有时需缩小或者放大相应评估级别的范围，由此我们将 TrPFZTLVs 和 PLt-SFNs 拓展到非平衡语言环境中，提出了基于不一致的平衡或非平衡语言评价集下评价值中语言标度的统一化方法。再次，在混合数据下利用 MEREC 法求得指标权重。最后，将混合数据转化为信任区间，利用 BI-TODIM 法得到备选方案的排序。为了验证评价模型的有效性，我们将其应用于旧城改造背景下的建筑垃圾资源化方案评价中，分别通过调整模型中的后悔规避系数、风险规避系数及损失衰减系数，对评价结果进行敏感度分析，并且通过比较分析来验证所提出模型评价结果的科学性。

第八章　结论与展望

第一节　主要研究结论

本书借鉴了国内外建筑垃圾资源化方案评价理论，在文献查阅和实证分析的基础上，利用基于有序梯形模糊数的决策试验与评价实验室法（DEMATEL）对初始指标进行筛选，构建了包含环境、社会、经济和技术指标四个维度的建筑垃圾资源化方案评价指标体系，为方案实施前的投资决策和实施过程中综合效果的评价提供了科学的衡量基准。此外，本书分别针对单一和多时间阶段的决策情形、评价信息为统一和混合的决策情形、方案集与指标集为固定和非固定的决策情形及无样本方案和给定样本方案的决策情形，从基于统一数据的单一阶段划分、基于统一数据的多阶段划分和基于混合数据的单一阶段划分的角度，逐层递进地解决不同决策条件下的建筑垃圾资源化方案评价问题。在理论层面上，本书提出了梯形毕达哥拉斯模糊 Z 二元语言集（TrPFZTLS）、概率语言 T 球面模糊集（PLt-SFS）和概率双层语言 T 球面模糊集（PDHLt-SFS）的概念，并在模型构建中考虑了属性之间相互独立及关联的关系及决策者的有限理性，以此来应对建筑垃圾资源化方案评价信息的不确定性、指标权重及关联关系的不确定性、评价群体认知与偏好的差异和决策者心理行为对决策结果影响的不确定性。本书针对不确定环境下建筑垃圾资源化方案的评价展开了深入研究，从多个角度提出了全新、科学的建筑垃圾资源化方案多属性决策模型，主要结论包括：

（1）从基于统一数据的单一阶段划分的角度出发，提出了基于 TrPFZTLS 的建筑垃圾资源化方案评价模型。在考虑属性相互独立时，提出了基于梯形毕达哥拉斯模糊 Z 二元语言交互混合几何（TrPFZTLIHG）算子的评价模型；在考虑属性相互关联时，提出了梯形毕达哥拉斯模糊 Z 二元语言交互幂加权几何（TrPFZTLIPWG）算子来集结信息，然后利用基于 TrPFZTLVs 可能度的可视化比较方法确定方案排序。在权重信息不完全时，利用基于 TrPFZTLVs 的加权规范化投影建立非线性规划模型求得指标权重，然后利用组合距离评价法（CODAS）确定方案排序。

（2）从基于统一数据的多阶段划分的角度出发，提出了基于 PLt-SFS 的建筑垃圾资源化方案多阶段评价模型。首先，引入时间度和时间熵构建非线性规划模型从而确定阶段权重。其次，在方案集与指标集为固定时，提出了基于 PLt-SFNs 的 Shapley-Choquet 概率超越算法来集结信息并确定方案的排序；在方案集与指标集为非固定时，借助多阶段信任评价给出了不同状态下评价值之间的距离并给出专家权重的确定方法。最后，提出了基于概率语言 T 球面模糊交叉熵确定方案的排序。

（3）从基于混合数据的单一阶段划分的角度出发，提出了基于混合数据类型的建筑垃圾资源化方案评价模型。在无样本方案时，利用社会网络分析（SNA）通过信任的传播和集结来确定专家权重，然后提出将四种混合型评价信息统一转化为粗数的方法，最后利用双参数 TOPSIS 法获得方案排序；在有样本方案时，提出了基于毕达哥拉斯模糊语言数的最优最差法（PFLN-BWM）确定指标的主观权重，然后利用综合靶心距和信息熵确定指标的客观权重，从而求得指标的组合权重，最后利用基于项链排列的蛛网混合灰靶决策模型确定方案排序。

（4）在考虑决策者有限理性的前提下，提出了相应的建筑垃圾资源化方案评价模型。一方面，从基于统一数据的多阶段划分的角度出发，利用有序聚类法确定阶段权重，并提出了双层语义下基于 PDHLt-SFS 加权规范化投影后悔理论的多阶段评价模型；另一方面，从基于混合数据的单一阶段划分的角度出发，提出非一致的平衡或非平衡语言评价集下语言标度的统一化方法，并将混合数据转化为信任区间利用 BI-TODIM 法得到方案排序。

在以上模型的研究中，基于混合数据的评价模型是以 TrPFZTLS 和 PLt-SFS 相关研究为基础开展的，而行为理论视角下的模型是在基于混合数据和有关 PLt-SFS 的研究上提出的。此外，本书将以上模型应用于震后灾区重建、城中村改造、农村大规模建设及旧城改造背景下的建筑垃圾资源化方案评价问题，从多阶段决策、异质多属性决策和行为决策等多个角度有效解决了不确定环境下建筑垃圾资源化方案的最优选择问题，并通过对比分析和敏感度分析验证了所提出模型的有效性和科学性。本书所提出的评价模型主要是从投资方的角度来进行决策的，以上模型也可拓展应用于解决相关领域的资源化方案评价与选择问题，如生活垃圾资源化处理、医疗废弃物处理和污水处理背景下方案的优选。首先，可利用基于有序梯形模糊数的 DEMATEL 法对初始指标进行筛选并建立综合评价指标体系，其次根据评价信息形式是否统一、是否划分多个阶段、方案集与指标集是否固定和是否考虑决策者心理因素等方面来选择适当的多属性决策模型进行备选方案的排序。

第二节 研究展望

本书系统地考虑了多种决策情形下建筑垃圾资源化方案的评价与最优选择问题，在相关理论与方法的研究方面作出了一定的工作，今后可从以下几个方面继续展开研究。

（一）关于决策模型的研究

在非固定方案集和指标集下基于 PLt-SFNs 的建筑垃圾资源化方案多阶段评价模型中，我们假设在各时间阶段内，同一专家对于各方案和指标的认知态度是固定的，包括认为某方案或指标不必要、认为必要但不熟悉或认为必要且熟悉三种情况。然而，在实际决策中，还可能存在每位专家在不同阶段对方案集与指标集的认知态度发生调整的情况，如何求得此类异质多属性决策问题中专家的权重及处理信息集结是今后研究的一个方向；此外，可以将 TrPFZTLS 和 PLt-SFS 进一步拓展至非平衡双层语义下，从基于混合数据的多阶段评价的角度出发，对建筑垃圾资源化方案评价的相关理论方法和决策模型进行深入研究。

（二）关于建筑垃圾资源化方案评价指标体系

本书给出了建筑垃圾资源化方案评价指标体系的构建原则及构建过程中的初选和筛选的方法，从而得到通用的三级综合评价指标体系。然而，当建筑垃圾资源化方案评价背景不同时，所构建的指标体系需突出不同决策背景的特征和资源化处理的侧重点。为了更好地应对不同决策情形下的建筑垃圾资源化方案评价问题，需根据建筑垃圾资源化方案决策背景的不同适当调整评价指标体系，尽可能减小指标之间含义的交叉并适当缩减三级评价指标的数量，从而提高其在实际决策中的应用价值。

（三）关于算例分析

本书的算例分析旨在说明所提出评价模型的具体实施步骤，大多选用了一级评价指标对备选方案进行评价，未针对备选方案在二级和三级评价指标下的表现进行全面综合评价。为了得到更有价值的方案排序结果，需获取地方政府和有关企业在建筑垃圾资源化方案实施过程中的大量数据，通过最终评价结果与实际结果的比较来验证所提出模型的有效性。此外，如何将建筑垃圾资源化方案评价模型运用于新兴信息化环境下，帮助决策者在现实背景下快速利用决策模型得到备选方案的排序，也有待进一步的探索与研究。

附　录

附录 A　第三章第三节第三部分中的相关表格

表 A1　　三位专家给出的直接影响关系矩阵

	C_i	C_1	C_2	C_3	C_4	C_5
E_1	C_1	0	M (1)	L (1)	1	L (1)
	C_2	M (0)	0	L (1)	M (1)	M (0)
	C_3	L (1)	M (1)	0	1	1
	C_4	1	M (1)	1	0	L (1)
	C_5	M (0)	1	L (1)	M (0)	0
E_2	C_1	0	1	1	1	1
	C_2	1	0	L (1)	M (0)	L (1)
	C_3	L (1)	M (1)	0	1	1
	C_4	1	L (1)	1	0	L (1)
	C_5	1	L (1)	1	M (0)	0
E_3	C_1	0	1	L (1)	1	1
	C_2	1	0	1	M (1)	1
	C_3	L (1)	M (1)	0	1	M (1)
	C_4	1	1	1	0	L (1)
	C_5	M (0)	1	1	L (1)	0

表 A2 以有序梯形模糊数表示的直接影响关系矩阵

	C_i	C_1	C_2	C_3	C_4	C_5
E_1	C_1	(0, 0, 0, 0)	(1, 1, 1.5, 2)	(1, 1, 0.5, 0)	(1, 1, 1, 1)	(1, 1, 0.5, 0)
	C_2	(0, 0, 0.5, 1)	(0, 0, 0, 0)	(1, 1, 0.5, 0)	(1, 1, 1.5, 2)	(0, 0, 0.5, 1)
	C_3	(1, 1, 0.5, 0)	(1, 1, 1.5, 2)	(0, 0, 0, 0)	(1, 1, 1, 1)	(1, 1, 1, 1)
	C_4	(1, 1, 1, 1)	(1, 1, 1.5, 2)	(1, 1, 1, 1)	(0, 0, 0, 0)	(1, 1, 0.5, 0)
	C_5	(0, 0, 0.5, 1)	(1, 1, 1, 1)	(1, 1, 0.5, 0)	(0, 0, 0.5, 1)	(0, 0, 0, 0)
E_2	C_1	(0, 0, 0, 0)	(1, 1, 1, 1)	(1, 1, 1, 1)	(1, 1, 1, 1)	(1, 1, 1, 1)
	C_2	(1, 1, 1, 1)	(0, 0, 0, 0)	(1, 1, 0.5, 0)	(0, 0, 0.5, 1)	(1, 1, 0.5, 0)
	C_3	(1, 1, 0.5, 0)	(1, 1, 1.5, 2)	(0, 0, 0, 0)	(1, 1, 1, 1)	(1, 1, 1, 1)
	C_4	(1, 1, 1, 1)	(1, 1, 0.5, 0)	(1, 1, 1, 1)	(0, 0, 0, 0)	(1, 1, 0.5, 0)
	C_5	(1, 1, 1, 1)	(1, 1, 0.5, 0)	(1, 1, 1, 1)	(0, 0, 0.5, 1)	(0, 0, 0, 0)
E_3	C_1	(0, 0, 0, 0)	(1, 1, 1, 1)	(1, 1, 0.5, 0)	(1, 1, 1, 1)	(1, 1, 1, 1)
	C_2	(1, 1, 1, 1)	(0, 0, 0, 0)	(1, 1, 1, 1)	(1, 1, 1.5, 2)	(1, 1, 1, 1)
	C_3	(1, 1, 0.5, 0)	(1, 1, 1.5, 2)	(0, 0, 0, 0)	(1, 1, 1, 1)	(1, 1, 1.5, 2)
	C_4	(1, 1, 1, 1)	(1, 1, 1, 1)	(1, 1, 1, 1)	(0, 0, 0, 0)	(1, 1, 0.5, 0)
	C_5	(0, 0, 0.5, 1)	(1, 1, 1, 1)	(1, 1, 1, 1)	(1, 1, 0.5, 0)	(0, 0, 0, 0)

附录 B 定理 4.1—定理 4.3 的证明

1. 定理 4.1

证明：

（1）根据定义 4.4 中的运算规则（1），容易证明结论 $\tilde{x}_1 \oplus \tilde{x}_2 = \tilde{x}_2 \oplus \tilde{x}_1$ 成立。

（2）根据定义 4.4 中的运算规则（2），容易证明结论 $\tilde{x}_1 \otimes \tilde{x}_2 = \tilde{x}_2 \otimes \tilde{x}_1$ 成立。

（3）根据定义 4.4 中的运算规则（1）和（3）可得：

$$\lambda(\tilde{x}_1 \oplus \tilde{x}_2) = <(s_{\lambda(a_1+a_2)},\ s_{\lambda(b_1+b_2)},\ s_{\lambda(c_1+c_2)},\ s_{\lambda(d_1+d_2)}),$$

$$(\sqrt{1-(1-\mu_1^2)^{\lambda}(1-\mu_2^2)^{\lambda}},\ \sqrt{(1-\mu_1^2)^{\lambda}(1-\mu_2^2)^{\lambda}-(1-\mu_1^2-v_1^2)^{\lambda}(1-\mu_2^2-v_2^2)^{\lambda}});$$

$$\Delta\left(\frac{(\Delta^{-1}(\dot{s}_{\theta_1},\ \alpha_1))^2+(\Delta^{-1}(\dot{s}_{\theta_2},\ \alpha_2))^2}{\Delta^{-1}(\dot{s}_{\theta_1},\ \alpha_1)+\Delta^{-1}(\dot{s}_{\theta_2},\ \alpha_2)}\right)>,$$

$\lambda\widetilde{x}_1 \oplus \lambda\widetilde{x}_2 = <(s_{\lambda a_1}, s_{\lambda b_1}, s_{\lambda c_1}, s_{\lambda d_1}); (\sqrt{1-(1-\mu_1^2)^\lambda}, \sqrt{(1-\mu_1^2)^\lambda-(1-\mu_1^2-v_1^2)^\lambda}); (\dot{s}_{\theta_1}, \alpha_1)>$

$\oplus < (s_{\lambda a_2}, s_{\lambda b_2}, s_{\lambda c_2}, s_{\lambda d_2}); (\sqrt{1-(1-\mu_2^2)^\lambda}, \sqrt{(1-\mu_2^2)^\lambda-(1-\mu_2^2-v_2^2)^\lambda}); (\dot{s}_{\theta_2}, \alpha_2)>$

$$= <(s_{\lambda a_1+\lambda a_2}, s_{\lambda b_1+\lambda b_2}), s_{\lambda c_1+\lambda c_2}, s_{\lambda d_1+\lambda d_2});$$

$$\left(\begin{matrix}\sqrt{1-(1-\mu_1^2)^\lambda(1-\mu_2^2)^\lambda},\\ \sqrt{(1-\mu_1^2)^\lambda(1-\mu_2^2)^\lambda-(1-\mu_1^2-v_1^2)^\lambda(1-\mu_2^2-v_2^2)^\lambda}\end{matrix}\right);$$

$$\Delta\left(\frac{(\Delta^{-1}(\dot{s}_{\theta_1}, \alpha_1))^2+(\Delta^{-1}(\dot{s}_{\theta_2}, \alpha_2))^2}{\Delta^{-1}(\dot{s}_{\theta_1}, \alpha_1)+\Delta^{-1}(\dot{s}_{\theta_2}, \alpha_2)}\right)>$$

因此，$\lambda(\widetilde{x}_1 \oplus \widetilde{x}_2) = \lambda\widetilde{x}_1 \oplus \lambda\widetilde{x}_2$ 成立。

（4）$\lambda_1 \widetilde{x} \oplus \lambda_2 \widetilde{x} = < (s_{\lambda_1 a}, s_{\lambda_1 b}, s_{\lambda_1 c}, s_{\lambda_1 d}); (\sqrt{1-(1-\mu^2)^{\lambda_1}}, \sqrt{(1-\mu^2)^{\lambda_1}-(1-\mu^2-v^2)^{\lambda_1}}); (\dot{s}_\theta, \alpha) > \oplus < (s_{\lambda_2 a}, s_{\lambda_2 b}, s_{\lambda_2 c}, s_{\lambda_2 d}); (\sqrt{1-(1-\mu^2)^{\lambda_2}}, \sqrt{(1-\mu^2)^{\lambda_2}-(1-\mu^2-v^2)^{\lambda_2}}); (\dot{s}_\theta, \alpha)>$

$$= <(s_{(\lambda_1+\lambda_2)a}, s_{(\lambda_1+\lambda_2)b}, s_{(\lambda_1+\lambda_2)c}, s_{(\lambda_1+\lambda_2)d});$$

$$\left(\begin{matrix}\sqrt{1-(1-\mu^2)^{\lambda_1}(1-\mu^2)^{\lambda_2}},\\ \sqrt{(1-\mu^2)^{\lambda_1}(1-\mu^2)^{\lambda_2}-(1-\mu^2-v^2)^{\lambda_1}(1-\mu^2-v^2)^{\lambda_2}}\end{matrix}\right);$$

$$\Delta\left(\frac{(\Delta^{-1}(\dot{s}_{\theta_1}, \alpha_1))^2+(\Delta^{-1}(\dot{s}_{\theta_2}, \alpha_2))^2}{\Delta^{-1}(\dot{s}_{\theta_1}, \alpha_1)+\Delta^{-1}(\dot{s}_{\theta_2}, \alpha_2)}\right)>$$

$$(\lambda_1+\lambda_2)\widetilde{x} = <(s_{(\lambda_1+\lambda_2)a}, s_{(\lambda_1+\lambda_2)b}, s_{(\lambda_1+\lambda_2)c}, s_{(\lambda_1+\lambda_2)d}),$$

$$\left(\begin{matrix}\sqrt{1-(1-\mu^2)^{\lambda_1+\lambda_2}},\\ \sqrt{(1-\mu^2)^{\lambda_1+\lambda_2}-(1-\mu^2-v^2)^{\lambda_1+\lambda_2}}\end{matrix}\right);$$

$$\Delta\left(\frac{(\Delta^{-1}(\dot{s}_{\theta_1}, \alpha_1))^2+(\Delta^{-1}(\dot{s}_{\theta_2}, \alpha_2))^2}{\Delta^{-1}(\dot{s}_{\theta_1}, \alpha_1)+\Delta^{-1}(\dot{s}_{\theta_2}, \alpha_2)}\right)>$$

因此，$\lambda_1\widetilde{x} \oplus \lambda_2\widetilde{x} = (\lambda_1+\lambda_2)\widetilde{x}$ 成立。

（5）根据定义 4.4 中的运算规则（2）和（4），可得：

$(\widetilde{x}_1 \otimes \widetilde{x}_2)^\lambda = <(s_{(a_1\times a_2)^\lambda}, s_{(b_1\times b_2)^\lambda}, s_{(c_1\times c_2)^\lambda}, s_{(d_1\times d_2)^\lambda}),$

$$\left(\begin{array}{l}\sqrt{((1-v_1^2)(1-v_2^2))^{\lambda}-((1-\mu_1^2-v_1^2)(1-\mu_2^2-v_2^2))^{\lambda}},\\ \sqrt{1-((1-v_1^2)(1-v_2^2))^{\lambda}}\end{array}\right);$$

$\Delta(\Delta^{-1}(\dot{s}_{\theta_1}, \alpha_1)\times\Delta^{-1}(\dot{s}_{\theta_2}, \alpha_2))^{\lambda}>$,

$\tilde{x}_1^{\lambda}\otimes\tilde{x}_2^{\lambda}=<(s_{(a_1^{\lambda}\times a_2^{\lambda})}, s_{(b_1^{\lambda}\times b_2^{\lambda})}, s_{(c_1^{\lambda}\times c_2^{\lambda})}, s_{(d_1^{\lambda}\times d_2^{\lambda})})$,

$$\left(\begin{array}{l}\sqrt{(1-v_1^2)^{\lambda}(1-v_2^2)^{\lambda}-(1-\mu_1^2-v_1^2)^{\lambda}(1-\mu_2^2-v_2^2)^{\lambda}},\\ \sqrt{1-(1-v_1^2)^{\lambda}(1-v_2^2)^{\lambda}}\end{array}\right);$$

$\Delta((\Delta^{-1}(\dot{s}_{\theta_1}, \alpha_1))\lambda\times(\Delta^{-1}(\dot{s}_{\theta_2}, \alpha_2))^{\lambda})>$

因此，$(\tilde{x}_1\otimes\tilde{x}_2)^{\lambda}=\tilde{x}_1^{\lambda}\otimes\tilde{x}_2^{\lambda}$ 成立。

(6) 根据定义 4.4 中的运算规则 (2) 和 (4)，可得：

$\tilde{x}^{\lambda_1}\otimes\tilde{x}^{\lambda_2}=<(s_{(a^{\lambda_1}\times a^{\lambda_2})}, s_{(b^{\lambda_1}\times b^{\lambda_2})}, s_{(c^{\lambda_1}\times c^{\lambda_2})}, s_{(d^{\lambda_1}\times d^{\lambda_2})})$,

$$\left(\begin{array}{l}\sqrt{(1-v^2)^{\lambda_1}(1-v^2)^{\lambda_2}-(1-\mu^2-v^2)^{\lambda_1}(1-\mu^2-v^2)^{\lambda_2}},\\ \sqrt{1-(1-v^2)^{\lambda_1}(1-v^2)^{\lambda_2}}\end{array}\right);$$

$\Delta((\Delta^{-1}(\dot{s}_{\theta}, \alpha))^{\lambda_1}\times(\Delta^{-1}(\dot{s}_{\theta}, \alpha))^{\lambda_2})>$,

$$\tilde{x}^{\lambda_1+\lambda_2}=<(s_{a^{\lambda_1+\lambda_2}}, s_{b^{\lambda_1+\lambda_2}}, s_{c^{\lambda_1+\lambda_2}}, s_{d^{\lambda_1+\lambda_2}});\left(\begin{array}{l}\sqrt{(1-v^2)^{\lambda_1+\lambda_2}-(1-\mu^2-v^2)^{\lambda_1+\lambda_2}},\\ \sqrt{1-(1-v^2)^{\lambda_1+\lambda_2}}\end{array}\right);$$

$\Delta(\Delta^{-1}(\dot{s}_{\theta}, \alpha))^{\lambda_1+\lambda_2}>$。

因此，$\tilde{x}^{\lambda_1}\otimes\tilde{x}^{\lambda_2}=\tilde{x}^{\lambda_1+\lambda_2}$ 成立。

2. 定理 4.2

证明：当 $n=1$ 时，式 (4.16) 显然成立。当 $n=2$ 时，可得：

$(\tilde{x}_1)^{\varpi_j}=<(s_{(a_1)^{\varpi_j}}, s_{(b_1)^{\varpi_j}}, s_{(c_1)^{\varpi_j}}, s_{(d_1)^{\varpi_j}})$;

$\left(\sqrt{(1-v_1^2)^{\varpi_j}-(1-\mu_1^2-v_1^2)^{\varpi_j}}, \sqrt{1-(1-v_1^2)^{\varpi_j}}\right)$; $\Delta(\Delta^{-1}(\dot{s}_{\theta_1}, \alpha_1))^{\varpi_j}>$,

$(\tilde{x}_2)^{\varpi_j}=<(s_{(a_2)^{\varpi_j}}, s_{(b_2)^{\varpi_j}}, s_{(c_2)^{\varpi_j}}, s_{(d_2)^{\varpi_j}})$; $\left(\sqrt{(1-v_2^2)^{\varpi_j}-(1-\mu_2^2-v_2^2)^{\varpi_j}},\right.$ $\left.\sqrt{1-(1-v_2^2)^{\varpi_j}}\right)$; $\Delta(\Delta^{-1}(\dot{s}_{\theta_2}, \alpha_2))^{\varpi_j}>$。

根据定义 4.4 中的运算规则，可得：

$$(\widetilde{x}_1)^{\varpi_j} \otimes (\widetilde{x}_2)^{\varpi_j} = < \left(s_{\prod_{j=1}^{2}(a_j)^{\varpi_j}},\ s_{\prod_{j=1}^{2}(b_j)^{\varpi_j}},\ s_{\prod_{j=1}^{2}(c_j)^{\varpi_j}},\ s_{\prod_{j=1}^{2}(d_j)^{\varpi_j}}\right),$$

$$\left(\begin{array}{l}\sqrt{\prod_{j=1}^{2}(1-v_j^2)^{\varpi_j} - \prod_{j=1}^{2}(1-\mu_j^2-v_j^2)^{\varpi_j}},\\ \sqrt{1-\prod_{j=1}^{2}(1-v_j^2)^{\varpi_j}}\end{array}\right);\ \Delta\left(\prod_{j=1}^{2}(\Delta^{-1}(\dot{s}_{\theta_j},\ \alpha_j))^{\varpi_j}\right) > =$$

TrPFZTLIHG$(\widetilde{x}_1,\ \widetilde{x}_2)$。

因此，当$n=2$时，式（4.16）成立。

假设当$n=k$时，式（4.16）成立。则当$n=k+1$时，可得

$$\text{TrPFZTLIHG}(\widetilde{x}_1,\ \widetilde{x}_2,\ \cdots,\ \widetilde{x}_{k+1}) = \bigotimes_{j=1}^{k+1}(\widetilde{x}_j)^{\varpi_j}$$

$$= \bigotimes_{j=1}^{k}(\widetilde{x}_j)^{\varpi_j} \otimes (\widetilde{x}_{k+1})^{\varpi_{k+1}}$$

$$= < \left(s_{\prod_{j=1}^{k}(a_j)^{\varpi_j}},\ s_{\prod_{j=1}^{k}(b_j)^{\varpi_j}},\ s_{\prod_{j=1}^{k}(c_j)^{\varpi_j}},\ s_{\prod_{j=1}^{k}(d_j)^{\varpi_j}}\right),$$

$$\left(\begin{array}{l}\sqrt{\prod_{j=1}^{k}(1-v_j^2)^{\varpi_j} - \prod_{j=1}^{k}(1-\mu_j^2-v_j^2)^{\varpi_j}},\\ \sqrt{1-\prod_{j=1}^{k}(1-v_j^2)^{\varpi_j}}\end{array}\right);\ \Delta\left(\prod_{j=1}^{k}(\Delta^{-1}(\dot{s}_{\theta_j},\ \alpha_j))^{\varpi_j}\right) >$$

$$\otimes < (s_{(a_{k+1})^{\varpi_{k+1}}},\ s_{(b_{k+1})^{\varpi_{k+1}}},\ s_{(c_{k+1})^{\varpi_{k+1}}},\ s_{(d_{k+1})^{\varpi_{k+1}}}),$$

$$\left(\begin{array}{l}\sqrt{(1-v_{k+1}^2)^{\varpi_{k+1}} - (1-\mu_{k+1}^2-v_{k+1}^2)^{\varpi_{k+1}}},\\ \sqrt{1-(1-v_{k+1}^2)^{\varpi_{k+1}}}\end{array}\right);\ \Delta((\Delta^{-1}(\dot{s}_{\theta_{k+1}},\ \alpha_{k+1}))^{\varpi_{k+1}}) >$$

$$= < \left(s_{\prod_{j=1}^{k+1}(a_j)^{\varpi_j}},\ s_{\prod_{j=1}^{k+1}(b_j)^{\varpi_j}},\ s_{\prod_{j=1}^{k+1}(c_j)^{\varpi_j}},\ s_{\prod_{j=1}^{k+1}(d_j)^{\varpi_j}}\right),$$

$$\left(\sqrt{\prod_{j=1}^{k}(1-v_j^2)^{\varpi_j}(1-v_{k+1}^2)^{\varpi_{k+1}} - \prod_{j=1}^{k}(1-\mu_j^2-v_j^2)^{\varpi_j}(1-\mu_{k+1}^2-v_{k+1}^2)^{\varpi_{k+1}}},\right.$$

$$\left.\sqrt{1-\prod_{j=1}^{k}(1-v_j^2)^{\varpi_j}(1-v_{k+1}^2)^{\varpi_{k+1}}}\right);\ \Delta\left(\prod_{j=1}^{k+1}(\Delta^{-1}(\dot{s}_{\theta_j},\ \alpha_j))^{\varpi_j}\right) >$$

$$= < \left(s_{\prod_{j=1}^{k+1}(a_j)^{\varpi_j}},\ s_{\prod_{j=1}^{k+1}(b_j)^{\varpi_j}},\ s_{\prod_{j=1}^{k+1}(c_j)^{\varpi_j}},\ s_{\prod_{j=1}^{k+1}(d_j)^{\varpi_j}}\right),$$

$$\left(\begin{array}{l}\sqrt{\prod_{j=1}^{k+1}(1-v_j^2)^{\varpi_j}-\prod_{j=1}^{k+1}(1-\mu_j^2-v_j^2)^{\varpi_j}},\\ \sqrt{1-\prod_{j=1}^{k+1}(1-v_j^2)^{\varpi_j}}\end{array}\right);\ \Delta\left(\prod_{j=1}^{k+1}(\Delta^{-1}(\dot{s}_{\theta_j},\ \alpha_j))^{\varpi_j}\right)>$$

因此，当$n=k+1$时，式（4.16）仍然成立。由此可得，对于任意$n>0$，式（4.16）均成立。

下面来证明 TrPFZTLIHG 算子集成结果仍为 TrPFZTLVs。对于$\tilde{x}_j(j=1,\ 2,\ \cdots,\ n)$，满足$0\leqslant\mu_j,\ v_j\leqslant 1$，$0\leqslant\mu_j^2+v_j^2\leqslant 1$，且$0\leqslant\varpi_j\leqslant 1$，$j=1,\ 2,\ \cdots,\ n$。那么，可以得到$0\leqslant\sqrt{\prod_{j=1}^{n}(1-v_j^2)^{\varpi_j}-\prod_{j=1}^{n}(1-\mu_j^2-v_j^2)^{\varpi_j}}\leqslant 1$，$0\leqslant\sqrt{1-\prod_{j=1}^{n}(1-v_j^2)^{\varpi_j}}\leqslant 1$。同时，可得$\prod_{j=1}^{n}(1-v_j^2)^{\varpi_j}-\prod_{j=1}^{n}(1-\mu_j^2-v_j^2)^{\varpi_j}+1-\prod_{j=1}^{n}(1-v_j^2)^{\varpi_j}=1-\prod_{j=1}^{n}(1-\mu_j^2-v_j^2)^{\varpi_j}\in[0,\ 1]$，故集成结果的隶属度和非隶属度的平方和在 0 到 1 区间；另外，由于$\Delta^{-1}(\dot{s}_{\theta_j},\ \alpha_j)\in[0,\ 1]$，且$0\leqslant\varpi_j\leqslant 1$，$j=1,\ 2,\ \cdots,\ n$，那么，$\prod_{j=1}^{n}(\Delta^{-1}(\dot{s}_{\theta_j},\ \alpha_j))^{\varpi_j}\in[0,\ 1]$，故$\Delta\left(\prod_{j=1}^{n}(\Delta^{-1}(\dot{s}_{\theta_j},\ \alpha_j))^{\varpi_j}\right)$仍为二元语义；对于梯形模糊变量部分，由于$s_0\leqslant s_{a_j}\leqslant s_{b_j}\leqslant s_{c_j}\leqslant s_{d_j}\leqslant s_{g_\beta}$，故$s_0\leqslant s_{\prod_{j=1}^{n}(a_j)^{\varpi_j}}\leqslant s_{\prod_{j=1}^{n}(b_j)^{\varpi_j}}\leqslant s_{\prod_{j=1}^{n}(c_j)^{\varpi_j}}\leqslant s_{\prod_{j=1}^{n}(d_j)^{\varpi_j}}\leqslant s_{\prod_{j=1}^{n}(g_\beta)^{\varpi_j}}=s_{g_\beta}$，则$\left(s_{\prod_{j=1}^{n}(a_j)^{\varpi_j}},\ s_{\prod_{j=1}^{n}(b_j)^{\varpi_j}},\ s_{\prod_{j=1}^{n}(c_j)^{\varpi_j}},\ s_{\prod_{j=1}^{n}(d_j)^{\varpi_j}}\right)$仍为语言评价集$S=\{s_0,\ s_1,\ \cdots,\ s_{g_\beta}\}$上的梯形模糊语言变量。由此，可得 TrPFZTLIHG 算子集成结果仍为 TrPFZTLVs。

3. 定理 4.3

证明：（1）由于$\tilde{x}_j=\tilde{x}_0$，$j=1,\ 2,\ \cdots,\ n$，则有：

TrPFZTLIHG$(\tilde{x}_1,\ \tilde{x}_2,\ \cdots,\ \tilde{x}_n)=$TrPFZTLIHG$(\tilde{x}_0,\ \tilde{x}_0,\ \cdots,\ \tilde{x}_0)$

$$=<\left(s_{\prod_{j=1}^{n}a_0^{\varpi_j}},\ s_{\prod_{j=1}^{n}b_0^{\varpi_j}},\ s_{\prod_{j=1}^{n}c_0^{\varpi_j}},\ s_{\prod_{j=1}^{n}d_0^{\varpi_j}}\right),$$

$$\left(\sqrt{\prod_{j=1}^{n}(1-v_0^2)^{\varpi_j}-\prod_{j=1}^{n}(1-\mu_0^2-v_0^2)^{\varpi_j}},\ \sqrt{1-\prod_{j=1}^{n}(1-v_0^2)^{\varpi_j}}\right);$$

$$\Delta\left(\prod_{j=1}^{n}\left(\Delta^{-1}\left(\dot{s}_{\theta_0},\ \alpha_0\right)\right)^{\varpi_j}\right>$$

$$=<\left(s_{a_0},\ s_{b_0},\ s_{c_0},\ s_{d_0}\right),\ \left(\mu_0,\ v_0\right);\ \left(\dot{s}_{\theta_0},\ \alpha_0\right)>。$$

因此，可得 TrPFZTLIHG$(\tilde{x}_1,\ \tilde{x}_2,\ \cdots,\ \tilde{x}_n)=\tilde{x}_0$。

(2) 数组 $\tilde{x}'_j=<(s_{a'_j},\ s_{b'_j},\ s_{c'_j},\ s_{d'_j}),\ (\mu'_j,\ v'_j);\ (\dot{s}_{\theta'_j},\ \alpha'_j)>(j=1,\ 2,\ \cdots,\ n)$ 是数组 $\tilde{x}_j=<(s_{a_j},\ s_{b_j},\ s_{c_j},\ s_{d_j}),\ (\mu_j,\ v_j);\ (\dot{s}_{\theta_j},\ \alpha_j)>(j=1,\ 2,\ \cdots,\ n)$ 的一个排列，那么：

$$<\left(s_{\prod_{j=1}^{n}a_j^{\varpi_j}},\ s_{\prod_{j=1}^{n}b_j^{\varpi_j}},\ s_{\prod_{j=1}^{n}c_j^{\varpi_j}},\ s_{\prod_{j=1}^{n}d_j^{\varpi_j}}\right),$$

$$\left(\begin{array}{l}\sqrt{\prod_{j=1}^{n}(1-v_j^2)^{\varpi_j}-\prod_{j=1}^{n}(1-\mu_j^2-v_j^2)^{\varpi_j}},\\ \sqrt{1-\prod_{j=1}^{n}(1-v_j^2)^{\varpi_j}}\end{array}\right);\ \Delta\left(\prod_{j=1}^{n}\left(\Delta^{-1}(\dot{s}_{\theta_j},\ \alpha_j)\right)^{\varpi_j}\right>$$

$$=<\left(s_{\prod_{j=1}^{n}a'^{\varpi_j}_j},\ s_{\prod_{j=1}^{n}b'^{\varpi_j}_j},\ s_{\prod_{j=1}^{n}c'^{\varpi_j}_j},\ s_{\prod_{j=1}^{n}d'^{\varpi_j}_j}\right),$$

$$\left(\begin{array}{l}\sqrt{\prod_{j=1}^{n}(1-v'^2_j)^{\varpi_j}-\prod_{j=1}^{n}(1-\mu'^2_j-v'^2_j)^{\varpi_j}},\\ \sqrt{1-\prod_{j=1}^{n}(1-v'^2_j)^{\varpi_j}}\end{array}\right);\ \Delta\left(\prod_{j=1}^{n}\left(\Delta^{-1}(\dot{s}_{\theta'_j},\ \alpha'_j)\right)^{\varpi_j}\right>$$

那么，TrPFZTLIHG$(\tilde{x}_1,\ \tilde{x}_2,\ \cdots,\ \tilde{x}_n)=$ TrPFZTLIHG$(\tilde{x}'_1,\ \tilde{x}'_2,\ \cdots,\ \tilde{x}'_n)$。

(3) 对于梯形模糊语言变量部分，由于 $a_j\geqslant a'_j$，$b_j\geqslant b'_j$，$c_j\geqslant c'_j$，$d_j\geqslant d'_j$，可得：$\prod_{j=1}^{n}a_j^{\varpi_j}\geqslant\prod_{j=1}^{n}a'^{\varpi_j}_j$，$\prod_{j=1}^{n}b_j^{\varpi_j}\geqslant\prod_{j=1}^{n}b'^{\varpi_j}_j$，$\prod_{j=1}^{n}c_j^{\varpi_j}\geqslant\prod_{j=1}^{n}c'^{\varpi_j}_j$，$\prod_{j=1}^{n}d_j^{\varpi_j}\geqslant\prod_{j=1}^{n}d'^{\varpi_j}_j$。

对于毕达哥拉斯模糊数部分，由于 $\mu_j^2+v_j^2\geqslant\mu'^2_j+v'^2_j$，$v_j\leqslant v'_j$，可得：

$$\sqrt{\prod_{j=1}^{n}(1-v_j^2)^{\varpi_j}-\prod_{j=1}^{n}(1-\mu_j^2-v_j^2)^{\varpi_j}}\geqslant$$

$$\sqrt{\prod_{j=1}^{n}(1-v'^2_j)^{\varpi_j}-\prod_{j=1}^{n}(1-\mu'^2_j-v'^2_j)^{\varpi_j}},$$

$$\sqrt{1-\prod_{j=1}^{n}(1-v_j^2)^{\varpi_j}}\leqslant\sqrt{1-\prod_{j=1}^{n}(1-v'^2_j)^{\varpi_j}}$$

对于二元语义，由于 $\Delta^{-1}(\dot{s}_{\theta_j},\ \alpha_j) \geqslant \Delta^{-1}(\dot{s}_{\theta_j'},\ \alpha_j')$，可得：

$$\Delta\left(\prod_{j=1}^{n}\left(\Delta^{-1}(\dot{s}_{\theta_j'},\ \alpha'_j)\right)\right)^{\varpi_j} \geqslant \Delta\left(\prod_{j=1}^{n}\left(\Delta^{-1}(\dot{s}_{\theta_j},\ \alpha_j)\right)\right)^{\varpi_j}。$$

因此，$\text{TrPFZTLIHG}(\tilde{x}_1,\ \tilde{x}_2,\ \cdots,\ \tilde{x}_n) \geqslant \text{TrPFZTLIHG}(\tilde{x}_1',\ \tilde{x}_2',\ \cdots,\ \tilde{x}_n')$。

（4）若最小值 $\tilde{x}_{\min} = <(s_{a_{\min}},\ s_{b_{\min}},\ s_{c_{\min}},\ s_{d_{\min}}),\ (\mu_{\min},\ v_{\min});\ (\dot{s}_{\theta_{\min}},\ \alpha_{\min})>$ 满足 $(s_{a_{\min}},\ s_{b_{\min}},\ s_{c_{\min}},\ s_{d_{\min}}) = \min\limits_{1\leqslant j\leqslant n}(s_{a_j},\ s_{b_j},\ s_{c_j},\ s_{d_j})$，$\mu_{\min}^2 + v_{\min}^2 = \min\limits_{1\leqslant j\leqslant n}(\mu_j^2 + v_j^2)$，$v_{\min} = \max\limits_{1\leqslant j\leqslant n} v_j$，$(\dot{s}_{\theta_{\min}},\ \alpha_{\min}) = \min\limits_{1\leqslant j\leqslant n}(\dot{s}_{\theta_j},\ \alpha_j)$，且最大值 $\tilde{x}_{\max} = <(s_{a_{\max}},\ s_{b_{\max}},\ s_{c_{\max}},\ s_{d_{\max}}),\ (\mu_{\max},\ v_{\max});\ (\dot{s}_{\theta_{\max}},\ \alpha_{\max})>$ 满足 $(s_{a_{\max}},\ s_{b_{\max}},\ s_{c_{\max}},\ s_{d_{\max}}) = \max\limits_{1\leqslant j\leqslant n}(s_{a_j},\ s_{b_j},\ s_{c_j},\ s_{d_j})$，$\mu_{\max}^2 + v_{\max}^2 = \max\limits_{1\leqslant j\leqslant n}(\mu_j^2 + v_j^2)$，$v_{\max} = \min\limits_{1\leqslant j\leqslant n} v_j$，$(\dot{s}_{\theta_{\max}},\ \alpha_{\max}) = \max\limits_{1\leqslant j\leqslant n}(\dot{s}_{\theta_j},\ \alpha_j)$，那么，对于梯形语言模糊变量部分，下式成立：

$$\left(s_{\prod_{j=1}^{n} a_{\min}^{\varpi_j}},\ s_{\prod_{j=1}^{n} b_{\min}^{\varpi_j}},\ s_{\prod_{j=1}^{n} c_{\min}^{\varpi_j}},\ s_{\prod_{j=1}^{n} d_{\min}^{\varpi_j}}\right) \leqslant \left(s_{\prod_{j=1}^{n} a_j^{\varpi_j}},\ s_{\prod_{j=1}^{n} b_j^{\varpi_j}},\ s_{\prod_{j=1}^{n} c_j^{\varpi_j}},\ s_{\prod_{j=1}^{n} d_j^{\varpi_j}}\right) \leqslant \left(s_{\prod_{j=1}^{n} a_{\max}^{\varpi_j}},\ s_{\prod_{j=1}^{n} b_{\max}^{\varpi_j}},\ s_{\prod_{j=1}^{n} c_{\max}^{\varpi_j}},\ s_{\prod_{j=1}^{n} d_{\max}^{\varpi_j}}\right)。$$

对于毕达哥拉斯模糊数部分，下式成立：

$$\sqrt{\prod_{j=1}^{n}(1 - v_{\min}^2)^{\varpi_j} - \prod_{j=1}^{n}(1 - \mu_{\min}^2 - v_{\min}^2)^{\varpi_j}} \leqslant$$
$$\sqrt{\prod_{j=1}^{n}(1 - v_j^2)^{\varpi_j} - \prod_{j=1}^{n}(1 - \mu_j^2 - v_j^2)^{\varpi_j}} \leqslant$$
$$\sqrt{\prod_{j=1}^{n}(1 - v_{\max}^2)^{\varpi_j} - \prod_{j=1}^{n}(1 - \mu_{\max}^2 - v_{\max}^2)^{\varpi_j}},$$
$$\sqrt{1 - \prod_{j=1}^{n}(1 - v_{\min}^2)^{\varpi_j}} \leqslant \sqrt{1 - \prod_{j=1}^{n}(1 - v_j^2)^{\varpi_j}} \leqslant \sqrt{1 - \prod_{j=1}^{n}(1 - v_{\max}^2)^{\varpi_j}}。$$

对于二元语义部分，下式成立：

$$\Delta\left(\prod_{j=1}^{n}\left(\Delta^{-1}(\dot{s}_{\theta_{\min}},\ \alpha_{\min})\right)\right)^{\varpi_j} \leqslant \Delta\left(\prod_{j=1}^{n}\left(\Delta^{-1}(\dot{s}_{\theta_j},\ \alpha_j)\right)\right)^{\varpi_j} \leqslant \Delta\left(\prod_{j=1}^{n}\left(\Delta^{-1}(\dot{s}_{\theta_{\max}},\ \alpha_{\max})\right)\right)^{\varpi_j}。$$

因此，$\text{TrPFZTLIHG}(\tilde{x}_{\min},\ \tilde{x}_{\min},\ \cdots,\ \tilde{x}_{\min}) \leqslant \text{TrPFZTLIHG}(\tilde{x}_1,\ \tilde{x}_2,\ \cdots,\ \tilde{x}_n) \leqslant \text{TrPFZTLIHG}(\tilde{x}_{\max},\ \tilde{x}_{\max},\ \cdots,\ \tilde{x}_{\max})$。

附录 C　第四章第四节第五部分中的相关表格

表 C1　　加权后的评价矩阵 $\widehat{N}$ 及负理想解向量

	C_1	C_2	C_3	C_4
A_1	$<(s_{0.5388}, s_{0.8082}, s_{1.0776}, s_{1.0776}), (0.4905, 0.2380); (\dot{s}_5, 0.0167)>$	$<(s_{0.2482}, s_{0.2482}, s_{0.4964}, s_{0.7446}), (0.4733, 0.1495); (\dot{s}_4, -0.0167)>$	$<(s_0, s_0, s_{0.2399}, s_{0.4798}), (0.4662, 0.0726); (\dot{s}_5, -0.08)>$	$<(s_{0.4850}, s_{0.7275}, s_{0.9700}, s_{0.9700}), (0.3881, 0.0638); (\dot{s}_5, -0.05)>$
A_2	$<(s_{0.2694}, s_{0.5388}, s_{0.8082}, s_{1.0776}), (0.6006, 0.1986); (\dot{s}_5, 0.0667)>$	$<(s_{0.2482}, s_{0.4964}, s_{0.7446}, s_{0.9928}), (0.3923, 0.0644); (\dot{s}_5, 0.0667)>$	$<(s_0, s_{0.2399}, s_{0.4798}, s_{0.7197}), (0.4662, 0.2285); (\dot{s}_6, -0.05)>$	$<(s_{0.4850}, s_{0.7275}, s_{0.7275}, s_{0.9700}), (0.4684, 0.0729); (\dot{s}_4, 0.05)>$
A_3	$<(s_0, s_{0.2694}, s_{0.5388}, s_{0.8082}), (0.4905, 0.2380); (\dot{s}_5, 0.0167)>$	$<(s_{0.2482}, s_{0.4964}, s_{0.4964}, s_{0.7446}), (0.4733, 0.2313); (\dot{s}_5, 0.0667)>$	$<(s_0, s_{0.2399}, s_{0.2399}, s_{0.4798}), (0.5732, 0.0930); (\dot{s}_5, 0.05)>$	$<(s_{0.4850}, s_{0.7275}, s_{0.9700}, s_{0.9700}), (0.3881, 0.1291); (\dot{s}_5, 0.08)>$
A_4	$<(s_{0.5388}, s_{0.8082}, s_{0.8082}, s_{1.0776}), (0.6006, 0.0961); (\dot{s}_6, 0)>$	$<(s_{0.4964}, s_{0.7446}, s_{0.9928}, s_{0.9928}), (0.5812, 0.3123); (\dot{s}_5, 0.0667)>$	$<(s_0, s_0, s_{0.2399}, s_{0.4798}), (0.4662, 0.1477); (\dot{s}_4, 0.05)>$	$<(s_{0.4850}, s_{0.4850}, s_{0.7275}, s_{0.9700}), (0.4684, 0.1483); (\dot{s}_6, -0.05)>$
$\widehat{n}_j^-$	$<(s_0, s_{0.2694}, s_{0.5388}, s_{0.8082}), (0.4905, 0.2380); (\dot{s}_5, 0.0167)>$	$<(s_{0.2482}, s_{0.2482}, s_{0.4964}, s_{0.7446}), (0.4733, 0.1495); (\dot{s}_4, -0.0167)>$	$<(s_0, s_0, s_{0.2399}, s_{0.4798}), (0.4662, 0.1477); (\dot{s}_4, 0.05)>$	$<(s_{0.4850}, s_{0.7275}, s_{0.9700}, s_{0.9700}), (0.3881, 0.0638); (\dot{s}_5, -0.05)>$

表 C2　各方案的评价值向量 $\hat{n}_i$ 到负理想解向量 $\hat{n}^-$ 的欧式距离和海明距离

	$\lambda_1=\lambda_2=\lambda_3=\frac{1}{3}$		$\lambda_1=1$，$\lambda_2=\lambda_3=0$		$\lambda_1=\lambda_3=\frac{1}{2}$，$\lambda_2=0$		$\lambda_1=\lambda_2=\frac{1}{2}$，$\lambda_3=0$	
	E_i	H_i	E_i	H_i	E_i	H_i	E_i	H_i
A_1	0. 0742	0. 0851	0. 1179	0. 1807	0. 0872	0. 1089	0. 0872	0. 1093
A_2	0. 2229	0. 3949	0. 0943	0. 3442	0. 2575	0. 4705	0. 1118	0. 2934
A_3	0. 1975	0. 2888	0. 0200	0. 1676	0. 2322	0. 3555	0. 0700	0. 1608
A_4	0. 2404	0. 4241	0. 1407	0. 3641	0. 2573	0. 4639	0. 1744	0. 3535

附录 D　第五章第二节第四部分中的相关表格

表 D1　　方案 A_1 的评价值向量中三部分对应的超越分布函数值

	EDF	s_6	s_5	s_4	s_3	s_2	s_1	s_0
隶属度	EDF_{11}^a	0	0. 38	1	1	1	1	1
	EDF_{12}^a	0	0	0	0	1	1	1
	EDF_{13}^a	0	0	0	0. 62	0. 81	1	1
犹豫度	EDF_{11}^b	0	0	0	0	0	0	1
	EDF_{12}^b	0	0	0	0	0	0	1
	EDF_{13}^b	0	0	0	0. 38	0. 69	1	1
非隶属度	EDF_{11}^c	0	0	0	0	0	1	1
	EDF_{12}^c	0	0	0. 9	1	1	1	1
	EDF_{13}^c	0	0	0	0	0. 50	1	1

表 D2　排序在前 u 个的指标组成的集合 $\mathbb{C}_{1j}^t(u)$、$\dot{\mathbb{C}}_{1j}^t(u)$ 和 $\ddot{\mathbb{C}}_{1j}^t(u)$

指标集	u	s_6	s_5	s_4	s_3	s_2	s_1	s_0
$\mathbb{C}_{1j}^t(u)$	$u=1$	$\{C_1\}$	$\{C_1\}$	$\{C_1\}$	$\{C_1\}$	$\{C_1\}$	$\{C_1\}$	$\{C_1\}$
	$u=2$	$\{C_1, C_2\}$	$\{C_1, C_2\}$	$\{C_1, C_2\}$	$\{C_1, C_3\}$	$\{C_1, C_2\}$	$\{C_1, C_2\}$	$\{C_1, C_2\}$
	$u=3$	$\{C_1, C_2, C_3\}$	$\{C_1, C_2, C_3\}$	$\{C_1, C_2, C_3\}$	$\{C_1, C_2, C_3\}$	$\{C_1, C_2, C_3\}$	$\{C_1, C_2, C_3\}$	$\{C_1, C_2, C_3\}$
$\dot{\mathbb{C}}_{1j}^t(u)$	$u=1$	$\{C_1\}$	$\{C_1\}$	$\{C_1\}$	$\{C_3\}$	$\{C_3\}$	$\{C_3\}$	$\{C_1\}$
	$u=2$	$\{C_1, C_2\}$	$\{C_1, C_2\}$	$\{C_1, C_2\}$	$\{C_1, C_3\}$	$\{C_1, C_3\}$	$\{C_1, C_3\}$	$\{C_1, C_2\}$
	$u=3$	$\{C_1, C_2, C_3\}$	$\{C_1, C_2, C_3\}$	$\{C_1, C_2, C_3\}$	$\{C_1, C_2, C_3\}$	$\{C_1, C_2, C_3\}$	$\{C_1, C_2, C_3\}$	$\{C_1, C_2, C_3\}$
$\ddot{\mathbb{C}}_{1j}^t(u)$	$u=1$	$\{C_1\}$	$\{C_1\}$	$\{C_2\}$	$\{C_2\}$	$\{C_2\}$	$\{C_1\}$	$\{C_1\}$
	$u=2$	$\{C_1, C_2\}$	$\{C_1, C_2\}$	$\{C_1, C_2\}$	$\{C_1, C_2\}$	$\{C_2, C_3\}$	$\{C_1, C_2\}$	$\{C_1, C_2\}$
	$u=3$	$\{C_1, C_2, C_3\}$	$\{C_1, C_2, C_3\}$	$\{C_1, C_2, C_3\}$	$\{C_1, C_2, C_3\}$	$\{C_1, C_2, C_3\}$	$\{C_1, C_2, C_3\}$	$\{C_1, C_2, C_3\}$

表 D3　　指标集$\mathbb{C}^t_{1j}(u)$、$\dot{\mathbb{C}}^t_{1j}(u)$ 和 $\ddot{\mathbb{C}}^t_{1j}(u)$ 对应的模糊测度

模糊测度 μ	u	s_6	s_5	s_4	s_3	s_2	s_1	s_0
$\mu(\mathbb{C}^t_{1j}(u))$	$u=1$	0.3	0.3	0.3	0.3	0.3	0.3	0.3
	$u=2$	0.3	0.3	0.3	0.4	0.3	0.3	0.3
	$u=3$	1.0	1.0	1.0	1.0	1.0	1.0	1.0
$\mu(\dot{\mathbb{C}}^t_{1j}(u))$	$u=1$	0.3	0.3	0.3	0.4	0.4	0.4	0.3
	$u=2$	0.3	0.3	0.3	0.4	0.4	0.4	0.3
	$u=3$	1.0	1.0	1.0	1.0	1.0	1.0	1.0
$\mu(\ddot{\mathbb{C}}^t_{1j}(u))$	$u=1$	0.3	0.3	0.2	0.2	0.2	0.3	0.3
	$u=2$	0.3	0.3	0.3	0.3	0.4	0.3	0.3
	$u=3$	1.0	1.0	1.0	1.0	1.0	1.0	1.0

附录 E　第五章第三节第四部分中的相关表格

表 E1　　专家 E_u 与 E_v 在四个阶段内的信任评价矩阵

		E_1	E_2	E_3	E_4			E_1	E_2	E_3	E_4
P_1	E_1	-	$\langle \varsigma_4, \varsigma_0, \varsigma_2 \rangle$	$\langle \varsigma_4, \varsigma_1, \varsigma_1 \rangle$	$\langle \varsigma_3, \varsigma_1, \varsigma_1 \rangle$	P_2	E_1	-	$\langle \varsigma_3, \varsigma_1, \varsigma_2 \rangle$	$\langle \varsigma_3, \varsigma_1, \varsigma_1 \rangle$	$\langle \varsigma_3, \varsigma_1, \varsigma_1 \rangle$
	E_2	$\langle \varsigma_3, \varsigma_2, \varsigma_1 \rangle$	-	$\langle \varsigma_3, \varsigma_0, \varsigma_1 \rangle$	$\langle \varsigma_3, \varsigma_1, \varsigma_2 \rangle$		E_2	$\langle \varsigma_3, \varsigma_2, \varsigma_1 \rangle$	-	$\langle \varsigma_3, \varsigma_0, \varsigma_1 \rangle$	$\langle \varsigma_3, \varsigma_1, \varsigma_2 \rangle$
	E_3	$\langle \varsigma_2, \varsigma_3, \varsigma_1 \rangle$	$\langle \varsigma_4, \varsigma_1, \varsigma_1 \rangle$	-	$\langle \varsigma_5, \varsigma_0, \varsigma_1 \rangle$		E_3	$\langle \varsigma_3, \varsigma_2, \varsigma_0 \rangle$	$\langle \varsigma_3, \varsigma_0, \varsigma_1 \rangle$	-	$\langle \varsigma_4, \varsigma_0, \varsigma_1 \rangle$
	E_4	$\langle \varsigma_4, \varsigma_0, \varsigma_2 \rangle$	$\langle \varsigma_5, \varsigma_0, \varsigma_0 \rangle$	$\langle \varsigma_4, \varsigma_1, \varsigma_1 \rangle$	-		E_4	$\langle \varsigma_3, \varsigma_1, \varsigma_1 \rangle$	$\langle \varsigma_5, \varsigma_0, \varsigma_0 \rangle$	$\langle \varsigma_4, \varsigma_1, \varsigma_1 \rangle$	-
		E_1	E_2	E_3	E_4			E_1	E_2	E_3	E_4
P_3	E_1	-	$\langle \varsigma_3, \varsigma_0, \varsigma_2 \rangle$	$\langle \varsigma_4, \varsigma_1, \varsigma_1 \rangle$	$\langle \varsigma_3, \varsigma_1, \varsigma_1 \rangle$	P_4	E_1	-	$\langle \varsigma_3, \varsigma_1, \varsigma_2 \rangle$	$\langle \varsigma_4, \varsigma_1, \varsigma_1 \rangle$	$\langle \varsigma_3, \varsigma_1, \varsigma_1 \rangle$
	E_2	$\langle \varsigma_3, \varsigma_1, \varsigma_1 \rangle$	-	$\langle \varsigma_4, \varsigma_0, \varsigma_1 \rangle$	$\langle \varsigma_3, \varsigma_1, \varsigma_2 \rangle$		E_2	$\langle \varsigma_4, \varsigma_0, \varsigma_1 \rangle$	-	$\langle \varsigma_4, \varsigma_0, \varsigma_1 \rangle$	$\langle \varsigma_3, \varsigma_1, \varsigma_2 \rangle$
	E_3	$\langle \varsigma_3, \varsigma_2, \varsigma_1 \rangle$	$\langle \varsigma_4, \varsigma_1, \varsigma_1 \rangle$	-	$\langle \varsigma_4, \varsigma_1, \varsigma_1 \rangle$		E_3	$\langle \varsigma_3, \varsigma_2, \varsigma_0 \rangle$	$\langle \varsigma_4, \varsigma_0, \varsigma_1 \rangle$	-	$\langle \varsigma_4, \varsigma_0, \varsigma_1 \rangle$
	E_4	$\langle \varsigma_4, \varsigma_0, \varsigma_2 \rangle$	$\langle \varsigma_4, \varsigma_0, \varsigma_0 \rangle$	$\langle \varsigma_4, \varsigma_1, \varsigma_0 \rangle$	-		E_4	$\langle \varsigma_4, \varsigma_1, \varsigma_1 \rangle$	$\langle \varsigma_5, \varsigma_0, \varsigma_0 \rangle$	$\langle \varsigma_4, \varsigma_1, \varsigma_1 \rangle$	-

表 E2　　　　专家 E_1 在整个时间段内的评价矩阵

	C_1	C_2	C_3	C_4	C_5	C_6
A_1	$\emptyset^N$	$<\{s_4(0.62), s_5(0.38)\}, \{s_0(0.54), s_1(0.46)\}, \{s_1(1)\}>$	$<\{s_3(1)\}, \{s_0(1)\}, \{s_2(1)\}>$	$<\{s_1(0.46), s_2(0.16), s_3(0.38)\}, \{s_2(1)\}, \{s_1(1)\}>$	$<\{s_4(1)\}, \{s_0(1)\}, \{s_2(1)\}>$	$<\{s_2(0.16), s_3(0.84)\}, \{s_1(0.72), s_2(0.28)\}, \{s_1(0.38), s_2(0.62)\}>$
A_2	$\emptyset^N$	$<\{s_4(1)\}, \{s_0(0.38), s_1(0.62)\}, \{s_1(1)\}>$	$\emptyset^E$	$<\{s_3(1)\}, \{s_0(0.38), s_1(0.62)\}, \{s_1(0.54), s_2(0.46)\}>$	$<\{s_3(0.72), s_4(0.28)\}, \{s_1(0.38), s_2(0.62)\}, \{s_0(0.46), s_1(0.54)\}>$	$<\{s_3(0.62), s_4(0.38)\}, \{s_0(1)\}, \{s_1(1)\}>$
A_3	$\emptyset^N$	$\emptyset^N$	$\emptyset^N$	$\emptyset^N$	$\emptyset^N$	$\emptyset^N$
A_4	$\emptyset^N$	$<\{s_3(0.46), s_4(0.16), s_5(0.38)\}, \{s_1(1)\}, \{s_0(0.54), s_2(0.46)\}>$	$<\{s_4(0.72), s_5(0.28)\}, \{s_0(0.28), s_1(0.72)\}, \{s_0(0.54), s_1(0.46)\}>$	$<\{s_3(1)\}, \{s_1(1)\}, \{s_0(1)\}>$	$<\{s_3(1)\}, \{s_1(1)\}, \{s_1(1)\}>$	$<\{s_3(0.38), s_4(0.62)\}, \{s_0(0.84), s_1(0.16)\}, \{s_1(1)\}>$

表 E3　　　　专家 E_2 在整个时间段内的评价矩阵

	C_1	C_2	C_3	C_4	C_5	C_6
A_1	$<\{s_4(1)\}, \{s_0(0.38), s_1(0.62)\}, \{s_1(1)\}>$	$\emptyset^N$	$<\{s_2(0.90), s_3(0.10)\}, \{s_0(1)\}, \{s_2(1)\}>$	$\emptyset^N$	$<\{s_4(1)\}, \{s_0(1)\}, \{s_2(1)\}>$	$<\{s_2(0.16), s_3(0.84)\}, \{s_1(1)\}, \{s_1(1)\}>$
A_2	$<\{s_4(1)\}, \{s_0(1)\}, \{s_1(1)\}>$	$\emptyset^N$	$<\{s_5(1)\}, \{s_0(0.38), s_1(0.62)\}, \{s_0(1)\}>$	$\emptyset^N$	$<\{s_4(1)\}, \{s_1(0.38), s_2(0.62)\}, \{s_0(1)\}>$	$<\{s_4(1)\}, \{s_0(1)\}, \{s_1(1)\}>$

续表

	C_1	C_2	C_3	C_4	C_5	C_6
A_3	$\emptyset^N$	$\emptyset^N$	$\emptyset^N$	$\emptyset^N$	$\emptyset^N$	$\emptyset^N$
A_4	$<\{s_3(0.10), s_4(0.90)\}, \{s_1(1)\}, \{s_0(1)\}>$	$\emptyset^N$	$<\{s_4(1)\}, \{s_0(0.46), s_1(0.54)\}, \{s_0(0.54), s_1(0.46)\}>$	$\emptyset^N$	$<\{s_3(1)\}, \{s_1(1)\}, \{s_0(0.90), s_1(0.10)\}>$	$<\{s_3(0.10), s_4(0.90)\}, \{s_0(1)\}, \{s_1(1)\}>$

表 E4　专家 E_3 在整个时间段内的评价矩阵

	C_1	C_2	C_3	C_4	C_5	C_6
A_1	$\emptyset^N$	$\emptyset^N$	$\emptyset^N$	$\emptyset^N$	$\emptyset^N$	$\emptyset^N$
A_2	$<\{s_3(0.90), s_4(0.10)\}, \{s_1(1)\}, \{s_1(1)\}>$	$<\{s_3(0.38), s_4(0.62)\}, \{s_1(1)\}, \{s_0(1)\}>$	$<\{s_5(1)\}, \{s_1(1)\}, \{s_0(1)\}>$	$\emptyset^N$	$<\{s_3(1)\}, \{s_1(0.38), s_2(0.62)\}, \{s_0(1)\}>$	$<\{s_3(0.10), s_4(0.90)\}, \{s_0(0.62), s_1(0.38)\}, \{s_1(1)\}>$
A_3	$<\{s_4(1)\}, \{s_1(1)\}, \{s_0(1)\}>$	$\emptyset^N$	$<\{s_4(1)\}, \{s_1(1)\}, \{s_0(0.90), s_1(0.10)\}>$	$\emptyset^N$	$<\{s_3(1)\}, \{s_1(1)\}, s_1(1)\}>$	$<\{s_3(0.46), s_4(0.54)\}, \{s_1(1)\}, \{s_1(1)\}>$
A_4	$\emptyset^N$	$\emptyset^N$	$\emptyset^N$	$\emptyset^N$	$\emptyset^N$	$\emptyset^N$

表 E5　专家 E_4 在整个时间段内的评价矩阵

	C_1	C_2	C_3	C_4	C_5	C_6
A_1	$\emptyset^N$	$\emptyset^N$	$\emptyset^N$	$\emptyset^N$	$\emptyset^N$	$\emptyset^N$

续表

	C_1	C_2	C_3	C_4	C_5	C_6
A_2	$\emptyset^N$	$\emptyset^N$	$\emptyset^N$	$\emptyset^N$	$\emptyset^N$	$\emptyset^N$
A_3	$<\{s_5(1)\},\{s_1(1)\},\{s_0(1)\}>$	$<\{s_3(1)\},\{s_1(1)\},\{s_0(1)\}>$	$<\{s_4(1)\},\{s_1(1)\},\{s_0(0.90),s_1(0.10)\}>$	$<\{s_3(1)\},\{s_1(1)\},\{s_1(1)\}>$	$\emptyset^N$	$\emptyset^N$
A_4	$<\{s_4(1)\},\{s_1(1)\},\{s_1(1)\}>$	$<\{s_3(0.46),s_4(0.54)\},\{s_1(1)\},\{s_0(1)\}>$	$<\{s_4(0.72),s_5(0.28)\},\{s_0(0.28),s_1(0.72)\},\{s_0(1)\}>$	$<\{s_4(1)\},\{s_1(1)\},\{s_0(1)\}>$	$\emptyset^N$	$\emptyset^N$

表 E6 专家评价矩阵之间对应元素的距离

	A_i	C_1	C_2	C_3	C_4	C_5	C_6		C_1	C_2	C_3	C_4	C_5	C_6
E_1，E_2	A_1	1	1	0.0396	1	0	0.0146	E_2，E_3	1	0	1	0	1	1
	A_2	1	1	0.1668	1	0.0617	0.0531		0.0794	1	0.0009	0	0.0856	0.0094
	A_3	0	0	0	0	0	0			0.1139	1	0	1	1
	A_4	1	1	0.0400	1	0.0021	0.0244		1	0	1	0	1	1
E_1，E_3	A_1	0	1	1	1	1	1	E_2，E_4	1	0	1	0	1	1
	A_2	1	0.0357	0.0834	1	0.0240	0.0454		1	0	1	0	1	1
	A_3	1	0.1139	1	0	1	1		1	1	1	1	0	0
	A_4	0	1	1	1	1	1		0.0109	1	0.0410	1	1	1

续表

	A_i	C_1	C_2	C_3	C_4	C_5	C_6		C_1	C_2	C_3	C_4	C_5	C_6
E_1, E_4	A_1	0	1	1	1	1	1	E_3, E_4	0	0	0	0	0	0
	A_2	0	1	0.0964	1	1	1		1	1	1	0	1	1
	A_3	1	1	1	1	0	0		0.1412	0.0936	0	1	1	1
	A_4	1	0.0622	0.0011	0.0856	0	0		1	1	1	1	0	0

表 E7　整个时间阶段内专家组的综合评价矩阵

	C_1	C_2	C_3
A_1	$<\{s_4(1)\}$, $\{s_0(0.3760), s_1(0.6240)\}$, $\{s_1(1)\}>$	$<\{s_4(0.62), s_5(0.38)\}$, $\{s_0(0.54), s_1(0.46)\}$, $\{s_1(1)\}>$	$<\{s_2(0.4619), s_3(0.5381)\}$, $\{s_0(1)\}$, $\{s_2(1)\}>$
A_2	$<\{s_3(0.4347), s_4(0.5653)\}$, $\{s_0(0.5170), s_1(0.4830)\}$, $\{s_1(1)\}>$	$<\{s_3(0.1886), s_4(0.8114)\}$, $\{s_0(0.1915), s_1(0.8085)\}$, $\{s_0(0.6164), s_1(0.3836)\}>$	$<\{s_5(1)\}$, $\{s_0(0.1965), s_1(0.8035)\}$, $\{s_0(1)\}>$
A_3	$<\{s_4(0.4908), s_5(0.5092)\}$, $\{s_1(1)\}$, $\{s_1(1)\}>$	$<\{s_3(1)\}$, $\{s_1(1)\}$, $s_0(1)\}>$	$<\{s_4(1)\}$, $\{s_1(1)\}$, $\{s_0(0.9), s_1(0.1)\}>$
A_4	$<\{s_3(0.0509), s_4(0.9491)\}$, $\{s_1(1)\}$, $\{s_0(0.5078), s_1(0.4922)\}>$	$<\{s_3(0.4599), s_4(0.3521), s_5(0.1880)\}$, $\{s_1(1)\}$, $\{s_0(0.7724), s_1(0.2276)\}>$	$<\{s_4(0.8160), s_5(0.1840)\}$, $\{s_0(0.3417), s_1(0.6583)\}$, $\{s_0(0.6928), s_1(0.3072)\}>$

续表

	C_4	C_5	C_6
A_1	$<\{s_1(0.46), s_2(0.16), s_3(0.38)\},$ $\{s_2(1)\},$ $\{s_1(1)\}>$	$<\{s_4(1)\},$ $\{s_0(1)\},$ $\{s_2(1)\}>$	$<\{s_2(0.16), s_3(0.84)\},$ $\{s_1(0.8637), s_2(0.1363)\},$ $\{s_1(0.6981), s_2(0.3019)\}>$
A_2	$<\{s_3(1)\},$ $\{s_0(0.38), s_1(0.62)\},$ $\{s_1(0.54), s_2(0.46)\}>$	$<\{s_3(0.6602), s_4(0.3398)\},$ $\{s_1(0.4066), s_2(0.5934)\},$ $\{s_0(0.8470), s_1(0.1530)\}>$	$<\{s_3(0.2364), s_4(0.7636)\},$ $\{s_0(0.8769), s_1(0.1231)\},$ $\{s_1(1)\}>$
A_3	$<\{s_3(1)\},$ $\{s_1(1)\},$ $\{s_1(1)\}>$	$<\{s_3(1)\},$ $\{s_1(1)\},$ $\{s_1(1)\}>$	$<\{s_3(0.46), s_4(0.54)\},$ $\{s_1(1)\},$ $\{s_1(1)\}>$
A_4	$<\{s_3(0.4947), s_4(0.5053)\},$ $\{s_1(1)\},$ $\{s_0(1)\}>$	$<\{s_3(1)\},$ $\{s_1(1)\},$ $\{s_0(0.4618), s_1(0.5382)\}>$	$<\{s_3(0.2363), s_4(0.7637)\},$ $\{s_0(0.9221), s_1(0.0779)\},$ $\{s_1(1)\}>$

附录 F 第六章第一节第四部分中的相关表格

表 F1 专家给出四个方案的初始评价矩阵

	A_i	C_1	C_2	C_3	C_4
e_1	A_1	$<(s_2, s_3, s_4, s_4), (0.8, 0.3); (\dot{s}_3, 0.1)>$	$<\{s_3(1)\}, \{s_1(1)\}, s_0(1)\}>$	(0.40, 0.50, 0.60)	3
	A_2	$<(s_2, s_2, s_3, s_3), (0.9, 0.2); (\dot{s}_4, -0.1)>$	$<\{s_3(0.46), s_4(0.54)\}, \{s_0(1)\}, \{s_0(1)\}>$	(0.60, 0.70, 0.80)	3

续表

	A_i	C_1	C_2	C_3	C_4
e_1	A_3	$<(s_2, s_3, s_3, s_4), (0.8, 0.3); (\dot{s}_3, 0.1)>$	$<\{s_3(1)\}, \{s_0(1)\}, \{s_0(0.90), s_1(0.10)\}>$	(0.45, 0.55, 0.65)	2
	A_4	$<(s_1, s_2, s_3, s_4), (0.9, 0.1); (\dot{s}_4, 0)>$	$<\{s_3(1)\}, \{s_0(0.28), s_1(0.72)\}, \{s_0(1)\}>$	(0.50, 0.60, 0.70)	4
e_2	A_1	$<(s_2, s_2, s_3, s_4), (0.8, 0.2); (\dot{s}_3, 0.1)>$	$<\{s_3(0.90), s_4(0.10)\}, \{s_0(1)\}, \{s_0(1)\}>$	(0.40, 0.50, 0.60)	2
	A_2	$<(s_1, s_2, s_3, s_4), (0.7, 0.1); (\dot{s}_4, -0.1)>$	$<\{s_3(1)\}, \{s_1(1)\}, \{s_0(1)\}>$	(0.50, 0.60, 0.70)	4
	A_3	$<(s_1, s_2, s_2, s_4), (0.8, 0.3); (\dot{s}_4, -0.1)>$	$<\{s_2(0.10), s_3(0.90)\}, \{s_0(0.62), s_1(0.38)\}, \{s_0(1)\}>$	(0.45, 0.55, 0.65)	3
	A_4	$<(s_2, s_3, s_4, s_4), (0.9, 0.3); (\dot{s}_4, -0.1)>$	$<\{s_2(0.46), s_3(0.54)\}, \{s_1(1)\}, \{s_0(1)\}>$	(0.60, 0.70, 0.80)	3
e_3	A_1	$<(s_2, s_3, s_4, s_4), (0.8, 0.3); (\dot{s}_3, 0.1)>$	$<\{s_3(1)\}, \{s_0(1)\}, \{s_1(1)\}>$	(0.60, 0.70, 0.80)	3
	A_2	$<(s_1, s_2, s_3, s_4), (0.9, 0.2); (\dot{s}_4, -0.1)>$	$<\{s_3(1)\}, \{s_1(1)\}, \{s_0(1)\}>$	(0.60, 0.70, 0.80)	4
	A_3	$<(s_2, s_3, s_3, s_4), (0.8, 0.3); (\dot{s}_3, 0.1)>$	$<\{s_1(0.10), s_2(0.90)\}, \{s_1(1)\}, \{s_1(1)\}>$	(0.45, 0.55, 0.65)	2
	A_4	$<(s_2, s_3, s_3, s_4), (0.9, 0.1); (\dot{s}_4, 0)>$	$<\{s_3(1)\}, \{s_1(1)\}, \{s_0(1)\}>$	(0.60, 0.70, 0.80)	3
e_4	A_1	$<(s_2, s_2, s_3, s_4), (0.9, 0.2); (\dot{s}_3, 0.1)>$	$<\{s_3(0.90), s_4(0.10)\}, \{s_0(1)\}, \{s_0(1)\}>$	(0.60, 0.65, 0.70)	3
	A_2	$<(s_1, s_2, s_3, s_4), (0.7, 0.3); (\dot{s}_3, 0.1)>$	$<\{s_2(1)\}, \{s_1(1)\}, \{s_0(1)\}>$	(0.45, 0.55, 0.65)	4
	A_3	$<(s_1, s_2, s_2, s_4), (0.8, 0.3); (\dot{s}_4, -0.1)>$	$<\{s_1(0.10), s_2(0.90)\}, \{s_1(1)\}, \{s_1(1)\}>$	(0.45, 0.55, 0.65)	3
	A_4	$<(s_2, s_3, s_4, s_4), (0.9, 0.3); (\dot{s}_4, -0.1)>$	$<\{s_2(0.46), s_3(0.54)\}, \{s_1(1)\}, \{s_0(1)\}>$	(0.60, 0.70, 0.80)	3
e_5	A_1	$<(s_2, s_3, s_4, s_4), (0.8, 0.3); (\dot{s}_3, 0.1)>$	$<\{s_3(1)\}, \{s_0(1)\}, \{s_0(1)\}>$	(0.60, 0.70, 0.80)	3
	A_2	$<(s_2, s_3, s_3, s_4), (0.8, 0.3); (\dot{s}_3, 0.1)>$	$<\{s_3(1)\}, \{s_1(1)\}, \{s_0(1)\}>$	(0.45, 0.55, 0.65)	4
	A_3	$<(s_2, s_3, s_3, s_4), (0.7, 0.3); (\dot{s}_3, 0.1)>$	$<\{s_1(0.10), s_2(0.90)\}, \{s_1(1)\}, \{s_1(1)\}>$	(0.45, 0.55, 0.65)	3
	A_4	$<(s_2, s_3, s_3, s_4), (0.9, 0.1); (\dot{s}_4, 0)>$	$<\{s_2(0.46), s_3(0.54)\}, \{s_1(1)\}, \{s_0(1)\}>$	(0.60, 0.70, 0.80)	3

参考文献

宝斯琴塔娜、齐二石：《基于有序梯形模糊灰色关联 TOPSIS 的多属性决策方法》，《运筹与管理》2018 年第 8 期。

蔡玫等：《非均衡语言信息的计算方法及其在 TOPSIS 法中的应用》，《控制与决策》2017 年第 4 期。

陈冰等：《应用模糊层次分析法评价建筑垃圾模块化处理模式》，《环境卫生工程》2019 年第 5 期。

陈起俊、张瑞瑞：《基于 LC 的建筑废弃物资源化产业发展研究》，《科技管理研究》2020 年第 11 期。

陈勇明、吴敏：《蛛网灰靶决策模型的逆序问题及消除方法》，《统计与决策》2020 年第 17 期。

崔素萍、刘晓编著：《建筑废弃物资源化关键技术及发展战略》，科学出版社 2017 年版。

邓聚龙：《灰理论基础》，华中科技大学出版社 2002 年版。

凤亚红、豆倩：《“一带一路”背景下建筑废弃物减量与资源化实施路径分析》，《环境工程》2019 年第 1 期。

郭远臣、王雪：《建筑垃圾资源化与再生混凝土》，东南大学出版社 2015 年版。

郝玲丽：《我国建筑垃圾资源化利用政策量化研究》，《经济研究导刊》2021 年第 3 期。

鞠彦兵：《模糊环境下应急管理评价方法及应用》，北京理工大学出版社 2013 年版。

李双明等：《用于异质信息的信任区间交互式多属性识别方法》，《电子与信息学报》2021 年第 5 期。

潘亚虹、耿秀丽：《一种基于 VIKOR 的混合多属性群决策方法》，《机械设计与研究》2018 年第 1 期。

彭新东、杨勇：《基于 Pythagorean 模糊语言集多属性群决策方法》，《计算机工程与应用》2016 年第 23 期。

齐春泽：《基于梯形模糊 MULTIMOORA 的混合多属性群决策方法》，《统计与决策》2019 年第 5 期。

钱丽丽等：《考虑后悔规避的灰色群体偏离靶心度决策方法》，《中国管理科学》2020 年第 6 期。

宋捷等：《正负靶心灰靶决策模型》，《系统工程理论与实践》2010 年第 10 期。

苏永波：《城市建筑垃圾资源化利用综合评估方法研究——以西安市为例》，《系统科学学报》2019 年第 2 期。

唐妙涵等：《基于 CVM 的建筑废弃物回收利用非市场价值评估》，《系统工程理论与实践》2018 年第 5 期。

汪振双等：《基于 Fuzzy-ISM 的建筑垃圾处理 PPP 项目风险因素关系研究》，《工程管理学报》2020 年第 5 期。

王海滋等：《建筑废弃物资源化利用相关方演化博弈分析》，《工程管理学报》2021 年第 3 期。

王辉：《建筑垃圾资源化处理的方案选择及经济性分析》，硕士学位论文，南开大学，2013 年。

王晓丹等编著：《不确定信息表示与融合技术》，科学出版社 2018 年版。

王玉兰、陈华友：《基于集成算子的预测和决策方法与应用》，安徽大学出版社 2014 年版。

魏峰等：《基于不确定信息处理的语言群决策方法》，《运筹与管理》2006 年第 3 期。

吴江：《社会网络的动态分析与仿真实验——理论与应用》，武汉大学出版社 2012 年版。

徐选华、刘尚龙：《考虑时间序列的动态大群体应急决策方法》，《控制与决策》2020 年第 11 期。

徐泽水、达庆利：《区间数排序的可能度法及其应用》，《系统工程学报》2003 年第 1 期。

徐泽水、达庆利：《一种组合加权几何平均算子及其应用》，《东南大学学报》（自然科学版）2002 年第 3 期。

杨蒙：《X 建筑垃圾资源化 PPP 项目风险管理研究》，硕士学位论文，天津大学，2020 年。

杨祎等：《建筑垃圾资源化利用模式评价研究》，《工业安全与环保》2017 年第 7 期。

张纯博等：《欧盟建筑废弃物资源化转型升级的经验和启示》，《环境保护》2019 年第 15 期。

张发明、王伟明：《基于后悔理论和 DEMATEL 的语言型多属性决策方法》，《中国管理科学》2020 年第 6 期。

张晓、樊治平：《基于前景理论的风险型混合多属性决策方法》，《系统工程学报》2012 年第 6 期。

张永政等：《考虑决策者心理行为的概率语义术语集多属性决策方法》，《计算机应用研究》2020 年第 10 期。

Aczél, J. and Alsina, C., "Synthesizing Judgements: A Functional Equations Approach", *Mathematical Modelling*, Vol. 9, No. 3-5, 1987.

Akhtari, S., et al., "Incorporating Risk in Multi-Criteria Decision Making: The Case Study of Biofuel Production from Construction and Demolition Wood Waste", *Resources, Conservation and Recycling*, Vol. 167, 2021.

Amarilla, R. S. D., et al., "Acoustic Barrier Simulation of Construction and Demolition Waste: A Sustainable Approach to the Control of Environmental Noise", *Applied Acoustics*, Vol. 182, 2021.

Amato, A., et al., "Strategies of Disaster Waste Management after an Earthquake: A Sustainability Assessment", *Resources, Conservation and Recycling*, Vol. 146, 2019.

Atanassov, K. and Gargov, G., "Interval Valued Intuitionistic Fuzzy Sets", *Fuzzy Sets and Systems*, Vol. 31, No. 3, 1989.

Atanassov, K. T., "Intuitionistic Fuzzy Sets", *Fuzzy Sets and Systems*, Vol. 20, No. 1, 1986.

Atanassov, K. T., "More on Intuitionistic Fuzzy Sets", *Fuzzy Sets and Systems*, Vol. 33, No. 1, 1989.

Bell, D. E., "Regret in Decision Making under Uncertainty", *Operations Research*, Vol. 30, No. 5, 1982.

Bernardo, J. J. and Blin, J. M., "A Programming Model of Consumer

Choice among Multi - Attributed Brands", *Journal of Consumer Research*, Vol. 4, No. 2, 1977.

Biluca, J., et al., "Sorting of Suitable Areas for Disposal of Construction and Demolition Waste Using GIS and ELECTRE TRI", *Waste Management*, Vol. 114, 2020.

Bonferroni, C., "Sulle Medie Multiple Di Potenze", *Bollettino dell' Unione Matematica Italiana*, Vol. 5, No. 3-4, 1950.

Calpine, H. C. and Golding, A., "Some Properties of Pareto - Optimal Choices in Decision Problems", *Omega*, Vol. 4, No. 2, 1976.

Chiclana, F., et al., "Integrating Multiplicative Preference Relations in a Multipurpose Decision-Making Model Based on Fuzzy Preference Relations", *Fuzzy Sets and Systems*, Vol. 122, No. 2, 2001.

Choquet, G., "Theory of Capacities", *Annales de l' institut Fourier*, Vol. 5, 1954.

Chu, A. T. W., et al., "A Comparison of Two Methods for Determining the Weights of Belonging to Fuzzy Sets", *Journal of Optimization Theory and Applications*, Vol. 27, No. 4, 1979.

Chwastyk, A. and Kosiński, W., "Fuzzy Calculus with Aplications", *Mathematica Applicanda*, Vol. 41, No. 1, 2013.

Coronado, M., et al., "Estimation of Construction and Demolition Waste (C&DW) Generation and Multicriteria Analysis of C&DW Management Alternatives: A Case Study in Spain", *Waste and Biomass Valorization*, Vol. 2, 2011.

Cuong, B. C., "Picture Fuzzy Sets", *Journal of Computer Science and Cybernetics*, Vol. 30, No. 4, 2015.

Deli, I. and Keleş, M. A., "Distance Measures on Trapezoidal Fuzzy Multi-Numbers and Application to Multi-Criteria Decision-Making Problems", *Soft Computing*, Vol. 25, No. 8, 2021.

Du, Z. J., et al., "A Trust-Similarity Analysis-Based Clustering Method for Large-Scale Group Decision-Making under a Social Network", *Information Fusion*, Vol. 63, 2020.

Elshaboury, N. and Marzouk, M., "Optimizing Construction and Demolition Waste Transportation for Sustainable Construction Projects", *Engineering*,

Construction and Architectural Management, Vol. 28, No. 9, 2021.

Fu, S., et al., "Venture Capital Project Selection Based on Interval Number Grey Target Decision Model", *Soft Computing*, Vol. 25, No. 6, 2021.

Gabus, A. and Fontela, E., *Perceptions of the World Problematique: Communication Procedure, Communicating with Those Bearing Collective Responsibility*, Genava: Battelle Research Center, 1973.

Gabus, A. and Fontela, E., *World Problems, An Invitation to Further Thought within the Framework of DEMATEL*, Genava: Battelle Research Center, 1972.

Gao, H., et al., "Some Novel Pythagorean Fuzzy Interaction Aggregation Operators in Multiple Attribute Decision Making", *Fundamenta Informaticae*, Vol. 159, No. 4, 2018.

Gebremariam, A. T., et al., "Comprehensive Study on the Most Sustainable Concrete Design Made of Recycled Concrete, Glass and Mineral Wool from C&D Wastes", *Construction and Building Materials*, Vol. 273, 2021.

Gomes, L. F. A. M. and Lima, M. M. P. P., "From Modelling Individual Preferences to Multicriteria Ranking of Discrete Alternatives: A Look at Prospect Theory and the Additive Difference Model", *Foundations of Computing and Decision Sciences*, Vol. 17, No. 3, 1992.

Gomes, L. F. A. M. and Lima, M. M. P. P., "TODIM: Basic and Application to Multicriteria Ranking of Projects with Environmental Impacts", *Foundations of Computing and Decision Sciences*, Vol. 16, No. 3-4, 1991.

Gou, X. J., et al., "Double Hierarchy Hesitant Fuzzy Linguistic Term Set and MULTIMOORA Method: A Case of Study to Evaluate the Implementation Status of Haze Controlling Measures", *Information Fusion*, Vol. 38, 2017.

Harsanyi, J. C., *Essays on Ethics, Social Behavior, and Scientific Explanation*, Holland: D. Reidel Publishing Company, 1976.

He, Z. M., et al., "Research Progress on Recycled Clay Brick Waste as an Alternative to Cement for Sustainable Construction Materials", *Construction and Building Materials*, Vol. 274, 2021.

Herrera, F. and Martinez, L., "A 2-Tuple Fuzzy Linguistic Representation Model for Computing with Words", *IEEE Transactions on Fuzzy Systems*,

Vol. 8, No. 6, 2000a.

Herrera, F. and Martinez, L., "An Approach for Combining Linguistic and Numerical Information Based on the 2-Tuple Fuzzy Linguistic Representation Model in Decision-Making", *International Journal of Uncertainty Fuzziness and Knowledge-Based Systems*, Vol. 8, No. 5, 2000b.

Herrera, F., et al., "A Fusion Approach for Managing Multi-Granularity Linguistic Term Sets in Decision Making", *Fuzzy Sets and Systems*, Vol. 114, No. 1, 2000.

Herrera, F., et al., "A Fuzzy Linguistic Methodology to Deal with Unbalanced Linguistic Term Sets", *IEEE Transactions on Fuzzy Systems*, Vol. 16, No. 2, 2008.

Herrera, F., et al., "A Model of Consensus in Group Decision Making under Linguistic Assessments", *Fuzzy Sets and Systems*, Vol. 78, No. 1, 1996.

Herrera-Viedma, E. and López-Herrera, A. G., "A Model of an Information Retrieval System with Unbalanced Fuzzy Linguistic Information", *International Journal of Intelligent Systems*, Vol. 22, No. 11, 2007.

Hoang, N. H., et al., "Financial and Economic Evaluation of Construction and Demolition Waste Recycling in Hanoi, Vietnam", *Waste Management*, Vol. 131, 2021.

Hoang, N. H., et al., "Waste Generation, Composition, and Handling in Building-Related Construction and Demolition in Hanoi, Vietnam", *Waste Management*, Vol. 117, 2020.

Hong, J., et al., "Towards Environmental Sustainability in the Local Community: Future Insights for Managing the Hazardous Pollutants at Construction Sites", *Journal of Harzardous Materials*, Vol. 403, 2021.

Hyvärinen, M., et al., "Sorting Efficiency in Mechanical Sorting of Construction and Demolition Waste", *Waste Management & Research*, Vol. 38, No. 7, 2020.

Ju, Y. B., et al., "A New Approach for Heterogeneous Linguistic Failure Mode and Effect Analysis with Incomplete Weight Information", *Computers & Industrial Engineering*, Vol. 148, 2020.

Ju, Y. B., et al., "A New Framework for Health-Care Waste Disposal

Alternative Selection under Multi-Granular Linguistic Distribution Assessment Environment", *Computers & Industrial Engineering*, Vol. 145, 2020.

Ju, Y. B., et al., "Some New Dual Hesitant Fuzzy Aggregation Operators Based on Choquet Integral and their Applications to Multiple Attribute Decision Making", *Journal of Intelligent & Fuzzy Systems*, Vol. 27, No. 6, 2014.

Ju, Y. B., et al., "Some New Shapley 2-Tuple Linguistic Choquet Aggregation Operators and their Applications to Multiple Attribute Group Decision Making", *Soft Computing*, Vol. 20, No. 10, 2016.

Ju, Y. B., et al., "Study of Site Selection of Electric Vehicle Charging Station Based on Extended GRP Method under Picture Fuzzy Environment", *Computers & Industrial Engineering*, Vol. 135, 2019.

Kahneman, D. and Tversky, A., "Prospect Theory: An Analysis of Decision Under Risk", *Econometrica*, Vol. 47, No. 2, 1979.

Keshavarz-Ghorabaee, M., et al., "Determination of Objective Weights Using a New Method Based on the Removal Effects of Criteria (MEREC)", *Symmetry-Basel*, Vol. 13, No. 4, 2021.

Keshavarz-Ghorabaee, M., et al., "A New Combinative Distance-Based Assessment (CODAS) Method for Multi-Criteria Decision-Making", *Economic Computation & Economic Cybernetics Studies and Research*, Vol. 50, No. 3, 2016.

Khoshand, A., et al., "Construction and Demolition Waste Management: Fuzzy Analytic Hierarchy Process Approach", *Waste Management & Research*, Vol. 38, No. 10, 2020.

Kim, S. H. and Ahn, B. S., "Interactive Group Decision Making Procedure under Incomplete Information", *European Journal of Operational Research*, Vol. 116, No. 3, 1999.

Kim, S. H. and Park, K. S., "Tools for Interactive Multi-Attribute Decision-Making with Incompletely Identified Information", *European Journal of Operational Research*, Vol. 98, No. 1, 1997.

Kim, S. Y., et al, "A Performance Evaluation Framework for Construction and Demolition Waste Management: Stakeholder Perspectives", *Engineering, Construction and Architectural Management*, Vol. 27, No. 10, 2020.

Kosiński W. et al., : "Drawback of Fuzzy Arthmetics-New Intutions and Propositions", in T. Burczynski, W. Cholewa, W. Moczulski, eds., *Proc. Methods of Aritificial Intelligence*, Gliwice: PACM, 2002.

Li, D. F. and Wan, S. P., "Fuzzy Heterogeneous Multiattribute Decision Making Method for Outsourcing Provider Selection", *Expert Systems with Applications*, Vol. 41, No. 6, 2014.

Li, N., et al., "Some Novel Interactive Hybrid Weighted Aggregation Operators with Pythagorean Fuzzy Numbers and their Applications to Decision Making", *Mathematics*, Vol. 7, No. 12, 2019.

Li, P. and Peng, H. H., "A Novel IVPLTS Decision Method Based on Regret Theory and Cobweb Area Model", *Mathematical Problems in Engineering*, Vol. 2020, No. 1, 2020.

Li, X. and Zhang, X. H., "Single-Valued Neutrosophic Hesitant Fuzzy Choquet Aggregation Operators for Multi-Attribute Decision Making", *Symmetry*, Vol. 10, No. 2, 2018.

Liang, Y. Y., et al., "An Improved Multi-Granularity Interval 2-Tuple TODIM Approach and its Application to Green Supplier Selection", *International Journal of Fuzzy Systems*, Vol. 21, No. 1, 2019.

Lin, J., "Divergence Measures Based on the Shannon Entropy", *IEEE Transactions on Information Theory*, Vol. 37, No. 1, 1991.

Liu, J., et al., "A New Linguistic Term Transformation Method in Linguistic Decision Making", *Journal of Intelligent & Fuzzy Systems*, Vol. 35, No. 1, 2018.

Liu, J. K., et al., "A Model for Analyzing Compensation for the Treatment Costs of Construction Waste", *Sustainable Energy Technologies and Assessments*, Vol. 46, 2021.

Liu, P. D., et al., "An Approach Based on Linguistic Spherical Fuzzy Sets for Public Evaluation of Shared Bicycles in China", *Engineering Applications of Artificial Intelligence*, Vol. 87, 2020.

Liu, P. D., et al., "Double Hierarchy Hesitant Fuzzy Linguistic Entropy-Based TODIM Approach Using Evidential Theory", *Information Sciences*, Vol. 547, 2021.

Liu, P. D., et al., "Some Intuitionistic Linguistic Dependent Bonferroni Mean Operators and Application in Group Decision-Making", *Journal of Intelligent & Fuzzy Systems*, Vol. 33, No. 2, 2017.

Liu, P. D., et al., "Some Intuitionistic Uncertain Linguistic Heronian Mean Operators and their Application to Group Decision Making", *Applied Mathematics and Computation*, Vol. 230, 2014.

Liu, Y. J., et al., "A Trust Induced Recommendation Mechanism for Reaching Consensus in Group Decision Making", *Knowledge-Based Systems*, Vol. 119, 2017.

Liu, Z. M., et al., "Q-Rung Orthopair Fuzzy Multiple Attribute Group Decision-Making Method Based on Normalized Bidirectional Projection Model and Generalized Knowledge-Based Entropy Measure", *Journal of Ambient Intelligence and Humanized Computing*, Vol. 12, 2020.

Liu, Z. Y. and Xiao, F. Y., "An Interval-Valued Exceedance Method in MCDM with Uncertain Satisfactions", *International Journal of Intelligent Systems*, Vol. 34, No. 10, 2019.

Liu, Z. Y. and Xiao, F. Y., "An Intuitionistic Linguistic MCDM Model Based on Probabilistic Exceedance Method and Evidence Theory", *Applied Intelligence*, Vol. 50, No. 6, 2020.

Loomes, G. and Sugden, R., "Regret Theory: An Alternative Theory of Rational Choice under Uncertainty", *Economic Journal*, Vol. 92, No. 368, 1982.

Loomes, G. and Sugden, R., "Some Implications of a More General Form of Regret Theory", *Journal of Economic Theory*, Vol. 41, No. 2, 1987.

Lourenzutti, R. and Krohling, R. A., "A Generalized TOPSIS Method for Group Decision Making with Heterogeneous Information in a Dynamic Environment", *Information Sciences*, Vol. 330, 2016.

Lourenzutti, R. and Krohling, R. A., "A Study of TODIM in a Intuitionistic Fuzzy and Random Environment", *Expert Systems with Applications*, Vol. 40, No. 16, 2013.

Lv, Z. Y., et al., "A Fuzzy Multiple Attribute Decision Making Method Based on Possibility Degree", *Journal of Intelligent & Fuzzy Systems*, Vol. 31,

No. 2, 2016.

Ma, J. S., "Generalized Grey Target Decision Method for Mixed Attributes Based on Kullback-Leibler Distance", *Entropy*, Vol. 20, No. 7, 2018.

Ma, M. X., et al., "Factors Affecting the Price of Recycled Concrete: A Critical Review", *Journal of Building Engineering*, Vol. 46, 2022.

Mahmood, T., et al., "An Approach toward Decision-Making and Medical Diagnosis Problems Using the Concept of Spherical Fuzzy Sets", *Neural Computing and Applications*, Vol. 31, No. 11, 2019.

Marichal, J. L., "The Influence of Variables on Pseudo-Boolean Functions with Applications to Game Theory and Multicriteria Decision Making", *Discrete Applied Mathematics*, Vol. 107, No. 1-3, 2000.

Merigó, J. M. and Gil-Lafuente, A. M., "Induced 2-Tuple Linguistic Generalized Aggregation Operators and Their Application in Decision-Making", *Information Sciences*, Vol. 236, 2013.

Negash, Y. T., et al., "Sustainable Construction and Demolition Waste Management in Somaliland: Regulatory Barriers Lead to Technical and Environmental Barriers", *Journal of Cleaner Production*, Vol. 297, 2021.

Opricovic, S. and Tzeng, G. H, "Extended VIKOR Method in Comparison with Outranking Methods", *European Journal of Operational Research*, Vol. 178, No. 2, 2007.

Opricovic, S. and Tzeng, G. H., "Compromise Solution by MCDM Methods: A Comparative Analysis of VIKOR and TOPSIS", *European Journal of Operational Research*, Vol. 156, No. 2, 2004.

Pang, Q., et al., "Probabilistic Linguistic Term Sets in Multi-Attribute Group Decision Making", *Information Sciences*, Vol. 369, 2016.

Passos, J., et al., "Management of Municipal and Construction and Demolition Wastes in Portugal: Future Perspectives through Gasification for Energetic Valorisation", *International Journal of Environmental Science and Technology*, Vol. 17, No. 12, 2020.

Phonphoton, N. and Pharino, C., "Multi-Criteria Decision Analysis to Mitigate the Impact of Municipal Solid Waste Management Services During Floods", *Resources Conservation and Recycling*, Vol. 146, 2019.

Porras-Amores, C., et al., "Assessing the Energy Efficiency Potential of Recycled Materials with Construction and Demolition Waste: A Spanish Case Study", *Applied Sciences*, Vol. 11, No. 17, 2021.

Qazi, W. A., et al., "Multi-Criteria Decision Analysis of Waste-to-Energy Technologies for Municipal Solid Waste Management in Sultanate of Oman", *Waste Management & Research*, Vol. 36, No. 7, 2018.

Quiggin, J., "A Theory of Anticipated Utility", *Journal of Economic Behavior & Organization*, Vol. 3, No. 4, 1982.

Ram, V. G., et al., "Environmental Benefits of Construction and Demolition Debris Recycling: Evidence from an Indian Case Study Using Life Cycle Assessment", *Journal of Cleaner Production*, Vol. 255, 2020.

Rezaei, J., "Best-Worst Multi-Criteria Decision-Making Method", *Omega*, Vol. 53, 2015.

Rodriguez, R. M., et al., "Hesitant Fuzzy Linguistic Term Sets for Decision Making", *IEEE Transactions on Fuzzy Systems*, Vol. 20, No. 1, 2012.

Roszkowska, E. and Kacprzak, D., "The Fuzzy Saw and Fuzzy TOPSIS Procedures Based on Ordered Fuzzy Numbers", *Information Sciences*, Vol. 369, 2016.

Roussat, N., et al., "Choosing a Sustainable Demolition Waste Management Strategy Using Multicriteria Decision Analysis", *Waste Management*, Vol. 29, No. 1, 2009.

Roy, B., "Problems and Methods with Multiple Objective Functions", *Mathematical Programming*, Vol. 1, 1971.

Saaty, T. L. and Kearns, K. P., "The Analytic Hierarchy Process", in *Analytical Planning*, Elsevier, Amsterdam, 1985.

Sang, X. and Liu, X., "An Interval Type-2 Fuzzy Sets-Based TODIM Method and Its Application to Green Supplier Selection", *Journal of the Operational Research Society*, Vol. 67, No. 1, 2016.

Shang, X. G. and Jiang, W. S., "A Note on Fuzzy Information Measures", *Pattern Recognition Letters*, Vol. 18, No. 5, 1997.

Shapley, L. S., "A Value for N-Person Games", in Kuhn, H. W., and Tucker A. W., eds., *Contributions to the Theory of Games*, Vol. 2, Princeton

University Press, 1953.

Simon, H. , *Administrative Behavior*, London: Macmillan, 1947.

Song, W. Y. and Cao, J. T. , "A Rough DEMATEL-Based Approach for Evaluating Interaction between Requirements of Product-Service System", *Computers & Industrial Engineering*, Vol. 110, 2017.

Srinivasan, V. and Shocker, A. D. , "Linear Programming Techniques for Multidimensional Analysis of Preferences", *Psychometrika*, Vol. 38, No. 3, 1973.

Strieder, H. L. , et al. , "Performance Evaluation of Pervious Concrete Pavements with Recycled Concrete Aggregate", *Construction and Building Materials*, Vol. 315, 2022.

Su, S. , et al. , "A Building Information Modeling-Based Tool for Estimating Building Demolition Waste and Evaluating Its Environmental Impacts", *Waste Management*, Vol. 134, 2021.

Sugeno, M. , *Theory of Fuzzy Integrals and Its Applications*, Tokyo: Tokyo Institute of Technology, 1975.

Tai, W. and Chen, C. , "A New Evaluation Model for Intellectual Capital Based on Computing with Linguistic Variable", *Expert Systems with Application*, Vol. 36, No. 2, 2009.

Tong, X. and Tao, D. Y. , "The Rise and Fall of a 'Waste City' in the Construction of an 'Urban Circular Economic System': The Changing Landscape of Waste in Beijing", *Resources Conservation and Recycling*, Vol. 107, 2016.

Torkayesh, A. E. , et al. , "Landfill Location Selection for Healthcare Waste of Urban Areas Using Hybrid BWM-Grey MARCOS Model Based on GIS", *Sustainable Cities and Society*, Vol. 67, 2021.

Torkayesh, A. E. , et al. , "Sustainable Waste Disposal Technology Selection: The Stratified Best-Worst Multi-Criteria Decision-Making Method", *Waste Management*, Vol. 122, 2021.

Torra, V. , "Hesitant Fuzzy Sets", *International Journal of Intelligent Systems*, Vol. 25, No. 6, 2010.

Ulsen, C. , et al. , "High Quality Recycled Sand from Mixed CDW-Is that

Possible?", *Journal of Materials Research and Technology*, Vol. 12, 2021.

Victor, P., et al., "Practical Aggregation Operators for Gradual Trust and Distrust", *Fuzzy Sets and Systems*, Vol. 184, No. 1, 2011.

Wang, H. D., et al., "A Projection-Based Regret Theory Method for Multi-Attribute Decision Making under Interval Type-2 Fuzzy Sets Environment", *Information Sciences*, Vol. 512, 2020.

Wang, J., et al., "A Meta-Evaluation Model on Science and Technology Project Review Experts Using IVIF-BWM and MULTIMOORA", *Expert Systems with Applications*, Vol. 168, 2021.

Wang, J. Q., et al., "Multi-Criteria Decision-Making Method Based on Distance Measure and Choquet Integral for Linguistic Z-Numbers", *Cognitive Computation*, Vol. 9, 2017.

Wang, L. and Li, N., "Pythagorean Fuzzy Interaction Power Bonferroni Mean Aggregation Operators in Multiple Attribute Decision Making", *International Journal of Intelligent Systems*, Vol. 35, No. 1, 2020.

Wang, T. K., et al., "Multi-Participant Construction Waste Demolition and Transportation Decision-Making System", *Resources, Conservation and Recycling*, Vol. 170, 2021.

Wei, G. W. and Lu, M., "Pythagorean Fuzzy Power Aggregation Operators in Multiple Attribute Decision Making", *International Journal of Intelligent Systems*, Vol. 33, No. 1, 2018.

Wei, G. W., "Pythagorean Fuzzy Interaction Aggregation Operators and their Application to Multiple Attribute Decision Making", *Journal of Intelligent & Fuzzy Systems*, Vol. 33, No. 4, 2017.

Won, J. and Cheng, J., "Identifying Potential Opportunities of Building Information Modeling for Construction and Demolition Waste Management and Minimization", *Automation in Construction*, Vol. 79, 2017.

Wu, J., et al., "A Visual Interaction Consensus Model for Social Network Group Decision Making with Trust Propagation", *Knowledge-Based Systems*, Vol. 122, 2017.

Wu, J., et al., "Trust Based Consensus Model for Social Network in an Incomplete Linguistic Information Context", *Applied Soft Computing*, Vol. 35,

2015.

Wu, T., et al., "A Two-Stage Social Trust Network Partition Model for Large-Scale Group Decision-Making Problems", *Knowledge-Based Systems*, Vol. 163, 2019.

Xia, D., et al., "Developing a Framework to Identify Barriers of Green Technology Adoption for Enterprises", *Resources Conservation & Recycling*, Vol. 143, 2019.

Xian, S. D., et al, "A Visual Comparison Method and Similarity Measure for Probabilistic Linguistic Term Sets and their Applications in Multi-Criteria Decision Making", *International Journal of Fuzzy Systems*, Vol. 21, No. 4, 2019.

Xian, S. D., et al, "Double Parameters TOPSIS for Multi-Attribute Linguistic Group Decision Making Based on the Intuitionistic Z-Linguistic Variables", *Applied Soft Computing*, Vol. 85, 2019.

Xiao, W., et al., "Development of an Automatic Sorting Robot for Construction and Demolition Waste", *Clean Technologies and Environmental Policy*, Vol. 22, No. 9, 2020.

Xu, Z. S. and Hu, H., "Projection Models for Intuitionistic Fuzzy Multiple Attribute Decision Making", *International Journal of Information Technology and Decision Making*, Vol. 9, No. 2, 2010.

Xu, Z. S. and Yager, R. R., "Power-Geometric Operators and their Use in Group Decision Making", *IEEE Transactions on Fuzzy Systems*, Vol. 18, No. 1, 2010.

Xu, Z. S., "A Method Based on Linguistic Aggregation Operators for Group Decision Making with Linguistic Preference Relations", *Information Sciences*, Vol. 166, No. 1-4, 2004.

Xu, Z. S., "A Note on Linguistic Hybrid Arithmetic Averaging Operator in Multiple Attribute Group Decision Making with Linguistic Information", *Group Decision and Negotiation*, Vol. 15, No. 6, 2006.

Xu, Z. S., "An Overview of Methods for Determining OWA Weights", *International Journal of Intelligent Systems*, Vol. 20, No. 8, 2005.

Yager, R. R. and Abbasov, A. M., "Pythagorean Membership Grades,

Complex Numbers, and Decision Making", *International Journal of Intelligent Systems*, Vol. 28, No. 5, 2013.

Yager, R. R. and Alajlan, N., "Multi-Criteria Formulations with Uncertain Satisfactions", *Engineering Applications of Artificial Intelligence*, Vol. 69, 2018.

Yager, R. R., "On Ordered Weighted Averaging Aggregation Operators in Multicriteria Decisionmaking", *IEEE Transactions on Systems, Man and Cybernetics*, Vol. 18, No. 1, 1988.

Yager, R. R., "The Power Average Operator", *IEEE Transactions on Systems Man and Cybernetics-Part A: Systems and Humans*, Vol. 31, No. 6, 2001.

Yang, W. and Pang, Y., "Hesitant Interval-Valued Pythagorean Fuzzy Vikor Method", *International Journal of Intelligent Systems*, Vol. 34, No. 5, 2019.

Yang, W., et al., "Hesitant Pythagorean Fuzzy Interaction Aggregation Operators and their Application in Multiple Attribute Decision-Making", *Complex & Intelligent Systems*, Vol. 5, No. 2, 2019.

Ye, J., "Single Valued Neutrosophic Cross-Entropy for Multicriteria Decision Making Problems", *Applied Mathematical Modelling*, Vol. 38, No. 3, 2014.

Yu, B., et al., "Determinants Affecting Purchase Willingness of Contractors towards Construction and Demolition Waste Recycling Products: An Empirical Study in Shenzhen, China", *International Journal of Environmental Research and Public Health*, Vol. 18, No. 9, 2021.

Yu, S. M., et al., "Trust and Behavior Analysis-Based Fusion Method for Heterogeneous Multiple Attribute Group Decision-Making", *Computers & Industrial Engineering*, Vol. 152, 2021.

Yue, Z. and Jia, Y., "A Direct Projection-Based Group Decision-Making Methodology with Crisp Values and Interval Data", *Soft Computing*, Vol. 21, No. 9, 2017.

Zadeh, L. A., "A Computational Approach to Fuzzy Quantifiers in Natural Languages", *Computers & Mathematics with Applications*, Vol. 9, No. 1, 1983.

Zadeh, L. A., "A Note on Z-Numbers", *Information Sciences*, Vol. 181, No. 14, 2011.

Zadeh, L. A., "Fuzzy Sets", *Information and Control*, Vol. 8, No. 3, 1965.

Zadeh, L. A., "The Concept of a Linguistic Variable and its Application to Approximate Reasoning—Ⅰ", *Information Sciences*, Vol. 8, No. 3, 1975a.

Zadeh, L. A., "The Concept of a Linguistic Variable and its Application to Approximate Reasoning—Ⅱ", *Information Sciences*, Vol. 8, No. 4, 1975b.

Zadeh, L. A., "The Concept of a Linguistic Variable and its Application to Approximate Reasoning-Ⅲ", *Information Sciences*, Vol. 9, No. 1, 1975c.

Zhai, L. Y., Khoo, L. P. and Zhong, Z. W., "A Rough Set Enhanced Fuzzy Approach to Quality Function Deployment", *The International Journal of Advanced Manufacturing Technology*, Vol. 37, No. 5-6, 2008.

Zhang, C. H., et al., "IOWLAD-Based MCDM Model for the Site Assessment of a Household Waste Processing Plant under a Pythagorean Fuzzy Environment", *Environmental Impact Assessment Review*, Vol. 89, 2021.

Zhang, F., et al., "A Fuzzy Evaluation and Selection of Construction and Demolition Waste Utilization Modes in Xi'an, China", *Waste Management & Research*, Vol. 38, No. 7, 2020.

Zhang, F., et al., "Evaluation of Construction and Demolition Waste Utilization Schemes under Uncertain Environment: A Fuzzy Heterogeneous Multi-Criteria Decision-Making Approach", *Journal of Cleaner Production*, Vol. 313, 2021.

Zhang, F., et al., "Multi-Period Evaluation and Selection of Rural Wastewater Treatment Technologies: A Case Study", *Environmental Science and Pollution Research*, Vol. 27, No. 36, 2020.

Zhang, H. J., et al., "Managing Non-Cooperative Behaviors in Consensus-Based Multiple Attribute Group Decision Making: An Approach Based on Social Network Analysis", *Knowledge-Based Systems*, Vol. 162, 2018.

Zhang, J. H., et al., "Use of Building-Related Construction and Demolition Wastes in Highway Embankment: Laboratory and Field Evaluations", *Journal of Cleaner Production*, Vol. 230, 2019.

Zhang, W. K., et al., "Multiple Criteria Decision Analysis Based on Shapley Fuzzy Measures and Interval-Valued Hesitant Fuzzy Linguistic Numbers", *Computers & Industrial Engineering*, Vol. 105, 2016.

Zhang, Z., et al., "Managing Multigranular Linguistic Distribution Assessments in Large-Scale Multiattribute Group Decision Making", *IEEE Transactions on Systems, Man, and Cybernetics: Systems*, Vol. 47, No. 11, 2017.

Zhou, H., et al., "Grey Stochastic Multi-Criteria Decision-Making Based on Regret Theory and TOPSIS", *International Journal of Machine Learning and Cybernetics*, Vol. 8, No. 2, 2017.

Zhou, X. Y., et al., "Particle Swarm Optimization for Trust Relationship Based Social Network Group Decision Making under a Probabilistic Linguistic Environment", *Knowledge-Based Systems*, Vol. 200, 2020.